科学素养

陈向军 主编

科学出版社

北京

内 容 简 介

本书全面梳理了近现代科学发展历程,从科学基本概念到近代科学革命,再到现代科技的关键领域,内容涵盖如生物技术、新材料、信息科学、空间技术等。全书共分为十二章,采用通俗易懂的语言,旨在培养公众的科学逻辑思维能力、知识实践应用能力以及对科技前沿的敏锐洞察力。

本书特别适合作为高等学校师范生科学素养类通识课程的教材,帮助他们建立对科学发展的宏观认识,深入理解科学精神与方法。同时,本书也适合理工科专业学生补充自己所处领域之外的专业知识,激发跨学科探索兴趣,还可作为教师科普活动的参考资料及中小学生与家长的课外学习材料,促进全民科学素养的提升。

图书在版编目(CIP)数据

科学素养 / 陈向军主编. --北京: 科学出版社, 2025. 3. -- ISBN 978-7-03 -081194-3

Ⅰ. G302

中国国家版本馆 CIP 数据核字第 20255JG538 号

责任编辑: 吉正霞 / 责任校对: 高 嵘
责任印制: 彭 超 / 封面设计: 无极书装

科 学 出 版 社 出版

北京东黄城根北街 16 号
邮政编码: 100717
http://www.sciencep.com

武汉中科兴业印务有限公司印刷
科学出版社发行 各地新华书店经销

*

2025 年 3 月第 一 版 开本: 787×1092 1/16
2025 年 3 月第一次印刷 印张: 14 3/4
字数: 374 000

定价: **58.00 元**
(如有印装质量问题, 我社负责调换)

编　委　会

前　言

在日新月异、飞速发展的科技时代背景下，科学素养的重要性日益凸显，已成为衡量个人综合素质提升与社会全面进步不可或缺的重要标尺。这不仅深刻影响着我们如何更加深入地理解和妥善应对现代科技迅猛发展所带来的各种挑战与前所未有的机遇，更是作为一股强大的驱动力，在推动社会实现可持续发展、促进经济转型升级以及全面提升国家整体竞争力方面发挥着举足轻重的作用。鉴于此重大而深远的意义，国家高度重视公民科学素质的培育与提升，2021年，国务院印发了《全民科学素质行动规划纲要（2021—2035年）》，明确指出要提高全民科学素质，服务高质量发展。2024年，全民科学素质纲要实施工作办公室印发《2024年全民科学素质行动工作要点》，明确指出要深入实施全民科学素质提升行动，凝聚各成员单位合力，共同推动落实科学素质建设目标和任务。《科学素养》一书的编写应运而生。本书不仅是一本内容丰富、系统全面且表述清晰、易于理解的科普读物，更重要的是，它致力于通过深入浅出的方式，培养和提高公众的科学逻辑思维能力、知识实践应用能力以及对科学技术前沿发展趋势的敏锐洞察力。

全书共分为十二章，第一章介绍科学的基本概念、特征、属性、体系结构及其与技术和社会的关系；第二章回顾近代科学革命及其影响，包括天文学、医学、数学和物理学等方面的重大突破；第三章全面介绍天文学、物理学、化学、生物学和地质学在近代的发展，涵盖了海王星的发现、热力学定律的建立、原子-分子论的建立、细胞学说的建立以及大陆漂移学说等重要科学成果；第四章介绍了基因工程、细胞工程、发酵工程和酶工程等现代生物技术的关键技术和应用，同时对生物技术面临的问题如环境影响、法律问题、伦理问题等，进行了讨论；第五章主要探讨形状记忆材料、超导材料、纳米材料、石墨烯材料、生物医学材料以及新型高分子材料等新型材料的特性和应用；第六章介绍信息科学的基本概念，以及电子技术、通信技术和计算机技术的发展和应用；第七章讲述海洋科学的兴起和海洋技术的关键领域；第八章概述空间科学与技术的发展现状，运载火箭、航天器等空间技术的基本原理和研究历程以及太空探索与航空未来；第九章介绍激光的基本原理及其在医学、信息技术、军事等领域的应用；第十章描述新能源的概念、特点和分类，包括太阳能、风能、地热能、海洋能等天然新能源和氢能、生物质能、核能等人工新能源；第十一章探讨公路、铁路、水路和航空等现代运输技术的发展；第十二章展望未来科学与技术的发展趋势及其对社会的影响。

本书由众多来自不同领域的专家学者共同编写，黄冈师范学院陈向军、夏庆利和胡志华负责全书框架的搭建与内容的总体审核，韶关学院朱昌勇（第二章　第一节至第三节）、才静滢（第二章　第四节）、赵炳炎（第二章　第五节）、陈世发（第七章　第一节）和黄冈师范学院蒋小春（第一章）、叶俊（第三章　第一节、第五节、第六节）、任丽敏（第三章　第二节至第四节)、朱华国(第四章)、杨树林(第五章)、关玉蓉(第六章)、张逊(第七章 第二节)、曹为(第八章)、余洋(第九章)、万柳(第十章 第一节)、解明江(第十章 第二节)、陈建(第十章 第三节)、张燕(第十章 第三节)、赵欣迪(第十一章)和刘小俊(第十二章)参与编写。

本书采用通俗易懂的语言,深入浅出地对近现代科学进行全面梳理和阐述,对未来科学进行展望。特别适合作为高等学校师范生科学素养类通识课程的教材,不仅能够帮助学生建立对近现代科学发展的宏观认识,还能引导他们深入理解科学精神与科学方法,为将来从事教育工作打下坚实基础。同时,本书也适合高等学校理工科专业学生补充自己所处领域之外的专业知识,激发他们对跨学科领域探索的兴趣,促进综合素质的全面提升。当然,本书还能作为教师及其他教育工作者科学教育和科普活动的参考资料,也能作为对科学充满好奇的中小学生及家长的课外学习材料。

由于编者业务水平、教学经验有限,书中难免有不妥和疏漏之处,希望有关专家、同仁不吝赐教,以便本书能更好地为广大读者服务。

编 者

2024 年 11 月于黄州

目　　录

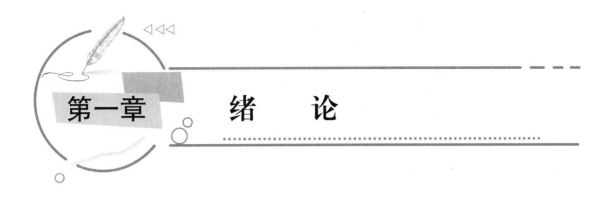

第一章　绪　论

第一节　科　学

一、科学的概念

"科学"源于拉丁文的"scio"，后演变为"scientia"，意为学问与知识。1893 年，康有为将"科学"引入中国，自此，它在中国社会扎根并发展[1]。

科学有广义与狭义之分。广义上，它涵盖自然科学、社会科学、人文科学等多个领域，包括知识体系、技术应用、社会认同及科学精神等方面。狭义上，则专指自然科学，专注于自然现象及其规律的探索。本书所述的科学素养侧重于后者。

英语中的"science"多指自然科学，而汉语中的"科学"含义则更为宽泛，既包含自然科学，也包含社会科学等。随着时代的进步，"科学"的使用频率大幅增加，其内涵也日益丰富。但总体而言，科学主要包含以下三个层面的基本含义。

首先，科学是一种社会实践活动，专注于知识的创造与积累。科学家们通过观察、实验、推理等方法，不断拓展人类的知识边界。

其次，科学是一个动态发展的知识体系。它以客观事实为基础，通过逻辑推理和实验验证，形成对自然界、社会和人类思维规律的深刻认识。

最后，科学是推动社会进步的实践力量。科学知识的积累和应用不仅促进了生产力的发展，还深刻改变了人类的生活方式、思维方式和价值观念。

从本质上讲，科学是反映客观事物属性及运动规律的知识体系。它回答了自然界如何运转的问题，为人类认识世界和改造世界提供了强大的思想武器和行动指南。

二、科学的特征和属性

首先，科学的核心特征在于其追求知识的客观真理性。它如同一位严谨的侦探，深入自然界的每一个角落，不懈地探索物质运动的奥秘与规律。在这一过程中，科学始终坚守着从事实出发的原则，摒弃一切无根据的假设与臆想，力求反映和解释世界的本来面目。这种对真理的执着追求，正是科学独特魅力的重要体现。

其次，科学内容具有无阶级性。科学虽然是社会意识的一种，但它是社会意识中非意识形态的部分，不属于上层建筑，属于生产力范畴。它不属于任何特定阶层或利益集团，而是服务于全人类的进步与发展。

再次，科学劳动充满探索性。自然界永不停歇的变化为科学提供了无尽的探索空间。科学家们在探索中不断发现、发明、创造，推动人类不断向前拓展认知的边界。

此外，科学认识形式具有抽象性。科学不仅仅是对自然界的直观描述，更是对事物内在本质和规律的深刻揭示。它通过抽象思维，提炼事物的本质特征，以概念、范畴、原理等形式固定下来，成为人类认识世界的重要工具。

最后，科学理论具备解释性和预见性。它不仅能够解释生产实践和科学实验中的各种问题，提供系统的、严密的解释体系，还能够根据对自然现象本质联系的深刻理解，预测自然事物的发展趋势，对尚未发现的事物作出推断和判断。

三、科学的体系结构

科学作为人类的认识系统，它的结构是不断发生变化的，在科学发展的不同时期，科学体系结构的表现形式也是不同的。进入 20 世纪，科学的深度和广度实现了前所未有的飞跃，不仅丰富了自身的内涵，更促进了各学科间的深度融合，构建了一个门类繁多、结构紧密、层次分明的现代科学体系。

（一）从纵向上分

一般认为，现代科学由基础科学、技术科学、应用科学和工程科学四大门类构成，四者相互联系、相互促进，共同推动人类对自然的认识与改造。

1. 基础科学

基础科学是研究自然界的物质本质、运动规律以及内在联系的科学，以发现新知识、建立理论体系为核心目标。其成果以概念、定理、公理等形式呈现，包括物理学、化学、天文学、生物学等。基础科学不直接追求应用，但其研究成果是整个科学技术的理论基础，是一切科学探索的起点，是推动技术革新与社会进步的强大引擎。

2. 技术科学

技术科学是研究通用性技术原理的科学，是联系基础科学与工程科学之间的中介和桥梁，致力于把基础科学的理论转化为生产技术，以提升人类改造自然的能力。技术科学包括材料科学、控制理论、信息科学、能源科学等领域。

3. 应用科学

应用科学聚焦特定领域的技术实现原理与方法，直接服务于产业需求。它通过将基础科学和技术科学理论转化为可实施的技术方案，解决具体场景中的问题。典型领域包括临床医学、农艺学、通信工程、环境治理技术等，具有明确的应用指向性。

4. 工程科学

工程科学是系统化解决复杂实际问题的学科，整合科学原理、技术方法和工程经验，通过数学建模、系统分析等手段实现最优设计。涵盖土木工程、机械工程、电子工程等领域，其成果直接体现为基础设施、产品系统等实体形态，具有明确的经济社会效益目标。

（二）从横向上分

1. 边缘科学

边缘科学是指由两门或两门以上的科学相互渗透、相互影响所产生的新兴学科，如量子化学、量子生物学、物理化学、化学物理、天体物理等。

2. 横断科学

横断科学是指从不同的角度与不同的侧面研究事物、现象和过程所共有的规定性及其规律的科学,如控制论、信息论、系统论等。

3. 综合科学

综合科学是指综合运用多门学科的知识与理论,对某一领域进行系统研究的科学,如能源科学、空间科学、环境科学等。

（三）从总体上分

现代科学体系可从不同维度分类:按研究性质与方法,分为以社会系统为对象的软科学(如政策学)和以自然规律为核心的硬科学(如物理学);按研究规模与组织模式,分为依赖国际合作与大型设施的大科学(如空间探测工程)和以学科内独立探索为主的小科学。这些科学分支共同构成了人类探索真理的阶梯。

1. 软科学

软科学是以社会系统为研究对象的应用导向学科,通过定性分析、案例研究、系统仿真等方法支持政策与决策,涵盖政策科学、管理科学、社会心理学等领域。

2. 硬科学

硬科学以自然规律和工程系统为研究对象,包括自然科学(如物理、化学)、应用科学(如材料科学)和工程科学(如机械工程),依赖实验验证、数学建模等可重复的研究范式。

3. 大科学

大科学是二战后兴起的科研模式,以国家或国际组织主导的巨型工程为特征(如粒子加速器、空间站),依赖高投入、多国协作和复杂设施。中国通过参与 ITER、SKA 等国际项目及自主建设 FAST、EAST 等设施,逐步实现从跟踪到并跑的跨越。

4. 小科学

小科学是相对于大科学的研究模式概念,指由科学家个人或小型团队主导、依托常规资源开展的学科内探索性研究(如理论推导、实验室实验)。其特点在于低成本、高理论突破性,常为学科发展提供基础性发现。尽管大科学项目占据主流视野,小科学仍是科研生态中不可替代的基石。

四、科学方法、科学研究、科学思想和科学精神

（一）科学方法

科学方法是人类在探索与改造世界中遵循或运用的、符合科学一般原则的各种途径与手段,包括在理论研究、应用研究、开发推广等科学活动过程中采用的思路、程序、规则、技巧和模式。它是认识世界和改造世界的最根本、最科学的方法,是一切方法的总方法。

（二）科学研究

科学研究是借助科学方法展开的一项有组织、有计划、系统性的知识探索活动,旨在深

入认识客观世界的本质，揭示自然规律。在科学研究中，研究者有意识地搜集有关事实材料，对事实材料进行分析、综合、比较、抽象、概括，揭示事物的内在规律，构建理论框架。当然，科学研究的最终目标不仅在于知识的积累与理论的构建，更在于通过这些理论实现对事物未来行为的预测与控制，进而指导实践，探索改造世界的有效途径。

（三）科学思想

科学思想一般是指在科学的历程中，对科学现象和科学活动的理性思考、认识、看法与基本观点、观念。它源于对具体科学问题的深入研究与反思，是对科学方法、科学知识及科学实践的总结与升华，能够普遍指导同类或更广泛领域的科学研究与社会实践。科学思想具有高度的概括性与前瞻性，是推动科学进步与社会发展的重要精神动力。

（四）科学精神

科学精神是科学家群体共同遵循的核心理念与价值追求的集中展现，也是现代文明的重要精神支柱。它以实事求是为核心，倡导探索未知、勇于创新的勇气，坚持实证主义、追求真理的严谨态度，以及保持独立思考、尊重科学规律的独立品格。科学精神不仅渗透于科学研究的每一个环节，更作为一种文化力量广泛影响社会，促进人类社会的理性化、现代化进程，成为推动人类文明不断向前发展的重要驱动力。

第二节　科学与技术

一、技术的概念

"技术"一词来源于古希腊语。古希腊伟大的思想家亚里士多德（公元前384～前322）称技术是制造的智慧。1615年，英国的巴克爵士创造了"technology"一词，表示技术原理和过程。国内外学者从不同角度对技术有着不同的诠释。但较早给技术下定义的是法国启蒙思想家狄德罗（1713～1784），他指出："技术是为实现特定目标而系统运用的工具、规则和知识体系。"这代表了在近代科学诞生以后人们对技术的看法。显然，人类的技术活动加速了人类文明发展的进程，也使技术本身的内容和形式变得越来越复杂。

现在对技术有着狭义和广义两种不同的理解。广义上的技术是人类在改造自然、社会及自我过程中所创造并应用的所有手段与方法，它是一个综合性的概念，包括但不限于生产技术、工程技术，还广泛涉及管理技术、信息传播技术、军事策略等多个领域。简而言之，一切旨在达成有效目的的手段与方法均可视为技术范畴。狭义技术则更为具体，它主要指向基于生产实践经验与自然科学原理发展起来的工艺操作方法、技能，以及相关的生产工具、设备设施，还包括生产工艺流程或作业程序等。这一界定聚焦于技术在实际生产活动中的应用与实现。

我国学者对于技术的广义定义进一步拓展了其边界：技术是人类在追求生存与发展过程中，为达成预期目标，依据客观规律对自然、社会进行调控、改造的知识、技能、方法、规则与手段的总和[2]。这表明，现代技术已经超越了工程学的范畴，从生产领域向社会生活各领域扩展。但从本质上看，技术是人们利用客观规律创造人工事物的过程、方法和手段，回答"怎么做"的问题。

二、科学与技术的关系

（一）科学与技术的联系

1. 科学促进技术的发展

现代技术的进步高度依赖现代科学的发展，它的每一次飞跃都离不开科学理论的突破与创新，科学为技术提供了坚实的理论基础与方向指引。

2. 技术支撑科学研究

技术发展为科学研究提供必要的物质基础和实验平台，重大的科学研究离不开先进、复杂的技术手段及各领域技术人员的合作。

3. 科学与技术的一体化

在 19 世纪中叶以前，科学与技术之间缺乏有机的联系，有各自相对独立的文化传统；19 世纪以后，科学开始向技术转化；到了 20 世纪，科学与技术的关系更加密切，出现了科学技术化、技术科学化的一体化趋势；在现代，科学与技术之间有密切的相互依存关系，已很难将两者截然分开。现在，它们相互渗透、相互融合，人们经常将两者作为一个整体来研究和陈述，并把"科学技术"作为一个统一的整体概念连起来使用[3]。

（二）科学与技术的区别

如果说科学的目的是认识世界，那么技术则旨在变革世界。科学提高人类的认识水平，技术增强人类生存能力，改善人类的生活质量。具体来说，科学与技术的主要区别如下。

1. 构成要素不同

科学的构成要素是概念、范畴、定律、原理、假说。技术的构成要素则包括经验、理论、技能等主体要素和工具、机器等客体要素。

2. 任务不同

科学致力于发现新知，揭示自然规律；技术则侧重于利用自然规律，创造实用价值[4]。

3. 解决的问题不同

科学主要解决"是什么"和"为什么"的问题；技术主要解决"做什么"和"怎么做"的问题。

4. 研究过程不同

科学研究的目标有较大不确定性，往往难以预见在未来会有什么发现，也难以计算出某种新发现需要多长时间、付出多大代价。技术开发虽然也有一定不确定性，但新产品的研制、新工艺的开发还是有既定的目标的，有较明确的步骤和经费预算，技术开发工作的计划性比较强。

5. 劳动特点不同

科学研究强调个体自由与创新；技术开发则注重团队协作与集体智慧。

6. 表现形式不同

科学研究的成果主要表现为学术论文、学术专著，其根本价值集中体现于对人类认知边界的系统性拓展及知识体系的迭代更新；技术开发的成果主要表现为工艺流程、设计方案、技术装置，它的价值主要在于实用性、经济性和可行性，以及对社会实践的推动作用。

三、科学技术

一般认为，科学技术可划分为基础研究、应用研究、技术开发研究和生产技术四个组成部分。

（一）基础研究

基础研究的核心在于深入探索自然界的根本规律，旨在获取全新的知识与理论体系，这一过程并不直接受实践或应用需求的导引。爱因斯坦的相对论研究便是基础研究的典范。基础研究进一步细化为纯粹基础研究与定向基础研究两类：前者由科学家自主选题，追求科学真理的纯粹性；后者则由资助组织根据特定领域需求设定研究方向。

（二）应用研究

应用研究聚焦于将基础研究所揭示的科学原理转化为实际应用，探索这些原理在生产技术、工程技术及工艺流程中的实现路径与方法。工科、农科、医科及财经管理等高等学府中的专业基础课程与实验，正是应用研究成果在教育领域的直接体现。

（三）技术开发研究

技术开发研究是将理论成果与实验室技术通过一系列中间试验，转化为可直接应用于生产的实际成果，涵盖新材料、新设计、新产品、新流程、新系统和新服务等多个方面。在发达国家，这一领域的研究活动主要集中在企业层面，如日本、美国、德国等国的企业，其技术开发研究经费及人员占比均相当显著。

（四）生产技术

综上所述，科学不仅代表着一种基于经验理性的知识体系，更是一种高度组织化的文化活动与社会制度。20 世纪 30 年代以前，科学的社会建制以纯粹的学术性科学组织为主，科学与技术之间在研究目标、评价体系、问题设定、组织模式及人员构成上存在明确界限。然而，自 20 世纪 30 年代起，随着工业性科学组织的兴起，科学与技术的界限日益模糊，两者共同构成了"科学技术"这一综合概念[5]。从基础研究到生产技术的完整链条中，每一个环节都被视为科学技术不可或缺的一部分。

第三节　科学与社会

一、科学发展的社会条件

科学的发展深植于由复杂多样的社会活动与社会关系交织而成的社会大系统之中，其进程受到多方面社会条件的深刻影响。这些条件可以概括为三方面，即社会生产、社会制度和社会思想文化。

（一）社会生产是科学发展的根本动力

人类早期的生产活动孕育了最初的科学知识与生产技能。进入近代，科学技术的飞跃式发展更是直接响应了社会生产的迫切需求，如 18 世纪英国工业革命中，传统人力与手工劳动面临的效率壁垒，直接触发了以瓦特改良蒸汽机为标志的能源技术革命。社会生产对科学发展的推动作用主要体现在：其一，生产实践为科学技术提供了源源不断的研究课题与实证材料，科学理论在生产实践中接受检验并不断完善；其二，社会生产是推动科研仪器、设备与技术手段革新的关键力量，为科学探索提供了坚实的物质基础；其三，社会生产的繁荣直接决定了科研资金投入的规模，进而影响科学研究的深度与广度。

（二）社会制度是科学发展的保障

科学作为社会活动的一部分，必然受到社会制度的制约和影响。尽管科学本身无阶级性，但在不同的社会制度下，其发展方向、速度及成果的应用均受到制度因素的深刻影响。历史上，科学技术往往被统治阶级所掌控，服务于特定的政治与经济目标。社会制度的变革，尤其是那些有利于解放生产力、促进思想自由的变革，常常能为科学的发展开辟新的道路。例如，英国资产阶级革命后建立的资本主义制度为科学革命提供了有利环境，日本明治维新推动了其科学的快速进步。反之，中国古代因封建制度僵化而导致的科技停滞，则深刻揭示了社会制度对科学发展的制约作用。

（三）社会思想文化是科学发展的精神土壤

社会思想文化主要包括哲学和宗教思想、伦理道德观念以及文化教育等。先进的哲学思想能够引领科学前进的方向，激发科学探索的热情；而落后保守的思想观念则可能成为科学发展的桎梏。比如，16 世纪欧洲的宗教改革对近代科学技术的发展客观上起过一定的促进作用；中国明清时期以传统儒家哲学为核心的文化专制主义是导致中国科学进步缓慢的重要社会原因。同时，教育作为传承文化、培养人才的重要途径，对科学发展的作用不可小觑。教育质量的提升、规模的扩大以及教育体系的完善，直接关系科研人才的培养与科研队伍的壮大，进而影响科学发展的整体水平与速度。

二、科学的社会功能

科学是整个社会大系统中的有机组成部分，其核心社会功能在于推动整个社会的运行与发展。随着科学技术的日新月异与社会生产的持续进步，科学技术与人类活动的关联愈发紧密，其对人类社会的影响也愈发深远。

（一）科学的生产力功能

科学是现代社会生产力发展的核心驱动力，对社会的物质生活和经济发展具有不可估量的影响。其具体表现如下：第一，科学是创新的基础。新的科学发现与理论为技术创新提供了源源不断的思想源泉与方法论指导。例如，量子物理学的突破引领了量子计算与量子通信等前沿技术的兴起；生物科学的进步则推动了基因编辑与生物制药等领域的革命性发展。第二，科学技术的应用可以显著提高生产效率，减少资源消耗，提高产品质量。例如，自动化和智能化技术的应用可以提高工厂的生产效率，减少人工成本；精准农业技术可以提高农业生产的效率和质量，减少农药和化肥的使用。第三，科学技术的发展催生新的产业和市场。例如，信息技术的发展催生了互联网、电子商务、大数据等新兴产业；生物技术的突破则孕育了生物医药、基因测序等新兴产业。第四，科学研究可以帮助人类解决生产问题。例如，环境科学解决生产活动对环境的影响；材料科学开发新的材料，满足生产中的特定需求。

（二）科学的政治功能

科学在政治领域同样发挥着举足轻重的作用，其政治功能主要体现在以下几个方面：第一，科学技术为政治斗争提供思想武器。科学知识是揭露反动理论荒谬性、捍卫真理的有力工具。历史上，进步阶级常借助科学武器与反动统治阶级进行斗争，科学以其客观性和真理性成为政治斗争中的重要思想支撑。第二，科技战已成为当前国际政治斗争的新常态。高技术禁运、出口管制等手段成为国家间博弈的重要手段。科技优势成为国家综合国力与国际影响力的重要体现。第三，科技进步推动了国际政治全球化发展。当代科学技术的发展与应用，使世界经济全球化的趋势深入到各个国家和各个领域，各国政治经济联系日益密切[6]。

（三）科学的文化功能

科学的文化功能广泛而深远，它不仅丰富了人类的知识体系，还深刻影响了社会价值观和世界观的塑造。第一，促进知识的传播和普及。科学是人类知识的重要组成部分，科学知识的传播和普及有助于提高公众的科学素养，人们能够更好地理解和应对日常生活中的问题。此外，科学普及活动也可以激发公众对科学的兴趣和好奇心，培养科学精神。第二，培养理性思维和批判性思考能力。科学方法强调观察、实证、逻辑推理和批判性思考，这些都是现代社会价值观的重要组成部分。通过科学教育和科学普及，可以培养公民的理性思维和批判性思考能力，为现代社会提供了宝贵的思维工具，有助于培养公民的理性精神与独立思考能力。第三，提供解释世界的框架。科学理论为人类理解自然世界与社会现象提供了科学的视角与方法，构建了人类认识世界的坚实框架。第四，推动文化创新与变革。科学和技术的发展往往会对文化产生深远影响，推动文化的创新和变革。例如，数字技术的发展改变了人类的沟通方式和生活方式，也催生了新的文化形式，如网络文化、数字艺术等。第五，塑造伦理和价值观。科学研究和科技应用常常会引发新的伦理和价值问题，促使人类不断反思与重构自身的伦理观念与价值取向，如遗传工程、人工智能等领域的伦理挑战正促使我们重新审视人类与自然、技术与道德的关系。

三、科学与创新型国家建设

2016年5月，中共中央、国务院联合发布了《国家创新驱动发展战略纲要》，明确勾勒出中国迈向创新型国家的"三步走"战略，即2020年进入创新型国家行列，2030年跻身创新型国家前列，2050年建成世界科技创新强国。创新型国家是指以科技创新为经济社会发展核心驱动力的国家。这些国家将科技创新作为国家发展基本战略，有良好的创新氛围，有强大的科学研究和技术开发能力，并能通过制度创新、管理创新、市场创新、商业模式创新等推动技术产业化和市场化，形成具有强大国际竞争优势的国家。

科学发展及其与社会经济的深度融合对创新型国家建设具有重要意义。第一，科学发展为创新型国家建设培养和储备堪当大用的人才。习近平总书记在党的二十大报告中强调，教育、科技、人才是全面建设社会主义现代化国家的基础性、战略性支撑，要坚持为党育人、为国育才，全面提高人才自主培养质量，着力造就拔尖创新人才。国家实验室、国家科研机构、高水平研究型大学、科技领军企业都是国家战略科技力量的重要组成部分。第二，推动科技与经济社会发展深度融合是建设创新型国家的应有之义。从科学技术是生产力到科学技术是第一生产力，再到创新是引领发展的第一动力，可见科技创新对国家建设的引领价值。科学研究和技术研发是创新的基础和源头，创新推动科技成果实现价值。当然科技成果只有同国家需要、人民要求、市场需求相结合，完成从科学研究、实验开发、推广应用的三级跳，才能真正实现创新价值，实现创新驱动发展。因此，促进科技与经济社会发展的深度融合，不仅是创新型国家建设的应有之义，更是实现国家繁荣强盛的关键路径[7]。

思 考 题

1. 科学思想在生产生活中的具体体现有哪些？

2. 科学方法有哪些？

3. 如何理解科学的特征和属性？

4. 哪些因素会影响技术的发展？

5. 科学发展受到哪些社会因素影响？

参 考 文 献

[1] 尹显明, 王银玲. 科学技术概论[M]. 北京: 科学出版社, 2018.

[2] 程道来. 现代科技概论与知识产权[M]. 2 版. 徐州: 中国矿业大学出版社, 2014.

[3] 袁继红, 周邦君, 雷四兰. 科技史略[M]. 广州: 暨南大学出版社, 2015.

[4] 王曲, 陈露晓. 自然辩证法[M]. 北京: 科学普及出版社, 2007.

[5] 赵锡奎. 现代科学技术概论[M]. 北京: 科学出版社, 2015.

[6] 叶怀义, 齐勇, 周则旺. 科学技术的政治功能[J]. 唯实, 2003(04): 84-87.

[7] 蔡仲, 刘鹏. 科学、技术与社会[M]. 南京: 南京大学出版社, 2017.

第二章　近代科学的产生

第一节　近代科学革命的前夜

文艺复兴是一场发生在 14 世纪到 16 世纪的思想文化解放运动，最早出现在意大利，后来遍及欧洲各国，是欧洲从中世纪走向近代的一个重要转折点。这一时期的欧洲，经济开始复苏，城市生活逐渐繁荣，人们对现实生活的态度也发生了转变，开始追求世俗生活的乐趣。在这种社会氛围下，人们开始重新审视古希腊和古罗马的古典文化，并以此为基础，探索新的知识和科学思想。

所谓文艺复兴，不仅仅要"复活"古希腊的科学与哲学，更是借"复兴"古代希腊文学艺术之名"复活"即再现在古代希腊自由天地中生存过的人。文艺复兴是从学习和研究希腊古典文化开始的，人们热衷于研究古希腊的哲学思想，特别是柏拉图和亚里士多德的著作。他们尊重古希腊的智慧和美学观念，认为古希腊是智慧和美的最高典范，雕塑家和画家也致力于恢复古希腊的艺术风格，追求真实、和谐和完美。人们通过研究，发现在这些古典文化中蕴藏着民主思想、探索精神和理性主义等，认为这些正是资产阶级所需要的精神食粮，于是他们从这些文化宝藏中吸收精华并升华为适合资产阶级要求的人文主义思想，作为文艺复兴的灵魂和指导思想。文艺复兴的核心是"以人为中心"，充分肯定人的价值，赞扬人的智慧和才能，反对"以神为中心"，批判经院哲学和宗教神学，提倡人性、个性解放和个人自由，具有明显的反封建反宗教的色彩[1]。

由于各国社会和历史条件不同，欧洲各国的文艺复兴又各有其特点。在意大利，以佛罗伦萨（图 2-1）为中心，它不仅是意大利文艺复兴的主要舞台，也是全欧洲人文主义思想的诞生地。在意大利，创办了众多的私人学校，培育出了大量思想解放的新型知识分子和文化艺术巨人。如诗人但丁、彼特拉克，作家薄伽丘，画家乔托、达·芬奇等。但丁（1265～1321 年），出身于贵族家庭，曾参加过资产阶级反封建的政治斗争。其代表作《神曲》，共 100 歌，长达 14 000 余行，由"地狱"、"炼狱"和"天堂"三篇组成。《神曲》激烈地抨击了教会的各种罪恶，谴责了统治阶级的腐败和贪婪（图 2-2）。

达·芬奇（1452～1519 年）出生于佛罗伦萨，既是思想家、哲学家、艺术家，又是出色的科学家和工程师。作为思想家和哲学家，他反对封建暴政和宗教的统治，把天主教看作"贩卖欺骗的店铺"。作为科学家和工程师，他亲自设计过许多机械，画出了许多草图，如辗轧机、挖河机、扑翼机等。为了作画，他还亲自解剖过尸体，并绘制了几百幅关于人体结构的素描画[1]。其代表作有《最后的晚餐》（图 2-3）和《蒙娜丽莎》。在法国，主要以宫廷为

图 2-1　文艺复兴时期的佛罗伦萨

图 2-2　但丁及其作品《神曲》

图 2-3　达·芬奇及其作品《最后的晚餐》

中心，强调民族国家等概念，自由思想和怀疑思想得到发展，主要代表人物有散文家蒙田和小说家拉伯雷等。在英国，主要是诗歌和戏剧得到了空前发展和繁荣。主要代表人物有莎士比亚（图 2-4）和托马斯·莫尔。莎士比亚（1564～1616 年），剧作家、诗人，被誉为"人类文学奥林匹斯山上的宙斯"。家境贫寒，早年在剧院当勤杂工，后来当演员和编剧。其主要作品有《罗密欧与朱丽叶》、《威尼斯商人》、《哈姆雷特》、《奥赛罗》和《李尔王》等。

图 2-4　莎士比亚

　　文艺复兴运动不仅打破了宗教禁锢，解放了思想，创造了资产阶级的古典文学和艺术，也为近代科学的发展起了鸣锣开道的作用，拉开了科学发展的帷幕。

　　宗教改革从 14、15 世纪开始，是一场意义深远的社会和政治运动，它改变了欧洲社会的许多方面，尤其是宗教信仰和政治结构。宗教改革是从天主教会内部开始的，较早打出改革旗号的是德国的马丁·路德（1483～1546 年），而且影响很大。他于 1517 年颁布了《九十五条论纲》，反对罗马教廷出售赎罪券。他主张简化天主教的烦琐仪式，建立一个依赖于世俗政权的"廉洁教会"，要求收回教会的财产。宗教改革家们以理性为武器，批判了封建教会的统治地位、等级制度和教士特权，这为新兴的资产阶级提供了反对封建制度的思想武器[2]。

　　在这个过程中，他们创立了新教，强调个人的思想和信仰自由，并以"因信称义"为核心。这一思想强调了个人信仰的重要性，而不是依赖于教会或教士的中介。新教为资产阶级提供了更符合其利益的宗教理论，从而进一步削弱了封建教会的权力。然而，欧洲宗教改革并不仅仅反映资产阶级的利益，同时也反映劳动人民对改革政治的要求。虽然宗教改革运动的领袖们依然对科学怀着莫大的敌视态度，但宗教改革毕竟动摇了罗马教会至高无上的权力，打破了教会的精神独裁，使得政教分离，这在客观上为自然科学从神学中解放出来创造了必要的社会条件。

　　中世纪后期，在意大利和地中海沿岸的一些城市中，出现了分散的手工工场。工场主们为了加快生产过程，往往把一些分散的工序甚至是整个产品的生产集中在一个场地，从而使分散的手工工场逐渐为集中的手工工场所替代。手工工场的出现促进了生产技术的改进、分工和协作的发展，使操作过程专业化，手工劳动变得简单了，这就为改进技术和发明新的工具创造了条件[3]。

　　东方国家如中国、印度和阿拉伯等地的先进的科学技术在中世纪传入欧洲以后，对欧洲科学技术的进步产生了巨大的推动作用。这一过程被称为"东方科学技术的西传"。英国哲学家弗兰西斯·培根（1561～1626年）早在1620年就曾指出，印刷术、火药和指南针这"三大发明"改变了整个世界事物的面貌和状态。没有一个帝国、没有一个教派、没有一个大人物对人类事务的影响，能像这三种发明那样巨大和深远[4]。印刷术促进了欧洲文化、教育和知识的传播，火药改变了欧洲的战争方式，预告了资本主义社会的到来。而与指南针用于航海相联系的则是这个时期的地理大发现。意大利航海家哥伦布发现了今天称作美洲的新大陆，葡萄牙海员麦哲伦率领的船队实现了环球航行的壮举。远航探险和地理大发现，改变了世界各大陆和各大洋的分割孤立状态，加强了世界范围的联系，为世界市场的形成准备了条件，也为建立新的天文学和地学奠定了基础，对近代科学技术的发展产生了极大的促进作用。

第二节　科学革命

一、日心说引发的天文学革命

　　在古代，人们为了生产生活的需要，已经开始有目的地观察天体的运动并探寻其规律，而古希腊人对天体运动的研究对后来欧洲天文学的发展有着深远的影响。他们的研究不仅涉及对天体运动的观察，还尝试通过理性的推理和数学的方法来解释和描述这些规律。古希腊的天文学家们主要通过肉眼观测，记录了大量的天文数据，并进行了系统整理和研究，以期建立起对宇宙体系的描述。亚里士多德从自己的哲学体系出发，在大量观测和逻辑推理的基础上建立了地心说的理论框架，而埃拉托色尼（约前275～前194年）更是测出了地球的周长。后来，这一思想被亚历山大的天文学家托勒玫（约90～168年）进行系统综合，形成了科学史上的"地心说"（图2-5），认为地球是宇宙的中心，是静止不动的，太阳和其他星体都围绕着地球转动，并著有《天文学大全》一书。在中世纪时期，西方的经院哲学将其改造纳入了严密而庞大的神学体系，使之成为上帝创世说的一个支柱，从而使地心说变成了一个维护教会权威的理论。随着地理大发现和航海探险的深入发展，以及大量精确的天文观测，地心说理论暴露出更多与实际观测不符的事实，这导致很多进步思想家和科学家对其表示怀疑，而天文学家哥白尼是真正打破这一理论体系的第一人[4]。

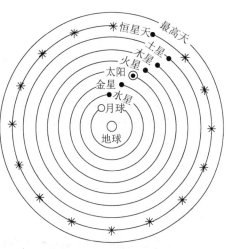

图 2-5　托勒玫及其地心说

哥白尼（1473～1543 年）出生于波兰托伦城一个殷实的商人家庭，父亲是波兰人，母亲有德国血统。在他只有 10 岁的时候，父亲就死了，由在教会任主教的舅父瓦兹罗德抚养长大。瓦兹罗德博学多才，思想开放，提倡研究实际，经常拿一些天文学的书籍给他阅读，这对少年时期的哥白尼有很深刻的影响。1491 年，哥白尼进入克拉克夫大学学习医学，受到布鲁楚斯基新思想的熏陶，对天文学产生了兴趣，并学会了使用仪器观测天文现象。1496 年，他到欧洲文艺复兴的中心意大利留学，先后在帕多瓦大学、费拉拉大学学习医学、神学等，也研究了天文学。在留学期间，他受到他的老师、人文主义运动的领导者、天文学家诺瓦腊（1454～1504 年）的影响，研究了托勒玫的地心说。1505 年，哥白尼从意大利回到了波兰，在佛劳恩堡担任牧师的职务，从此，开始了他长达三十多年的边任教士，边从事天文学研究的历程[1]。

哥白尼刚开始只是想对托勒玫体系做一些稍微的改进，但后来经过对大量观测资料的深入分析，他发现地心说存在严重的缺陷，对天空图像的描述毫无规律性和统一性，这与哥白尼所追求的简明和谐完全相悖。其实，托勒玫也是追求简明和谐的，只是他采用的是地心体系，当他把行星的复杂运动简化为圆周运动时，就不得不用本轮和均轮的思想。在本轮上加均轮，就像叠罗汉一样，使得体系的复杂程度一步步增加，最后增加到 80 多个转轮，这就与简明和谐的原则发生了矛盾。哥白尼认为，造物主不会创造这么多转轮的，因此放弃了对托勒玫地心说的改进[5]。

为寻找新的思想和观点，建立一种更加合理的图形安排，哥白尼阅读并研究了大量的古希腊和古罗马文献，在这些文献中，他发现了西塞罗（公元前 106～前 43 年）关于地球运动的描述，以及毕达哥拉斯学派关于"中心火"的概念。西塞罗在其著作中描述了一种地球自转的观点，这一观点为哥白尼提供了一种新的视角，使他开始思考地球可能不是宇宙的中心。毕达哥拉斯学派的"中心火"概念则启发了哥白尼关于太阳在宇宙中心的想法。随后，经过数十年的观察和研究，用这种全新的宇宙观做指导，他完成了以太阳为中心的天文学体系的构建。

1543 年，哥白尼的《天体运行论》（图 2-6）出版了，他向人们展示了一个全新的宇宙图景：太阳静止地位于宇宙的中心，地球和其他行星一样都围绕太阳做圆周运动，恒星被认为是远离太阳的背景，静止不动，地球不仅绕日公转，而且绕着自己的轴旋转；月亮是地球的卫星，绕地球一周为一个月，地球带着月亮绕太阳运行；土星每 30 年绕太阳公转一周，其他行星的公转周期分别是木星约 12 年、火星约 2 年、地球 1 年、金星约 9 个月、水星约 80 天。根据这个理论，哥白尼将托勒玫体系的 80 多个转轮减少为 34 个，从而使得哥白尼体系简明合理得多了[6]。该理论也成功地解释了天球、太阳、月球的周日视运动，太阳和行星的周年视运动，以及行星顺行、逆行、留的现象和岁差等。

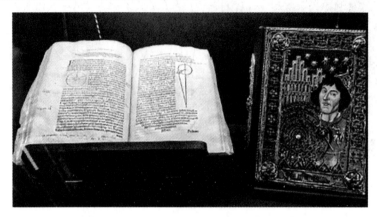

图 2-6　哥白尼《天体运行论》手稿复刻本

　　哥白尼日心说的创立具有重大的意义，它不仅是天文学上一次伟大的革命，也是人类探求客观真理道路上的里程碑。第一，它推翻了长期以来地球位于宇宙中心的地心说，确认了地球不是宇宙的中心，而是运动的行星之一，这一观点颠覆了人们对宇宙的传统观点，推动了人类对宇宙的进一步探索和认识，引起了整个宇宙观和世界观的巨大变革。第二，这一理论的提出，动摇了欧洲中世纪宗教神学的理论支柱，证明了被教会奉为教条的真理也是可以被质疑的，推动了科学思维方式从以宗教权威为基础向以观察和实验为基础的转变。与此相关，从社会生活和文化心理层面上讲，日心说对地心说的背叛也是对千余年来形成的人们的精神生活方式和浓厚的宗教情结的意义深远的挑战。第三，日心说的提出，使自然科学从神学中解放出来，人们开始以更加理性的态度来对待世界和自然，这一转变对于人类思想的发展具有深远影响。图 2-7 为哥白尼的日心说模型。

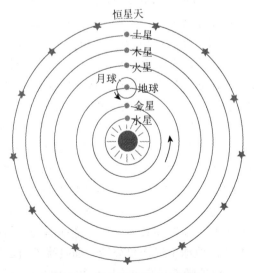

图 2-7　哥白尼及日心说模型

从某种意义上来说，哥白尼的日心说在哲学世界观和思想解放方面的价值已远远超过了其在科学方法论上的价值。因此，该书 1616 年被列为禁书，直到 1822 年才被解禁。《天体运行论》的出版时间 1543 年被作为近代科学的诞生年。

二、血液循环理论引发医学革命

维萨里（1514～1564 年）出生于比利时，是一位医师和解剖学家，被公认为近代解剖学的奠基人。他毕业于巴黎大学，后到意大利帕多瓦大学任教，主要讲授古罗马医学家盖伦（129～199 年）的著作。但他不拘泥于课本的知识，强调实证研究的重要性，认为只有通过亲自解剖和观察人体才能获取关于人体构造的真正知识。

《人体的构造》是维萨里最著名的著作，于 1543 年出版。这部著作详细描述了人体各器官的结构和功能，并以大量的插图和注释来说明（图 2-8）。维萨里通过对男女人体骨骼的研究后指出，男人和女人的肋骨一样多，都是 12 对、24 条，上帝用亚当的肋骨制造夏娃的传说纯属无稽之谈。他还指出，人体中也没有《圣经》中传说的复活骨，也就不存在耶稣提出的可以通过复活骨使死人复活的可能。此外，他也纠正了盖伦关于左右心室相通的说法。盖伦认为人体的血液可以从右心室通过中隔进入左心室。然而，维萨里通过自己的实证研究和解剖观察（图 2-9），发现这种说法并不准确。他指出，心脏的中隔很厚并由紧密的肌肉组成，中间没有微小的空隙，血液不能直接从右心室进入左心室。

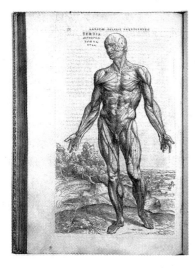

图 2-8　维萨里《人体的构造》中的
　　　　肌肉结构图

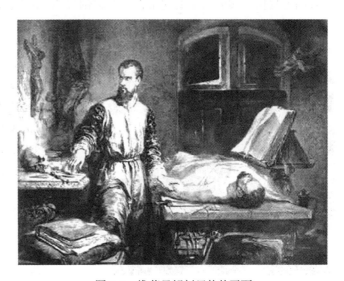

图 2-9　维萨里解剖尸体的画面

维萨里的行为和著作引起了教俗两界的攻击。他不得不放弃大学里的研究工作，到西班牙做了查理五世和他的继任者菲力普二世的御医。然而，1563 年，旧势力又诬陷他，说他解剖了活人，要定他死罪，由于西班牙王室的周旋，改为去耶路撒冷朝拜，在回来的路上不幸遇难身亡。

虽然维萨里证明了血液不能通过中隔从右心室进入左心室，但他并没有提出另一种解释，而维萨里在大学的同学塞尔维特（1511～1553 年）最早提出了心肺血液小循环理论，解释了血液是怎样从右心室进入左心室的。塞尔维特是西班牙的一名医生，1511 年出生于图德拉，1536 年在巴黎大学学习医学，与维萨里一起解剖过尸体，后来维萨里离开了巴黎，而他继续进行解剖实验研究，于 1553 年出版了《基督教的复兴》一书，书中用 6 页左右的篇幅描述了血液小循环的情景。他认为，血液从右心室出发，经过肺部与吸收的空气进行氧合，然后返回到左心室，而不是像盖伦所描述的那样，通过中隔从右心室直接流入左心室。由于塞尔维特坚持人体解剖，违背了宗教的禁令，而且还批判了当时的权威和教义，并提出与《圣经》相悖的观点，因此遭到了新、旧二教的反对。1553 年，他首先被宗教裁判所逮捕，但在朋友的协助下逃出了监狱，在缺席的情况下遭到了审判，只烧了一个象征性的稻草人。4 个月后，在日内瓦又被加尔文教派逮捕并以异端罪受审，执行火刑时连同他的著作《基督教的复兴》也一同被烧，最后只有两三本手抄本被保留了下来。

　　塞尔维特被烧死了，但是人们探索血液循环的脚步没有停止，随后又有几位医生对血液循环的发现作出过贡献，其中成就最大的是英国生理学家哈维。

　　哈维（1578～1657 年）出生在英国肯特郡福克斯通镇，自幼性格文静，思维敏捷。15 岁时，以优异的成绩考入英国著名的剑桥大学学习医学。1598 年，又到以解剖学闻名的意大利帕多瓦大学学习，师从著名的解剖学家法布里克斯。哈维在意大利留学期间，接受了先进的思想，并培养了实验科学的兴趣。哈维回国后，成了有名望的医生，建立了自己的实验室，并先后成为国王詹姆斯一世和查理一世的御医。后来，哈维的解剖实验得到了国王的支持，后者向他提供了实验所需要的条件。他解剖过 70 多种动物，并根据解剖动物，观察其心脏搏动。他通过对动物心脏的观察并认真地思考，认为血液在全身是沿着一条闭合的路线作循环运动。这条循环的路线是从右心室输出的静脉血经过肺部变成动脉血，然后通过左心室进入

图 2-10　哈维在讲解血液循环学说

右心室。从左心室搏出的动脉血沿动脉到达全身，然后再沿静脉回到心脏。哈维还预言，在动脉和静脉的末端必定有一种微小的通道把二者联结起来，这就是血液大循环[7]。

　　1628 年，哈维出版了他的《心血运动论》一书，书中科学合理地阐述了血液循环的基本原理。哈维也因此发现以及出色的心血系统的研究而被后人誉为"近代生理学之父"。图 2-10 为哈维在讲解血液循环原理。1660 年和 1688 年，意大利解剖学家马尔比基（1628～1694 年）和荷兰科学家列文虎克（1632～1723 年）分别发现了毛细血管，从而证实了哈维的预言。至此，血液循环理论基本完善。

第三节　经典物理学的奠基

一、开普勒在天空"立法"

　　哥白尼学说发表后，在随后很长的一段时间内并未得到天文学家的公认。天文学家们在对两个体系进行争论、选择的同时，也对行星运动进行了不懈的观察研究，其中成就最大的

是第谷（1546～1601 年）（图 2-11）。他出生于丹麦的斯坎尼亚省基乌德斯特普的一个贵族家庭。1559 年进入哥本哈根大学读书。1560 年，他根据当地天文台的预报观察到一次日食，这使他对天文学产生了浓厚的兴趣。1562 年，第谷转到德国莱比锡大学学习法律，但却利用全部的业余时间研究天文学。1566 年，他到欧洲各国游学，并在德国罗斯托克大学攻读天文学，从此开始了他毕生的天文学研究工作。

图 2-11　第谷

1572 年，第谷观测到仙后座有一颗明亮的新星，于是他就用自制的仪器对这颗新星连续观察了一年零四个月，并详细记录了它的色泽、光亮和各种变化，取得了惊人的成果，这对当时亚里士多德关于天体不变的经典权威是有力的驳斥。新星的发现是第谷一生所取得的重要成就之一，后人为纪念他，就把这颗星称为"第谷超新星"。新星的发现，使得第谷的名声大振。于是，丹麦国王弗雷德里克二世聘请他为皇家天文学家，并拨一笔巨款在汶岛为他修建了一座华丽的天文台——乌伦堡天文台。这是世界上最早的大型天文台，设置有四个观象台、一个图书馆、一个实验室和一个印刷厂，配备了齐全的仪器。第谷在那里工作了 20 多年，细心观察天象，积累了大量的有关行星运动的数据资料，为后来开普勒发现行星运动规律奠定了坚实的基础[6]。

第谷是一位十分重视实际的学者，他认为，理论应该与实际观察相符。根据哥白尼日心说理论应该存在恒星视差，但当时没能观测到，哥白尼给出的解释是恒星太远了。因而，第谷希望能够用自己的观测证实所谓的恒星视差问题，但事与愿违，即便第谷拥有举世无双的仪器也无法观测到。于是他就提出了一个介于地心说和日心说之间的宇宙体系：地球位于宇宙的中心，静止不动，行星绕太阳转，而太阳与行星一起又绕地球转。

弗雷德里克二世去世后，第谷离开了乌伦堡天文台。1599 年，在波希米亚国王鲁道夫二世的帮助下，第谷移居布拉格，建立了新的天文台。1600 年，开普勒应邀成为第谷的助手，开始与第谷合作，二人的合作被誉为科学合作的典范，它意味着经验观察与数学理论在天文学上的完美结合。

开普勒（1571～1630 年），出生于符腾堡的威尔德斯达特镇，德国天文学家和数学家。开普勒聪慧过人，善于思考，12 岁入修道院学习。1589 年，他进入图宾根大学学习，在那里受到数学教授迈克尔·马斯特林的影响，很快成为哥白尼日心说的忠实维护者。1596 年，他出版了《宇宙的神秘》一书并在书中描绘了宇宙的模型（图 2-12），从而受到第谷的赏识。1600 年，开普勒应邀到布拉格近郊的贝纳泰克天文台任第谷的助手。可惜，第二年第谷就病逝了。作为第谷事业的继承人，开普勒只能在老师留下的一大堆数据中孤军奋战了。

开普勒在数学上有一定造诣，他希望利用第谷的珍贵资料把日心说中行星运动的规律找出来。他首先研究了火星的运动轨道，发现第谷观测的数值与哥白尼学说推算出来的数值有一个大约 4 弧分的差值。他坚信第谷观测值的可靠性，因为他目睹过第谷是如何精心细致工作的，第谷的观测误差一般不会超过 2 弧分。因此，他对哥白尼圆形轨道产生了怀疑。于是，他就大胆设想，火星可能不是沿着圆形轨道运动。他改用了多种曲线表示火星的运动轨迹，经过多年的辛苦计算，终于发现火星是沿着椭圆形轨道运行的，而且太阳位于轨道的一个焦

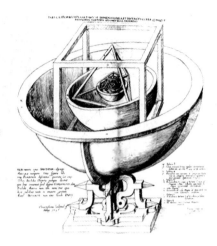

图 2-12   开普勒在《宇宙的神秘》中猜想的宇宙模型

点上。之后他又对其他行星的运动进行了研究，一样证明这些行星的运动轨道都是椭圆，这就得到了行星运动的第一定律。这一定律的发现使人们摒弃了一千多年来陈陈相因的均轮和

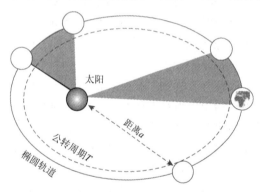

图 2-13   开普勒第二定律示意图

本轮观念，以椭圆轨道描绘行星的运动，使太阳系的图像变得十分简洁明了。接着，他根据三角形求面积的公式和积分的性质又做了进一步的计算，发现行星运动的线速度不是均匀的，而是在相同的时间内太阳与行星的矢径所扫过的椭圆形面积相等，这就是行星运动的第二定律（图 2-13）。该定律为万有引力的发现准备了条件。1609 年，开普勒把这两个定律写进了他的著作《新天文学》一书中[6]。

1612 年，鲁道夫二世被迫退位，开普勒离开了布拉格，去了奥地利的林茨，继续研究天文学，探究各行星轨道之间的几何关系。经过 9 年的艰苦研究，他发现：对于任一行星而言，其围绕太阳公转的周期 T 的平方与它距太阳的平均距离 R 的立方成正比。这就是开普勒行星运动的第三定律。这一定律于 1619 年出版的《宇宙和谐论》一书中被公布出来。这也是自然科学史上第一次用数学语言定量描述物理规律。开普勒也因发现行星运动三大定律而名垂青史。人们评论说：第谷是"看"的老师，而开普勒则是"想"的学生。开普勒发现的行星运动三定律是勤劳和智慧的结晶，没有第谷的观测，就不会有开普勒的理论；而没有开普勒的理论，第谷的成果也就不能更好地指导后人去开辟天文学的新领域[1]。

总的来说，开普勒的行星运动三定律对天文学的发展产生了深远的影响。它不仅简化了太阳系的图像，还为后来的科学研究提供了重要的理论基础。这些定律的发现展示了开普勒的创新性思维和过人胆识，为他赢得了"天空立法者"的美名。

二、伽利略对地面物体的研究

伽利略（1564～1642 年）出生于意大利比萨，是一位伟大的物理学家和天文学家，对近

代科学的兴起作出了重要贡献。17 岁时，他进入比萨大学学习医学，但对数学和物理比较感兴趣。1586 年写出论文《天平》，此后不久又写了论文《论重力》，第一次揭示了重力和重心的实质，从而引起学术界的重视。据传，他在教堂里看到灯在风中摇摆，从而发现了摆的等时性原理，并据此制作了一架脉搏仪，用来测定病人的脉搏，后来惠更斯（1629～1695 年）也根据摆的等时性原理制作了机械钟表。伽利略除了对天文的研究，其主要贡献还是在于对地面物体运动的研究。

　　地面上重物的下落是人类最早观测到的自然现象之一。但在伽利略时代，人们对物体下落的认识仍然停留在亚里士多德的认识上，即：重的物体下落快，轻的物体下落慢。但伽利略对亚里士多德的观点提出了疑问，他问道：如果亚里士多德的论断成立，即重物比轻物下落快，那么将一轻一重的两个物体拴在一起从高处抛下来，将会有怎样的情形呢？按照亚里士多德的观点，坠落的时间可以是两个物体各自下落的平均值，也可以是一个具有两个物体重量总和的物体从同一高度下落的时间。这两个结果是相互矛盾的，这就表明"亚里士多德错了"。据伽利略的学生记载，为了找出物体在重力下下落问题的实际情况，伽利略做了比萨斜塔的自由落体实验（图 2-14）。比萨斜塔高 50 多米，由于塔基问题，塔身发生倾斜。伽利略在斜塔上一手拿着一个 1 磅重的铅球，另一手拿着一个 10 磅重的铅球，双手平举让它们同时下落，最后"啪"的一声，两个铅球同时落地。这就表明了伽利略的观点是正确的，即重量不同的物体下落的快慢是一样的。这个实验是否由伽利略本人操作，从当时的各种文献记载已无法得到证实。不过，图 2-15 中"斜面实验"的确是伽利略亲自设计和操作的。

图 2-14　比萨斜塔实验

　　为了仔细观测重力作用下物体运动的特点，伽利略设计了一个能将运动时间"放大"的斜面实验（也称"冲淡了重力的自由落体实验"）（图 2-15）。他在一块厚木板上刻一道非常光滑的槽，并让一个坚硬光滑的铜球在槽里滚动。抬高槽的一端，使槽倾斜，这样，铜球就在一个斜面上滚动。实验开始时，将铜球放在槽顶沿着槽滚下，并记录整个下滑时间。重复几次，"以便使测得的时间准确到两次测定的结果相差不超过一次脉搏的十分之一。进行这样的操作，肯定了我们的观察是可靠的以后，将球滚下的距离改为槽长的四分之一，测定滚下的时间，我们发现它准确地等于前者的一半。下一步，我们用另一些距离进行试验，把全长所用的时间与全长的二分之一、三分之二、四分之三，或者其他任何分数所用的时间相比较。像这样的实验，我们重复了整整 100 次，结果总是经过的距离与时间的平方成比例，并且在各种不同坡度下进行实验，结果也都如此……"伽利略在《关于两门新科学的谈话》中所记述的这段话，已道出了匀加速运动中经过的距离与时间的平方成比例的基本规律。

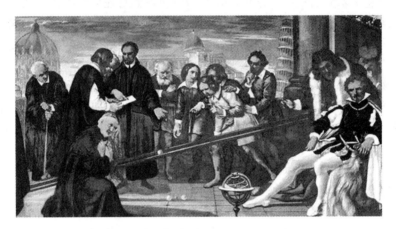

图 2-15　伽利略的斜面实验

根据斜面实验，伽利略还提出了惯性的概念。根据亚里士多德的观点，保持物体匀速运动是力的持久作用。但是，伽利略的实验结果表明物体在重力的持久影响下并不以匀速运动，而是每经过一段时间后，在速度上就有所增加。物体在任何一点上都继续保有其速度并被重力加剧。如果重力可以撤去，物体将仍以在那一点获得的速度继续运动（图 2-16）。在伽利略的斜面实验中，当铜球从斜面滚到平面上，如果平面足够光滑，小球将会保持匀速运动。这就奠定了近代关于物体惯性概念的基础。遗憾的是，伽利略没有定义匀速运动是在一条直线上的运动，因而没有最后完成惯性的近代定义。

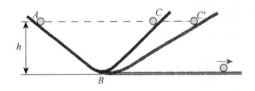

图 2-16　伽利略惯性定律实验示意图

伽利略从惯性原理出发，对抛物体的飞行轨迹理论也进行了深入的研究。他考察了一个球以匀速滚过桌面，再从桌边沿一根曲线轨道落到地板上的动作。在这个过程中，球具有两种速度：一种是沿水平面的速度，根据惯性原理，这种速度会保持匀速；另一种是垂直的速度，受重力的影响，这种速度会随着时间加快。在水平方向上，球在同等时间内越过同等距离。但在垂直方向上，球越过的距离与时间的平方成正比。这种关系决定了球飞行的轨迹形式，即一种半抛物线。

伽利略的研究不仅在动力学的基本原理上作出了重要贡献，更重要的是，他开创了一种将实验和逻辑推理相结合的科学研究方法。这种方法为后来的科学研究提供了重要的指导，人们能够通过实验和理论相互验证，更深入地理解自然界的规律。

三、近代科学的第一次大综合

17 世纪后期，在哥白尼、开普勒等关于天体运动规律和伽利略关于地面物体的动力学研究的基础上，牛顿展开了更全面的分析、综合和概括工作，用非常优美的数学语言描述并统一了地面、天空的力学理论，创立了经典力学体系，完成了近代科学史上的第一次大综合[4]。

　　牛顿（1643～1727年）出生于英格兰林肯郡乡下的一个小村落，是英国著名的物理学家、数学家和天文学家，在中学时期就喜欢做机械玩具和模型。1661年他考进剑桥大学三一学院，受到著名数学家巴罗教授的指导。1664年被选为三一学院的研究生。1665～1666年，牛顿为躲避伦敦的瘟疫而回到家乡伍尔索普。在这期间，他发现了二项式定理和流数法，进行光的色散实验，并开始思考万有引力问题。1669年接替巴罗教授成为数学"卢卡斯教授"。此后，他制造了反射望远镜（图2-17），并被选为皇家学会会员，结识了很多科学界的朋友。在深入研究天体运动和地球引力现象的基础上，牛顿于1687年提出了万有引力定律，并在哈雷（1656～1742年）的资助下，出版了《自然哲学的数学原理》一书（图2-18）。该书涵盖了牛顿在力学、数学和天文学方面最重要的成就，其核心是运动三大定律和万有引力定律，是对所有地上和天上物体机械运动规律的总结。

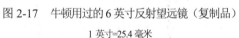

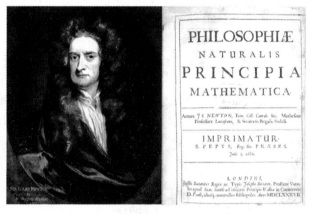

图2-17　牛顿用过的6英寸反射望远镜（复制品）　　　　图2-18　牛顿及《自然哲学的数学原理》书稿

1英寸=25.4毫米

　　运动第一定律的表述是：任何物体将保持它的静止状态或匀速直线运动状态，直到外力作用迫使它改变这种状态为止。它是在伽利略发现的惯性运动基础上由牛顿扩展而成的。这一定律揭示了物体在无外力作用下的运动规律，即物体具有保持其运动状态不变的属性，我们称之为惯性，因此，第一定律也称为惯性定律。惯性是物体的固有属性，任何物体都具有惯性，不受外界影响[7]。

　　运动第二定律的原始表述是：运动的变化与所施的力成正比，并沿力的作用方向发生。现在通常的表述为：物体的加速度与作用力成正比，与物体的质量成反比，加速度的方向与作用力的方向相同。这一定律定量描述了力与运动状态改变（加速度）之间的关系。它告诉我们，物体的运动状态改变（产生加速度）是由于受到外力的作用，而加速度的大小则取决于作用力的大小和物体的质量。此外，该定律还向我们揭示了质量的物理意义，由 $F=ma$ 得知 $m=F/a$，即物体的质量为力与加速度的比例常量。这一常量越大，就意味着要有一个很大的力才能使其产生一定的加速度；反之，这一常量较小，就意味着只需较小的力就能产生一定的加速度，因此，比例常量 m 就是标志物体惯性大小的物理量。

　　运动第三定律的内容是：对于任何作用力，总是存在一个大小相等、方向相反的反作用力，且作用在同一条直线上。这一定律揭示了力的本质，即力是物体间的相互作用。任何作用力都会有一个反作用力与之对应，两者大小相等、方向相反，且在同一条直线上。这意味着，如果一个物体对另一个物体施加了一个力，那么后者也会对前者施加一个等大的反作用力[7]。

万有引力定律：在深入研究天体运动和地球引力现象的基础上，牛顿于1687年提出了万有引力定律，即任何两个物体之间都存在引力作用，且引力大小与两物体的质量成正比，与它们之间的距离的平方成反比，方向为沿着两个物体连线的方向。牛顿一开始就把天上的运动与地上的运动联系在一起并把两者视为本质上相同的现象加以研究，在发现了天体间的万有引力定律之后，他立刻想到这一定律是否也适用于宇宙间的一切物体，包括地面上的物体，但是，如果地面上的物体之间也存在相互的引力，那么这些物体本身的大小对于它们之间的距离来说就不能像相距遥远的天体那样可以忽略不计。牛顿用他自己发明的微积分方法证明任何两个物体间的相互作用力都可以用它们质心之间的作用力来代替。这样，天体之间的引力作用就可以推广到包括地面上一切物体在内的宇宙间的所有物体上去。这一普遍存在的引力牛顿称之为万有引力。他还给出了万有引力的数学表达式：$F = G\dfrac{m_1 m_2}{r^2}$（式中，$m_1, m_2$ 为两物体的质量，r 为两物体质心间的距离，G 为万有引力常量，经后人测定为 $G \approx 6.67 \times 10^{-11}$ $m^3/(kg \cdot s^2)$）。

牛顿经典力学的创立具有重大的历史意义，它不仅推动了科学革命的发生和工业革命的兴起，也深刻影响了人类思维方式和文明进程。牛顿的经典力学为人类认识自然、改造自然提供了重要的理论工具和方法论指导，成为人类文明发展的重要基石之一。

第四节　近代科学方法的革命

一、培根创立实验归纳法

中世纪以来，人们已经不再如古希腊时期单纯关注于"纯"的知识。伴随着十字军东征，数不胜数的新鲜事物接踵而来，使人目不暇接。哥伦布抵达美洲，其价值也远不止真金白银，更使人对新世界充满好奇。人们意识到现有的知识，也许连告诉我们要寻求什么都不够。在层出不穷的物质冲击下，实用数学与技术，逐渐发展成为受人关注的学科。阿格里科拉的《论金属》细致描述了采矿冶金及相关设备，贝松描述了车床与机械加工设备，拉梅利完整描述了风力与水力磨坊，斯特拉丹描述了当时的军火厂与印刷厂……实证科学与实用工具使人类的探索能力达到了前所未有的高度。正如培根（图2-19）在《新工具》中指出的，火药、印刷术和指南针的使用"已经在世界范围内把事物的全部面貌和情况都改变了……竟至任何帝国、任何教派、任何星辰对人类事务的力量和影响都仿佛无过于这些机械性的发现了"。

《新工具》是培根最负盛名的著作。该书以箴言的形式写成，分上下两卷。上卷130条，称"破坏之部"，下卷52条，称"建设之部"。书名自然使人联想到亚里士多德的《工具篇》。在亚里士多德的思想中，自然，如其字面意义，自然而然。你所见到的，既是结果，也是原因。你若想知道

图2-19　培根

原因，只要看一看周围的一切，便可知晓其中的道理。但培根并不认同这种方法。他主张拷问自然，即由人，通过实证的方式，让自然吐露出自身的秘密。宇宙不再是有生命的整体，而是物质，是被放在实验台上的躯体，等待人们解剖开来，一探究竟。在培根的认识论里，亚里士多德的演绎推理，也不再是探寻世界奥秘的唯一方法。依靠归纳法的理性，人类同样可以将从有限事实中得出的结论，推广到无限的宇宙。哲学和科学扩大了人类认识世界、解决问题的能力。即使不需要太多证据，人们依然可以相信，地球是围绕太阳运动的行星，日月星辰不必亲身接触，也可知其内在规律与地面的一般不二。

恩格斯称培根为"实验哲学的鼻祖"。一方面在于培根把科学定义为人类的事业，拒绝超自然的奇迹。另一方面，培根还设想了一个理想国度——新大西洲，那里人人平等，人人爱好科学，爱好知识。17 世纪英国皇家学会的成立，就是受到新大西洲"所罗门之宫"的影响。

培根之所以名满欧洲，很大程度上要归因于伏尔泰。当这位法国的流亡者踏上英国的土地时，他感到了从未在法国享受过的自由。伏尔泰将自己在英国的见闻辑成《哲学通信》辗转发表。除了自由，令他深受感动的，是三位英国人——培根、洛克与牛顿。培根和洛克，是法国"启蒙运动的启蒙者"，牛顿则是科学的代表。伏尔泰称牛顿为最伟大的人物，"倘若伟大是指得天独厚、才智超群、明理诲人的话，像牛顿先生这样一个十个世纪以来的杰出的人，才真正是伟大的人物"，"至于那些政治家和征服者，哪个世纪也不短少，不过是些大名鼎鼎的坏蛋罢了。我们应当尊敬的是凭真理的力量统治人心的人，而不是依靠暴力来奴役人的人，是认识宇宙的人，而不是歪曲宇宙的人"，这种锋芒毕露的言辞，使它一度被法国封禁，但在欧洲大陆沉淀已久的自由科学精神，在这个世纪被彻底点燃。

二、笛卡儿创立数学演绎法

严格来讲，伽利略的工作打破了亚里士多德的旧体系，但他并没有提供一个真正能与之等量齐观的替代理论。显然，这项艰巨的任务，绝非一代人可以完成。笛卡儿便是其中不可不提的一位。笛卡儿（图 2-20）1596 年出生在法国拉埃镇，辞世于 1650 年，大约处于伽利略与牛顿之间。1618 年，他师从于德国物理学家贝克曼，学习数学、力学。其后从军，1620 年至 1628 年间，游历欧洲，最后定居荷兰，潜心著书立说。1628 年，完成《指导哲理之原则》，1634 年完成《论世界》，该书是以哥白尼学说为基础，或因时局影响，直到 1664 年，笛卡儿去世后，才得以出版。1637 年，笛卡儿完成了他的《谈谈方法》，1641 年，《第一哲学沉思录》完成，1644 年《哲学原理》《冥想录》完成。

图 2-20　笛卡儿

笛卡儿的科学工作，《谈谈方法》须单独列出。因为该书中有三个独立成篇的附录《折光学》、《气象学》和《几何学》。我们所熟悉的"笛卡儿坐标系"就出自该书的《几何学》。自此，代数学与几何学结合在一起，为解析几何的发展奠定了基础。正如恩格斯所说"数学中的转折点是笛卡儿的变数。有了变数，运动进入了数学；有了变数，辩证法进入了数学；有了变数，微分和积分也立刻成为必要的了，而它们也立刻产生……"仅此一项，足可使笛卡儿名垂青史。

就物理学而言，笛卡儿在《折光学》中讨论了光学，并提出碰撞运动中，总动量保持不变的思想，亦可视作动量守恒原理的雏形。伽利略强调落体与平抛运动应遵循相同规律的思想。笛卡儿则坚持惯性运动必须是直线的。曲线运动必受到外部作用的影响，从而提出圆周运动的离心倾向。

更为重要的是，笛卡儿以无限宇宙的概念取代了此前哥白尼、伽利略、开普勒等人思想中的有限宇宙。在笛卡儿的思想中，宇宙是一个充满物质的浩瀚空间，这些物质或大或小，形成一个个巨大的旋涡。其中最为精细的"第一元素"构成太阳及群星；其次，"第二元素"组成苍穹；另有"第三元素"构成行星。越是精细的元素，越是集中在内心，而越大的，越向外沿。于是由第三元素构成的行星便有了逃离旋涡中心的倾向，与旋涡中的其他物质相互挤压碰撞，平衡之处，便是行星的轨道。太阳——一颗典型的恒星，位于我们所在的旋涡中心。充满物质的空间，为微粒的旋转提供了原因，迫使直线运动的微粒因为其他物质的碰撞而产生转向。

笛卡儿的旋涡理论是第一个取代中世纪水晶球模型的宇宙学说。它没有开普勒的数字神秘主义倾向，没有亚里士多德物理学的残余，在 17 世纪一度占据主导地位，直到牛顿万有引力定律提出后，才逐渐淡出人们的视野。但笛卡儿并没有为旋涡理论给出定量的解说，这一任务留给一位荷兰人——惠更斯。

惠更斯 1645 年就读于莱顿大学，导师斯库腾与笛卡儿是旧识，并翻译出版了笛卡儿的《几何学》。1656 年惠更斯撰写的《物体因碰撞引起的运动》透露出笛卡儿对他的影响。惠更斯重新表述了惯性定律：任何物体，一旦运动，如果没有别的东西阻止，它将持续沿直线以原有的恒定速度继续运动。这种论述也出现在他的名著《摆钟的理论和设计》中。它取代了笛卡儿理论中原属上帝的作用，将研究从哲学拉入物理学的领域，以实证方式，把握运动的因果关系。在其后的工作中，惠更斯还探讨了伽利略的运动理论，将自由落体运动与旋转的离心运动相类比，研究地球表面的离心力大小与重力的关系。虽然惠更斯研究得出的地球半径等数值与真实值相差较大，但他的数学能力依然使他得出了有积极意义的结果。从物理学的角度来看，惠更斯的工作涉及速度、加速度、质量、惯性及相互作用等力学主要概念。但作为笛卡儿的继承者，机械论、碰撞机制的框架，也限制了他对力学的进一步发展。他仿佛没有意识到物理世界中，离心力是惯性的一种表现，更没有关注过将飞离旋涡中心的物体强行拉回轨道的力。从某种角度来看，他的目光始终停留在运动学中，而对动力学视而不见。尽管他是日心说的坚定支持者，却未能接受向心力的作用。当然，对严肃的学者而言，即使在今天，力的本质，也绝非中学课本中记述的那般简单。更不能苛责于先贤。

相较于科学，笛卡儿的主要成就还是在哲学方面。笛卡儿指出正确地使用理性，就会给人洞察宇宙奥秘的信心与力量。各向同性并在各个方向上无限扩展的几何空间，即真实的空间世界。几何概念中的运动，就是真实世界的运动。真实世界的确定性，依赖于观测和试验。笛卡儿试图用机械作用给自己的宇宙学提供一种可以理解的形而上学的基础，而他的继任者在此基础上，更多依靠对物质运动的直觉来解释宇宙。这种宇宙仿佛布拉格广场上的大钟，一刻不停地向世人展示出日月星辰的循环往复，这种接近自然的方法被称为"机械论哲学"。

三、伽利略的数学与实验相结合的方法

伽利略的后半生，是不幸的。在罗马宗教法庭受审，被判处终身监禁，并要每周背诵《诗

篇》中的七首忏悔诗。女儿先他而去，被迫放弃信仰……但就某种意义而言，这恰是物理学的幸运——无法讨论天体的伽利略，将精力投入到数学和力学当中。成果之一便是《关于两门新科学的谈话》（以下简称《谈话》）。

在《谈话》中，萨尔维阿蒂、沙格列陀和辛普利邱再次聚首，他们的话题也避开了非科学因素的影响，转而研究落体、钟摆和抛射体等纯科学题材。创立了将定量实验与数学论证相结合的方法，为现代精密科学树立了典范。

早在 1581 年，身在比萨大学学医的伽利略，一边数着自己的脉搏，一边对摇来荡去的吊灯感到好奇：每次摆动的时间是否会随着幅度变小而越来越短呢？事实上，尽管每次摆幅越来越小，但摆动的时间间隔，似乎没什么不同。其后，他又进一步用各种长度的绳子搭配不同重量的坠头，做同样的实验，确认对于给定长度的绳子，两次经过同一位置的时间间隔，都是一样的。伽利略还利用这种等时性，设计了一种类似单摆的仪器，用来测量病人的脉搏。可能是这项小发明的成功，使他更改了人生规划，开始数学等问题的研究。

脉搏仪的有效性虽然尚可怀疑，但若将坠子所作的弧线运动，作一分解，则会引发一个有趣的问题：单看竖直方向，不同重量的坠子，从同一高度下落，到达最低点的时间总是相同。那么，如果没有绳子的束缚，在同一高度自由坠落的物体，是否也会在同一时刻落地呢？倘若它们同时落地，那就与亚里士多德关于物体下落的观点相抵触。或许这促使伽利略作出了从高塔上同时扔下两个重量不同的球体的实验。

在没有照相机，甚至没有可靠计时器的时代，要真正给出一个可量化的结果，并不是一件容易的事情。如果高度太低，差距太小；如果太高，则下落速度又过快。为此，伽利略提出了"冲淡重力"的方法，即令铜球从斜面上滚动，斜度越大，越接近于自由坠落。而铜球的下落时间，则通过从容器中流出的水的重量来测量。从起点开始，在相同时间间隔内经过的距离，随陡度的增加而变大，但比例基本保持在 1∶3∶5∶7……不难看出，铜球走过的总距离与所经过时间的平方成正比。从静止开始的自由坠体或匀加速运动，物体所经过的距离是它在整个时间内以末速度运动时所应当走过的距离的一半。

$$s = \frac{1}{2}at^2$$

自此，从实验中抽象出数学表达，成为近代科学的基本特征。

四、牛顿论科学方法

从留存的历史笔记来看，牛顿早期接触的入门书籍涵盖了广泛的知识领域，其中包括亚里士多德的《工具论》，以及可能与逻辑学相关的著作，此外，还有与逍遥学派物理学相关的书籍。亚里士多德用理性归化万物，从现象追溯原因的理论体系，对牛顿的思想产生了潜移默化的影响。此外，在牛顿的笔记中，我们还会发现自由坠体的伽利略、旋涡理论的笛卡儿、引向微积分的巴洛、神秘主义的莫尔以及炼金术的玻意耳等熟悉的名字。他们无疑也对牛顿思想的成长产生了重要的影响。

在此，引用牛顿 1718 年对自己发现的回忆：

1665 年初，我发明了逼近级数法和把任意二项式的任意次幂化成这样的一个级数的规则。同年 5 月，我发现了格里高利和斯鲁西乌斯的切线法，并在 11 月间得出了流数的直接方法。次年 1 月，得出颜色理论，继而在 5 月间，得出了反流数法。在这一年里，我开始考虑延伸到月球轨道的引力，并且在搞清楚怎样估算在球面内运动的球状物体对于球面的压力以后，从开普勒关于行星运动周期与它们到各自轨道中心的距离成 3/2 次方比的定律中推出，把行星保持在它们的轨道上的力必与它们绕之旋转的中心到行星的距离的平方成反比；我于是比较了把月球保持在它的轨道上所必需的力和地球表面的万有引力，发现此两力差不多密合。这些都是在 1665 年和 1666 年那两个瘟疫年份做的。

通过上述文字，我们可将牛顿的功业大致分为三个方面——光学、运动和数学。

其一，关于光学的理论与实验。牛顿利用三棱镜分解太阳光，得到了连续光谱。其后，牛顿又系统地综合实验与推理方法，使之成为科学方法的典范。

关于虹的分析，笛卡儿在《屈光学》中即已作过专门讨论。他从现象出发，指出不仅在雨后，在喷泉附近同样可以看到霓虹。由此推知，霓虹应是小水珠折射太阳光的结果。因此，他又用一个贮满水的球形玻璃容器模拟水滴，从而描述出色散现象。他甚至记载棱镜或三角玻璃也能表现出同样颜色。牛顿在 1665 年、1666 年间的工作，基本是笛卡儿的延续。他让光从小洞射入房间，通过棱镜得到太阳光谱，而后又利用三个或更多的棱镜，把已经分解的白光重新还原，从而反向证明白光是多色光的混合。

其二，数学。流数与反流数术是牛顿对当时数学理论的重大发展和创造。相较于同时代的多数人物，牛顿的数学工具使他在处理物理学问题时，能给出严谨的推导。

其三，对物体运动的考察。即牛顿运动学三定律和解释行星运动的万有引力定律。如果将托勒玫、哥白尼们的工作看作为宇宙建立一个数学模型，那么，牛顿的做法，则是在物理原理上建立数学解释，且可以通过天文观测加以验证。正是这一工作，为后世两百多年的力学与天文学发展指明了方向。

月球或许是人们最熟悉的天体，但它却是科学家们最难处理的问题之一。

随着天文学的不断进步，亚里士多德、开普勒以及笛卡儿的理论在解释月球绕地球旋转的机制时均显得力不从心。牛顿则提出了一个革命性的观点：月球之所以能在环绕地球的椭圆形轨道上持续运动，是因为它受到了地球引力的作用，但这种引力并非让月球直接"下落"至地表，而是使其沿一个特定的路径运动。实际上，月球的运动轨迹是一个动态的平衡，既不被地球直接吸引下来，也不远离地球而去。

相较前人，牛顿方法的优点在于，一方面运用数学推算出结果；另一方面，通过观测实验与理论结果相互检验。困难之处在于对"新世界"的哲学解释。

在笛卡儿的理论中，宇宙充满物质。而牛顿的宇宙更像是一个绝对静止、无限延展、永恒虚空的参考坐标系。细心的读者不禁要问：绝对的虚空与真实的存在如何同处一室？"力"作为一个既缺乏物理实体，又未被精确定义的概念，能否承担起万物运动的终极原因？或许这种无法解说的痛苦，导致牛顿日后转向炼金术的隐秘世界去寻找解答。但数学的确定性，还是引导他将力学与天文学纳入《自然哲学的数学原理》。

毋庸置疑，《自然哲学的数学原理》是人类理解自然的最伟大的著作。该书系统地处理了天体运动的问题；通过引入时间、空间和运动的定义与公理，利用数学方法，建立起完整的力学体系，提供了天体运动的图景，而其结果则由天文学观测得以验证。自此，准确的观测、严谨的推导、精密的验证作为一种全新的思维模式，成为人类理性的代表。

五、形而上学的机械唯物主义自然观

16 至 18 世纪，天文学与数学知识已为力学的发展创造了前提，天体力学的成就已为人们研究基本的力学问题提供了最简单的研究对象。牛顿基于开普勒和伽利略的成果，综合天上、地上物体的运动规律，创立了统一的经典力学理论。经典力学在说明自然现象时的成功，推动人们用力学理论解释其他自然现象，用力学的机械运动模型类比其他复杂的物质运动并提出了多种多样的力的概念，如热力、电力、磁力、化学亲和力、生命力等。笛卡儿17世纪写下《动物是机器》的著作，同是法国人的拉美特利在18世纪更进一步写下《人是机器》的著作，英国人斯宾塞在19世纪中叶则写下了《社会静力学》的名著。把研究对象划分为力和微粒，并把运动原因都归结为某种力，把高级运动都简单类比作机械运动，这是一种机械唯物主义自然观。

另外，在自然科学的研究方法中，当时大多数学科还处在把事物分解为各个部分再分门别类加以整理研究的阶段。这种把事物分割开来进行研究的方法使人们习惯于把自然界的事物和过程孤立起来去考察，即把它们视为静止不变的东西、死的东西。这种把物质看作孤立的、静止的、死的东西的观点，就是形而上学的自然观。

形而上学自然观认为，自然界是绝对不变的，宇宙是一个庞大的机器，所有现象和规律都可以归结为物质和力的相互作用。这种观点在近代自然科学的发展中兴起并在17、18世纪的西方哲学中占据支配地位，在唯物主义自然观同唯心主义自然观的斗争中，曾经起过积极的作用。然而，随着科学的进步，机械唯物主义自然观的局限性逐渐暴露出来。它无法解释意识、价值等非物质因素的存在和起源，也无法解释自然界的复杂性和多样性。因此，形而上学机械唯物主义自然观在现代科学中逐渐被更为全面和深入的哲学观点所取代，如辩证唯物主义自然观。

总之，形而上学机械唯物主义自然观在历史上是一种重要的哲学观点，它对自然科学的发展和人们对自然界的认识产生了深远的影响。然而，随着科学的进步和哲学的发展，需要更为全面和深入的哲学观点来理解和解释自然界的复杂性和多样性。

第五节　第一次工业革命和技术革命

工业革命是资本主义发展史上的重要转折。它是由技术革命引起的资本主义工业化的起点，是从工场手工业生产向以工厂制为基础的大机器工业生产的重大飞跃。它改变整个社会的经济结构，开始摆脱长期以来的传统农业社会，代之以工业化、技术化和城市化的近代工业社会。它极大地提高了社会生产力，建立了真正近代意义上的资本主义经济基础。工业革命是近代社会各种关系存在的条件，它使近代资产阶级和近代无产阶级开始形成。随着工业革命的发展和资本主义力量的增长，资产阶级不断地按照自己的意志来改造世界，它引起了各国经济结构、政治体制的变革，观念的更新，也改变着整个世界的面貌，资产阶级最终在各个领域里确立了自己的统治。

英国是工业革命最早发生的国家，也是工业革命及其后果表现最典型的国家。它的工业革命从18世纪60年代开始，到19世纪40年代完成。步入19世纪时，法国和美国也相继开始了工业革命，随后又有德国、俄国和日本。

一、第一次工业革命和技术革命的社会环境

在工业革命之前，欧洲的经济主要以农业为主，工场手工业和家庭手工业是主要的生产方式。手工业的生产效率低下，生产成本高昂，而且受到季节和天气的影响，难以满足人们日益增长的需求。另外，欧洲殖民地的开拓和贸易的扩大，促进了商业经济的发展，也为工业革命的到来创造了条件。

18 世纪中叶起，英国从私人圈地进入了国会圈地时期。英国的农业革命正是通过这次圈地运动以及伴之而来的农业技术革新完成的。这次圈地的直接动因是由于人口的增长特别是城镇人口的急剧膨胀所造成的对商品粮及原料的巨大需求。1760 年开始的乔治三世在位时期，国会颁布圈地法令达 3000 个以上。从 1760 年到 1815 年共圈占农民土地 600 多万英亩（1 英亩=4046.86 平方米）。资本主义的土地所有制最终确立起来，大租地农场的经营方式占据了绝对优势。农村的阶级结构也发生了质的变化，形成了地主、租地农场主和农业工人三大阶级。到 19 世纪中叶，英国农村的社会变革以及阶级关系的演变，已基本上和城市相平衡了。英国农村的资本主义化，大租地农场的经营方式，鼓励了对农业的投资，为农业技术的革新和机器的应用扫除了障碍。大地主和农场主在土地上纷纷实行排水、施肥、改良土壤等措施。工业革命用先进的设备武装了农业，播种机、收割机、打谷机应运而生。英国的农业革命为工业革命的开展创造了必要的前提条件。它不仅为工业革命提供了必需的粮食和原料，造就了一支自由劳动力大军和广阔的国内市场，而且也为工业革命积累了雄厚的资本。

此外，英国政府的贸易政策也为工业革命的到来创造了条件。18 世纪末期，英国政府开始实行自由贸易政策，取消了大部分的贸易壁垒，这使得英国的商品可以更加容易地进入国际市场，也为英国的实业家提供了更多的市场机会。1697 年英国的对外贸易额为 350 万英镑[①]，1770 年即达 1420 万镑。从 1688 年到 1750 年，英国商船的吨位增加了两倍以上。在对外活动中获利最大的是奴隶贸易。18 世纪末英国每年从奴隶贸易中获得 30 万镑的惊人利润。对殖民地的掠夺和血腥的奴隶贸易是英国资本原始积累的重要手段。七年战争后的 55 年间东印度公司从印度搜刮的财富达 50 亿英镑以上。

英国发达的手工工场和科学技术的发展又为工业革命的实现准备了技术条件。到 18 世纪，手工工场内部已经有了比较精细的分工，生产过程被划分为一系列的简单操作，生产工具也实行了专门化，使手工生产过渡到机器生产成为可能。通过分工和工具专门化培养出来的掌握某一专门技艺的工人，成为工业革命中的重要技术力量。另外，到 17 世纪中叶，伦敦已成为欧洲科学研究的中心。1662 年成立的英国皇家学会倡导科学家把兴趣集中于广泛的经济活动领域。由于殖民活动和海外贸易扩大的需要，格林尼治天文台建立起来。1666 年牛顿发现力学三定律及万有引力定律。1687 年他的划时代巨著《自然哲学的数学原理》问世，提出了一套完整的力学理论体系，解决了行星运动、落体运动、声音和波、潮汐运动等一系列问题，成为"大工业的真正科学的基础"。这一时期，英国实验科学研究促使天文学、地理学、力学、数学获得了长足的进展。这些自然科学成就为英国工业革命向广度和深度发展提供了可能的条件。

二、纺织技术进步——工业革命的源头

马克思曾提出，工具机或工作机是 18 世纪工业革命的出发点。英国的工业革命首先是从棉纺织业开始的。棉织业是新兴的工业部门，较少受传统的约束，易于采用新的生产技术。1733 年兰开夏的机械师凯伊发明了飞梭，使织布效率提高 1 倍。结果棉纱供不应求，造成了长期的"纱荒"。不久，织工哈格里夫斯发明的手摇纺纱机——珍妮机提高工效 15 倍。珍妮纺纱机的发明，是由手工工具发展为机器的开端。它体积小，容易普及，但要靠人力转动。随着所带纱锭的增多，人力就越来越难以胜任；而且它纺的纱细而易断，只能作纬线使用。1768 年阿克莱特剽窃木匠海斯的成果，制成了水力纺纱机（图 2-21），纺出的纱较为粗韧，

---

① 2025 年 2 月 12 日 08:00 的汇率信息，1 英镑约等于 9.0987 人民币

可以作经线。用自然力代替人力作动力，是一个重大的进步。1771 年阿克莱特在德比附近的克隆福德建立了英国第一座棉纱工厂。从此，英国的纺织工业开始进入了近代机器大工厂时期。1779 年青年工人克隆普敦综合珍妮纺纱机和水力纺纱机的长处，制成了骡机（意指两种机器的综合），标志着新一代纺纱机械的产生。棉纱机的应用，使纺纱与织布出现了新的不平衡。1785 年工程师卡特莱特制成水力织布机，使织布工效提高 40 倍。1791 年建立了第一座织布厂。

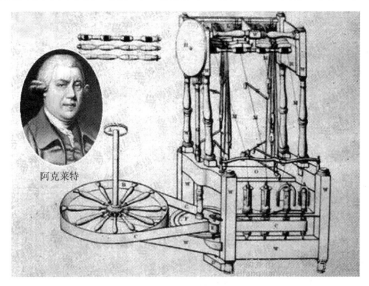

图 2-21 水力纺纱机

三、蒸汽动力技术引发技术革命

随着棉纺织工业的机械化，与纺织有关的其他行业如净棉、梳棉、漂白、印染等也渐次采用了机器。大量纺织机器的出现，动力不足的矛盾突出了。以水力作动力受到地点和季节的限制，迫切需要一种方便、实用、大功率的发动机。于是瓦特的蒸汽机（图 2-22）应运而生。瓦特综合前人的成果，于 1782 年制成了可以作为机器动力的双向蒸汽机。它与传送机和工作机构成了机器系列。蒸汽机的发明，使机械化生产（图 2-23）冲破自然条件的限制，向更广阔的领域发展，大大加速了工业革命的进程，是物质生产开始进入机械化时代的标志。到 19 世纪初，英国整个轻工业部门已在相当大程度上实现了机械化。

图 2-22 改良的蒸汽机

图 2-23 机械化生产

机器的大量制造，增加了对金属原料的需求，推动了冶金和采煤工业的发展。1735 年达比父子采用焦煤熔铁，提高了生铁铸品的产量。1760 年又加设鼓风设备，高熔点去掉了铁矿中的硫黄和其他杂质，焦煤炼铁获得了成功。近代大规模的冶铁业从此诞生。1784 年科尔特发明精锻法，用焦煤炼出了熟铁和钢。煤和钢铁的产量迅速提高，为工业革命继续发展提供了重要条件。工业产量的提高促进了商业的发展，同时促使交通工具作出大的改进。18 世纪中叶英国国会制订了开凿和疏浚运河的计划。1830 年全国形成了水运网。19 世纪 40 年代以后，英国开始了大规模铁路建设。

大规模的铁路敷设和远洋轮船的制造，都需要对坚硬的钢材进行裁截和造型，火车、轮船上的多种金属配件，在精度和质量上要求也很高，加上各个工业部门对机器的需求不断增长，制造工作母机和重型机器就提上了日程。发展机器制造业已势在必行。19 世纪的最初 10 年，用机器制造工具机的现象逐渐增多，到 30 至 40 年代，作为一个新的工业部门——机器制造业诞生了。用机器制造机器，是英国工业革命完成的标志。英国工业革命历经 80 年，使英国很快取得在国际上的工业垄断地位，并以出口机器和多种产品而成为"世界工厂"。

四、法国的工业革命和科学的兴衰

18 世纪晚期，法国开始从英国引进蒸汽机、珍妮纺纱机，出现了极个别的使用机器的工厂。但是，这种工业革命的萌芽状态在封建统治下很难发展。法国大革命摧毁了封建制度，为法国资本主义的发展开辟了道路，从而也奠定了工业革命的基础。1825 年英国取消禁止机器出口的法令后，大批机器输入法国，提高了法国的工业技术水平。七月王朝时期，工业革命真正开始起飞，取得了长足的进展。纺织工业的发展最为突出，40 年代末全国已有棉纺厂 566 家，纺纱机 11.6 万台。工业中蒸汽机的使用更加广泛了，从 1830 年的 625 台增加到了 1848 年的 5212 台。而且，每台蒸汽机的平均马力降低了，从 16 马力降至 12.5 马力。说明蒸汽机已小型化，从主要应用于矿山抽水发展到轻纺工业也用作动力装置。法国的铁矿资源丰富，主要分布在洛林地区和阿摩利干丘陵区。1830 年冶铁业中使用的焦煤熔炉已有 379 座，1839 年增至 445 座，是七月王朝时期的最高数字。整体来说，法国冶铁业是发展较快的，生铁产量从 1818 年的 11 万吨增长到了 1848 年的 40 万吨。法国煤矿资源贫乏，虽然在 1828～1847 年从年产量 177 万吨增至 515 万吨，但每年依靠进口的煤仍为二百几十万吨。在纺织业中，以水力装置带动工作机的企业，也明显多于使用蒸汽机的企业。作为工业发展重要标志的铁路，自 1831 年建成第一条后发展很慢。到 1842 年政府才通过修建全国铁路的法令，逐渐修起了由巴黎通往各主要城市的铁路。1848 年开始的政治动荡又使工业革命的进程中断了。

到第二帝国时代，法国的经济才真正进入大踏步前进的阶段。国家政治局势的安定为工业高涨提供了有利的环境。拿破仑三世政府的经济政策也顺应了工业资本主义发展的潮流。政府支持大的合股公司的发展，1863 年的法令规定，资金在 2000 万法郎以内的公司可自由建立，不需申报、批准。这就为集资进行固定资本的更新创造了便利条件。为促进工商业发展，政府对重要工业部门减轻税收并在商业中实行了商标制。1853～1856 年减收产品税的有煤、生铁、钢、机器制造、粗毛制品等行业。1857 年的商标法则保护了优质产品和专利权。在工业发展的基础上，帝国于 60 年代实行了自由贸易政策。1860 年法国与英国签订了互相给予最惠国待遇十年的商约，随后又与意、西、葡、比、奥、荷、普等诸国订立了商约。1855 年和 1867 年还先后两次降低国内航运税。政府十分重视修筑铁路、疏浚运河和加强城市建设。帝国将铁路修筑权承包给大公司，成效明显。建成了以巴黎为中心，通往斯特拉斯堡、马赛、波尔多、布列斯特等大城市的铁路网。运河航道到 1869 年也有了 4700 公里。城市建设发展迅速，仅在巴黎就新建 7.5 万座建筑物和十余座桥梁，建成了全市下水道工程。随着工业发展，法国的金融业开始出现新变化，投资企业、干预企业、促使小企业合并为大企业的新型银行发展起来，诸如动产信贷银行、地产信贷银行、巴黎贴现银行、工商信贷银行、里昂信贷银行、通用银行等。在这种情况下，政府于 1865 年下令允许银行支票在全国合法流通，大大方便了资金的流通与周转。此外，在农业上，帝国政府颁布了排水法、开垦法等法令，兴修水利，拓垦荒地，提高技术，促进了发展。

在政策适当的环境下，工业资本主义的发展十分迅猛，增长率超过了 19 世纪的平均发展速度。1850～1870 年，煤产量从不到 450 万吨增至 1333 万吨。1851～1870 年，生铁产量由 44 万吨增至 118 万吨，钢轨由近 3 万吨增至 17 万吨以上。1850～1869 年钢产量从 28 万吨增至 101 万吨。1850～1870 年蒸汽机从 6.7 万马力增至 33.6 万马力。20 年内工业总产值增长两倍，对外贸易额增长 3 倍。农业也开始由工业装备起来，化肥、脱粒机、收割机、刈草机的使用日益普遍。农业劳动生产率提高，帝国时期农业人口由占总人口的 61.5% 降到 49%。故而此时被称为法国的"农业黄金时代"。第二帝国晚期，重工业、机器制造业的迅速发展和工业装备农业的状况表明，法国的工业革命已经完成。不过，整体看来，法国的工业发展水平还是不高的，远远落后于英国。特别是小生产仍占绝对优势。到 1872 年，全国平均每个企业雇佣的工人只有 2.9 人，即使在工业集中的巴黎，也不过为 4 人。就是说，使用机器生产的大工业企业为数是极少的。当然，大工业能量大，可以左右整个国民经济。从生产力总量来说，法国当时仍是仅次于英国的世界第二工业大国。造成法国经济发展相对缓慢的原因很多，但主要的是历史的传统。在政治上，法国大革命留下的激进主义传统，常常使社会矛盾的解决采用暴力的形式，政治局势长期处在动荡不宁的状态之中。英国式的渐进改革的方式在这里很难被采用。于是，生产的进程屡次中断，投资心理难以形成。国际环境也常令人产生不安之感。同时，旧制度下小生产的传统和大革命中雅各宾派的平均主义倾向，也给大工业的发展和集约式农场制的发展投下了阴影。正由于工业对农业的改造能力不强，进行农业投资的诱惑力很弱，使得小农分化过程相当缓慢，这又反过来影响了工业的发展。在经济上，法国自 16 世纪以来形成的金融资本占优势的传统，并未由于大革命的洗礼而破除。金融家始终是社会上最富有的人。而且，越是缺少良好的投资环境，人们就越是不肯冒巨大的投资风险。因此，借贷业务很发达，企业投资却很少。人们热衷于坐收利息，不愿投资办厂，造成长期的工业资金短缺。法国一直拥有大量"过剩资本"，后来便走上了外流的道路，形成某种民族性的高利贷心理。严格说来，法国的这种状况直到第二次世界大战后才完全扭转过来，发展成为工业先进的大国。

从生产与经济的角度来看，第一次工业革命是一个具有深远影响的历史事件。这场革命推动了资本主义经济的形成和发展，对全球的经济格局产生了重大影响。除了生产效率的提升，第一次工业革命还带来了大规模的商品生产和贸易。此外，第一次工业革命还促进了科学技术的进步。随着工厂制度的兴起，人们需要不断地改进生产技术和设备，以提高生产效率。这推动了机械制造、纺织机械和冶炼技术的发展，为后来的科技革命奠定了基础。第一次工业革命为后来的第二次工业革命（电力和石油时代）和第三次工业革命（信息时代）奠定了基础，推动了人类社会的不断进步和发展。

思 考 题

1. 托勒玫在天文学方面有什么成就？他的学说在历史上影响如何？
2. 哥白尼提出日心说的意义是什么？
3. 牛顿学说的产生有何意义？
4. 血液循环的发现有何意义？
5. 瓦特对蒸汽时代的工业革命做出了什么贡献？

参 考 文 献

[1]   王玉仓. 科学技术史[M]. 2 版. 北京: 中国人民大学出版社, 2004.

[2]   李建珊, 刘洪涛. 世界科技文化史[M]. 武汉: 华中理工大学出版社, 1999.

[3]   王鸿生. 世界科学技术史[M]. 北京: 中国人民大学出版社, 1996.

[4]   胡显章, 曾国屏. 科学技术概论[M]. 2 版. 北京: 高等教育出版社, 2006.

[5]   斯蒂芬·F. 梅森. 自然科学史[M]. 周煦良, 等, 译. 上海: 上海译文出版社, 1980.

[6]   林成滔. 科学的发展史[M]. 陕西: 陕西师范大学出版社, 2009.

[7]   王士舫, 董自励. 科学技术发展简史[M]. 2 版. 北京: 北京大学出版社, 2005.

第三章　近代科学的全面发展

第一节　天文学的进展

一、海王星的发现

天文学是研究宇宙中天体运动、结构、演化、起源和终结的科学。从古代裸眼观测到现代望远镜技术的应用，天文学的发展历程深刻反映了人类对宇宙奥秘的探索欲。历史上，每一次重大的发现不仅拓宽了我们的宇宙视野，还深化了对物理宇宙法则的理解。例如，哥白尼的日心说颠覆了地心说的传统框架，而开普勒和牛顿的定律为天体运动提供了严密的数学模型。

在 19 世纪初，天文学家发现天王星的轨道与基于牛顿万有引力定律的预测存在明显偏差。这一异常引起了科学家的广泛关注，因为它暗示可能存在未知天体的引力干扰。英国天文学家亚当斯（图 3-1）和法国天文学家勒威耶（图 3-2）各自独立地采用复杂的数学计算，都得出了类似的结论：一颗未知的行星通过其引力影响天王星的轨道。

图 3-1　亚当斯

图 3-2　勒威耶

亚当斯和勒威耶的预测引起了国际天文学界的关注。1846 年，勒威耶将他的计算结果发送给柏林天文台的伽勒，建议他在预测的位置附近搜索这颗未知行星。伽勒接受了这一

图 3-3　海王星

建议，指示其助手达雷斯特在勒威耶指定的位置进行观测，并在第一夜就观测到了一颗不在星表上的星体。通过对其位置的进一步跟踪观测，确认了这颗星体的行星本质，这颗新行星后来被命名为海王星（图 3-3）。

海王星的发现是 19 世纪天文学领域的一个重大里程碑。它不仅深化了人类对太阳系结构的认识，还彰显了科学理论在预测自然现象方面的强大能力。这一成功案例强化了物理法则，尤其是牛顿引力理论的普遍性和可靠性。同时，它也体现了科学研究中理论与观测之间的密切互动：理论可以指导观测的方向和方法，而观测结果则能够验证理论的正确性，或者在必要时促使理论进行修正和完善。

海王星的发现是天文学、数学及物理学协同作用的典范。它不仅解决了天王星轨道异常这一谜题，还生动展示了科学方法的力量，特别是预测与验证的科学原理在实际应用中的有效性。这一发现为未来天文学的发展开辟了新的道路和方向。

二、天体物理学的形成与发展

天体物理学，作为物理学与天文学交汇的璀璨明珠，致力于揭示宇宙中天体与现象的奥秘，涵盖恒星、行星、星系乃至更宏大的宇宙结构。其研究范畴远超出天体位置与运动规律的探讨，深入探索它们的物理状态、化学构成及演化轨迹。天体物理学的诞生与发展，标志着人类对自身在宇宙中定位的深刻认知跃升，是从古代朴素天文观测迈向现代高科技科研范式的重大跨越。

古代，人类依赖裸眼观测天体，用以指导农业生产和宗教活动。然而，文艺复兴时期，科学方法的兴起引领了天文学的革命。哥白尼（图 3-4）提出日心说，挑战了地心说的传统观念；伽利略（图 3-5）则通过望远镜观测，直观展示了月球地貌、木星卫星及太阳黑子，为日心说提供了有力支持，颠覆了人类对宇宙的传统认知。随后，开普勒（图 3-6）的行星运动三定律，进一步揭示了行星轨道的椭圆特性，为牛顿万有引力定律奠定了实验基础。这些革命性发现，不仅重塑了天体物理学的研究路径，更为后续科学进步铺设了道路。

图 3-4　哥白尼

进入 19 世纪，光谱分析技术的发明标志着天体物理学从传统观测向实验科学的转型。赫歇尔兄妹对恒星与星云的系统分类，以及弗劳恩霍费尔对太阳光谱暗线的发现，为天体成分的化学分析可提供了直接证据。这一时期，天体物理学与热力学、电磁学等物理学分支紧密结合，极大地推动了人类对宇宙深层次的理解。

图 3-5　伽利略　　　　　　　　图 3-6　开普勒

20 世纪，相对论与量子力学的兴起，进一步强化了天体物理学的理论基础。爱因斯坦（图 3-7）的广义相对论，重塑了时空与重力的观念，为黑洞、引力波及宇宙膨胀理论的研究提供了全新框架。量子力学则在解释恒星内部核融合机制、恒星生命周期及元素合成等方面发挥了关键作用。

随着电子计算机、高精度测量技术及望远镜技术的飞速发展，实验天体物理学迎来繁荣期。射电天文学、红外天文学及 X 射线天文学的兴起，革新了宇宙观测手段。甚大天线阵、甚长基线干涉测量网络等射电望远镜，以及红外与 X 射线望远镜，使天文学家能够穿透尘埃与气体云，探测到宇宙最遥远、最极端的现象，如黑洞、中子星及星系核活动。

图 3-7　爱因斯坦

大数据技术与计算能力的飞跃，进一步加速了天体物理学的发展。数据处理技术的创新，不仅提升了数据处理的效率与精度，还为从海量数据中挖掘宇宙信息提供了可能。计算机模拟技术的进展，则使科学家能够构建复杂宇宙模型，模拟从星系形成到大尺度结构演化的各种现象，验证理论预测，探索未知领域。

综上所述，天体物理学的每一步进展，都是观测工具革新、数据处理技术创新与理论突破相结合的产物。这些变革不仅拓展了人类对宇宙的认知边界，更激发了我们对宇宙奥秘无尽的好奇与探索。随着科技的持续进步，天体物理学将继续引领我们深入探索这个浩瀚而神秘的宇宙。

三、天体化学的兴起

天体化学，作为探究宇宙中化学元素及其化合物分布、丰度与变化的科学，其研究范围广泛，涵盖了从太阳系行星至遥远星系星际物质的化学性质。此学科不仅揭示了宇宙物质的构成，更为我们理解宇宙的物理过程、天体形成与演化提供了重要视角。

天体化学的起源可追溯至 19 世纪中叶，当时科学家们首次运用光谱分析技术研究太阳及其他恒星的光谱，并用光谱分析研究陨石的化学成分，标志着天体化学研究的开端。通过这项技术，科学家们能够识别并分析远离地球天体的化学元素，为天体化学的发展奠定了基础。

20 世纪中叶，随着物理学和天文学的进步，特别是核物理的崛起，天体化学进入快速发展期。在这一阶段，恒星核合成理论等关键理论突破相继出现，解释了恒星如何通过核反应制造新元素，这些元素随后通过超新星爆炸等事件扩散至星际介质，成为新星体和行星的物质基础。

20 世纪中叶以来，随着天文观测设备和技术的发展，天体化学的研究进一步深化。大型望远镜和空间探测器的使用，使科学家们能够更精确地测量远处天体的化学组成，详细研究行星和恒星的化学性质。这一时期，星际介质中的化学过程，特别是密集星际云中复杂有机分子的形成，成为天体化学研究的热点。这些分子的存在不仅提供了星际化学反应的重要信息，还可能揭示生命化学前体在宇宙中的形成机制，为寻找地外生命提供了理论基础。

21 世纪以来，天体化学的研究领域已扩展至星际化学和行星化学，涉及从星际尘埃到行星大气的复杂化学反应。科学家们不仅关注单一天体的化学组成，还研究它们在宇宙尺度上的化学交互作用和演化过程。特别是星际介质中有机分子的发现，这些分子可能是连接天体化学和生命起源研究的桥梁，为探索生命起源提供了重要线索。

在天体化学的发展历程中，核合成理论等关键理论对理解宇宙物质组成和化学过程至关重要。恒星核合成理论阐述了在恒星内部通过核聚变过程产生更重元素的机制，以及超新星爆炸等事件如何产生比铁更重的元素，并将这些新元素散布至宇宙中。星际介质的化学研究则揭示了恒星之外空间物质的复杂性，包括星际尘埃和气体的化学组成，以及它们如何通过光化学和电荷交换反应等过程形成丰富多样的分子。

天体化学的发展离不开技术和方法的不断进步。现代天体化学研究依赖于一系列先进的观测技术、实验方法和计算模拟，这些工具不仅使我们能够更深入地探究宇宙的化学奥秘，也为未来的天文探索提供了坚实的技术基础。通过不断创新和跨学科合作，天体化学将继续在解开宇宙之谜的道路上迈出坚实的步伐，推动我们对宇宙化学过程、天体形成与演化以及生命起源的理解不断向前发展。

第二节　物理学的进展

一、力学的进展

力学作为研究物质运动与相互作用规律的基础性学科，兼具理论探索与工程应用双重属性。其发展历程可追溯至人类早期对自然现象的观察和生产实践中的力学认知萌芽。古代工匠在建筑工程、水利灌溉等生产活动中，通过运用杠杆原理、斜面机构及提水装置等，逐步构建起物体静力平衡的初步理论体系。古希腊学者阿基米德通过数学建模建立的静力学体系（平衡理论）成为该领域的奠基性成果。与此同时，人们通过天体观测与工具制造（如弓箭、车轮等），积累了对匀速运动、旋转运动等基本运动形式的经验性认知。然而，真正建立力与运动之间的定量关系，则是到了近代科学革命时期。

16～17 世纪是力学学科体系发展的关键阶段。伽利略通过系统的实验研究与数学分析，在落体运动与抛物体轨迹研究中取得突破性进展：首次揭示了自由落体定律，建立加速度概念体系，并运用惯性原理统一解释了地面运动与天体运行规律。牛顿在此基础上整合并深化前人的研究成果，于 17 世纪末提出经典力学三大基本定律，构建了完整的经典动力学体系。通过将运动定律与万有引力定律相结合，不仅精确描述了地球表面物体的运动特性，更成功推导出天体运行的开普勒定律。经过两个世纪的持续探索，在众多科学家的共同努力下，经典力学最终发展成为具有严密数学框架的理论体系，为近代自然科学的发展奠定了重要基础。

二、热力学定律的建立

热力学作为研究物质热运动宏观表征及其演化规律的基础学科，与统计物理共同构建了物质热运动的完整理论框架，前者聚焦宏观尺度现象描述，后者侧重微观机制阐释。该学科通过能量守恒与耗散视角解析物质的热力学特性，阐明能量转化过程中遵循的宏观约束条件，并系统归纳宏观热现象的普适性规律。这一理论体系不仅阐释了自然界能量传递与转换的基本原理，更为能源转换装置的设计优化提供了理论支撑。热力学基本定律中尤以第一定律与第二定律最具基础性：前者确立能量守恒的普遍性，后者则界定能量转化方向与系统演化的不可逆特性。

热力学第一定律作为热力学的核心原理，严格界定了孤立系统的能量守恒特性：系统总能量在转化（动能、热能等形态转换）与转移（物体间能量传递）过程中保持恒定，既不能自发产生也不会无故湮灭。这一定量守恒原理的建立不仅构筑了热力学理论体系的数学基础，更从本质上揭示了能量形态转换的普适规律，为能源转换装置的热效率评估提供了关键理论依据[1]。

热力学第二定律通过开尔文-普朗克与克劳修斯两种经典数学表述体系，确立了热力学过程的两个本质特征：方向性约束与不可逆特性。该定律明确指出，在缺乏外界干预条件下，热能仅能自发地从高温物体流向低温物体，逆向传热必须通过引入额外能量补偿实现[1]。这一定律通过熵函数的演化规律，定量描述了实际热力学系统演化过程中能量的耗散本质，完善了热力学理论框架，在热机效率极限预测、化工过程优化等领域具有重要指导价值。

随着现代科学技术的快速发展，热力学定律持续经历着实验观测与理论建模的迭代完善。研究前沿的拓展主要体现在两个维度：其一，通过精密量热实验与多尺度建模技术的结合，科研人员不断验证理论预测的边界条件，例如对非平衡态热力学极限的理论修正；其二，跨学科融合催生出新的应用场域，量子热力学揭示微观系统的能量涨落特性，而环境热力学则为生态系统的能量流动建模提供理论框架。在工程技术领域，该理论体系已深度渗透至可再生能源系统设计、工业过程能效优化等关键技术环节。

热力学定律的指导价值体现在三个核心层面：首先，构建了热现象分析的量化框架，通过状态方程与过程函数的数学描述，实现了对复杂能量传递过程的精确建模；其次，建立了能量转换效率的评估标准，为动力装置设计、工业余热回收等工程实践提供系统优化准则；最后，揭示了热力学系统演化方向的内在约束，这对应对全球气候变化，实现碳中和目标具有战略指导意义。典型案例包括：基于卡诺循环原理提升燃料电池能量转换效率，应用熵产最小化理论优化建筑热环境调控系统，以及利用耗散结构理论指导生态工业园的能量网络设计。作为物理化学学科的理论基石，热力学定律将持续引领新能源材料开发、深空探测热控系统设计等前沿领域的技术革新。

三、电磁学的发展

电磁学作为经典物理学的重要理论体系，主要揭示电荷运动与电磁场之间的相互作用规律及其工程应用。现代物理理论表明，磁场的本质特征源于电荷的相对运动，这使得电学基础理论中必然存在磁场作用的数学描述。这种关联性导致电磁学与电学在理论框架层面呈现出相互渗透的特征。

电磁学发展史上，多位科学家的突破性发现构筑了现代电磁理论体系。丹麦物理学家奥斯特在 1820 年的实验教学中首次观察到电流的磁效应，这一偶然发现打破了当时电与磁互不相关的认知壁垒。当电流通过导线时，其周围产生的环形磁场使邻近磁针发生规律性偏转，这一现象经系统验证具有跨介质特性——即便在玻璃、金属等不同材料阻隔下，磁针仍能响应电流变化。奥斯特的发现首次建立了电与磁的本质联系，为电磁学统一理论奠定了基础。

法国物理学家安培在奥斯特研究基础上，通过精密的数学推导建立了电流磁场的定量关系。他提出的右手螺旋定则至今仍是判断磁场方向的核心法则：直线电流的磁力线环绕方向可通过右手四指弯曲方向确定，而螺线管磁场方向则由伸直拇指指示[2]。安培进一步揭示电流间的相互作用规律，发现平行导线中同向电流相吸、反向相斥现象，并创新性地提出了分子环流假说解释物质磁性起源，其创立的安培环路定律为磁场计算提供了数学工具。

德国科学家欧姆通过系统实验揭示了电路基本规律。他发现的欧姆定律建立了电流、电压、电阻三者定量关系，提出的电阻定律阐明导体电阻与几何尺寸、材料特性的关联规律。这些发现不仅完善了电路理论基础，更推动了电气测量技术的发展，电阻单位"欧姆"由此诞生。

英国物理学家法拉第在 1831 年取得了磁电转换的突破性发现，其设计的环形铁芯实验装置（图 3-8）首次观测到电磁感应现象。当原边线圈电流变化时，次边线圈产生瞬态感应电流，这一现象导出的法拉第电磁感应定律定量描述了磁通量变化与感应电动势的关系。法拉第创立的场论思想通过电力线、磁力线等可视化模型，革新了超距作用传统认知，其发现的电解定律和电荷守恒定律拓展了电化学研究维度。

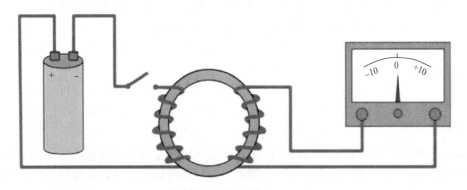

图 3-8　法拉第电磁感应实验

　　麦克斯韦通过数学建模将实验定律升华为经典电磁理论体系。他建立的偏微分方程组全面描述了电场与磁场在时空中的演化规律，并预言电磁波的存在，同时揭示了光波的本质属性，由此实现电、磁、光现象的理论统一。赫兹在1888年通过振荡电路实验成功证实了电磁波的存在，并测定了其波动特性，发现这些特性与光速相吻合，从而最终完成了电磁理论的实证闭环。

　　这些重大的科学突破直接催生了电动机、发电机等一系列关键技术，有力地推动了人类社会迈入电气时代。从奥斯特的偶然发现到麦克斯韦的数学预言，电磁学的发展历程生动展现了实验探索与理论构建之间的紧密协同与相互促进。在这一过程中，所创立的物理概念和数学工具至今仍构成了现代电工技术与通信技术不可或缺的理论基石。

四、光波动说的复兴

　　波动光学作为经典光学理论体系的核心分支，聚焦于光的波动性本质及其相互作用规律，其理论框架涵盖干涉、衍射与偏振三大核心现象。从物理机制层面来看，介质与光的相互作用本质确实可以归纳为电磁场对物质微观结构的扰动。当频率处于可见光频段（波长范围约为390～760 nm）的电磁波入射到介质时，其交变电场会引发介质分子内带电粒子的受迫振动。这种周期性的运动进而促使粒子辐射出与入射电磁波同频率的次级电磁波，形成了所谓的电偶极子辐射效应。这种波动-物质相互作用模型成功解释了光的色散、吸收以及电/磁光效应等基础光学现象。

　　光学现象的波动理论解释经历了三个关键发展阶段：早期现象观察阶段（17世纪）、定量理论建立阶段（19世纪初）以及电磁理论统一阶段（19世纪中后期）。格里马尔迪于1660年首次记录了光绕过障碍物的衍射现象，为波动学说提供了初步证据；而胡克观察到的干涉现象（后来由牛顿进一步分析和利用牛顿环实验进行研究）也为波动学说提供了重要支持。1801年，托马斯·杨进行的双缝干涉实验（图3-9）不仅实证了光波的叠加原理，还开创性地引入了波长的概念，并首次完成了对光波波长的数值测量。菲涅耳于1815年提出的惠更斯-菲涅耳原理通过数学建模精确描述衍射图样，配合阿拉戈偏振干涉实验对横波特性的验证，标志着波动光学理论体系的正式确立。

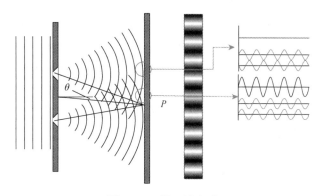

图3-9　双缝干涉实验

　　19世纪电磁理论的突破性进展为波动光学提供了更深刻的物理图景。麦克斯韦方程组（1864年）从场论角度统一了电、磁、光现象，预言电磁波存在并推导其传播速度为光速。赫兹于 1888 年通过振荡电路成功激发电磁波，实验验证了理论预言。洛伦兹电子论（1892 年）进一步将宏观光学性质与微观带电粒子运动相关联，构建起经典电动力学框架下的物质-光相互作用模型。虽然该理论在量子尺度存在局限，但仍能有效解释吸收、散射等宏观光学效应。

波动光学的理论成果直接推动了现代光学技术的革命性发展。干涉计量技术将测量精度提升至纳米量级，衍射理论指导下的光学仪器分辨率突破衍射极限，偏振分析技术成为材料表征的重要手段。随着激光技术的突破（1960 年），傅里叶光学、光纤传输系统等新兴领域持续拓展波动光学的应用边界，其理论体系至今仍是光电子技术、光谱分析和精密测量的基石。

第三节　化学的进展

近代化学理论体系的形成与工业化进程存在深刻关联。18 世纪末至 19 世纪中叶，伴随工业革命引发的冶金、制药、纺织等领域的生产技术革新，化学学科逐步完成从经验科学向定量研究的范式转型。拉瓦锡于 1777 年建立的氧化学说颠覆了燃素理论框架，确立质量守恒定律为化学分析的基础准则，标志着化学研究正式迈入定量化阶段。

一、原子–分子论的建立

原子-分子理论的构建构成近代化学理论体系的核心突破。道尔顿在 1803 年提出的原子论首次建立了微观粒子与宏观物质性质的关联模型，其核心观点包括：①元素由不可再分的原子构成；②同种元素原子质量相同；③化合物形成源自不同原子按整数比结合。该理论成功解释了定比定律、倍比定律等实验规律，恩格斯将其评价为"为整个化学学科建立研究范式的奠基性发现"。

基于实验证据的积累，原子论逐步发展为原子-分子理论体系。此理论框架由两个核心层级构成：分子作为保持物质化学特性的基本单位（例如，蔗糖溶解后仍保持甜味特性），以及原子作为构成分子的基本单元，但在形成分子后不单独展现原物质的特性（例如，在 NaCl 分子中，Na 和 Cl 的单独毒性特征在化合后不再显现，而是形成了无毒的新物质）。这一层级结构模型有效衔接了微观粒子行为与宏观物质性质的鸿沟，赋予了化学理论预测物质特性的新能力。以氰化物（带有氰基的化合物）为例，其高度毒特性无法简单地从组成元素碳和氮的单独性质中线性推导出来，这充分证明了分子结构在决定物质特性中的关键性作用。

理论体系的完善极大地增强了化学的解释能力。相较于较早期的原子论，原子-分子理论通过引入分子这一关键的中间层级，构建了"原子→分子→宏观物质"这一全面而系统的物质结构模型。这一多尺度的研究框架不仅成功突破了传统原子论在推导物质性质时所面临的局限，更为后续元素周期律的发现、化学键理论的深化及其他化学理论的发展奠定了坚实的基础，标志着人类对物质本质的认知迈入一个全新的时代。

二、元素周期律的建立

元素周期律是自然科学中的一项基本规律，其理论体系的构建与完善经历了三个关键的发展阶段，深刻地影响了现代化学与物理学的研究范式。

（一）经典周期律理论体系的奠基（19 世纪 60 年代至 90 年代）

19 世纪中叶，化学界正处于元素分类研究的热潮之中。在道尔顿原子论确立了物质组成的基本单位——原子之后，化学家们开始系统地探究元素之间的内在联系。德国化学家德贝赖纳于 1829 年提出"三素组"分类法，他发现某些元素组（如氯 Cl、溴 Br、碘 I）的原子量呈现出近似等差数列的排列，且这些元素的化学性质呈现出规律性的变化。这一发现首次将定量分析引入了元素分类研究领域，为后续周期性规律的发现奠定了重要基础。

1864 年，英国化学家纽兰兹提出了"八音律"，他发现当元素按照原子量进行排序时，每第八个元素会呈现出相似的性质，这一发现已经接近了周期性思想的本质。然而，由于当时已发现的元素数量有限以及理论认知的不足，这些早期的分类方法都未能建立起一个系统性的框架。

1869 年，俄国化学家门捷列夫通过创造性地整合前人的研究成果，突破性地构建出首个现代意义上的元素周期表。他的方法论创新主要体现在以下几个方面：（1）他采用了二维表格的形式来展现元素周期律，使得元素之间的关系更加直观和清晰；（2）他大胆地预留了未知元素的位置（如预测了"类铝"和"类硅"的存在）；（3）他修正了部分元素的原子量数据，以使其更符合周期律的规律。1875 年，法国化学家布瓦博德朗发现镓（Ga），其物理化学性质与门捷列夫预言的"类铝"元素高度吻合，这成为了元素周期律理论的首个重要实验验证。

1894 至 1898 年间，拉姆塞等科学家相继发现了氩、氖等惰性气体元素（也称为零族元素）。这些元素的成功定位不仅进一步完善了元素周期表的结构，更重要的是，它们确立了元素性质与其原子序数之间的精确对应关系，这一发现标志着经典周期律理论体系的最终确立和成熟。

（二）放射性现象驱动的第一次理论革命（1896 年至 20 世纪 30 年代）

1896 年，贝可勒尔意外地发现了铀盐的放射性现象，这一发现标志着原子物理学新纪元的开启。随后，居里夫妇通过系统研究沥青铀矿，于 1898 年成功分离出了钋（Po）和镭（Ra）这两种天然放射性元素。这些元素的发现不仅填补了元素周期表中的空白，更重要的是，它们动摇了传统化学的基本假设——元素的不可变性。

1910 年索迪建立同位素概念，解释了同一元素存在不同原子量的现象。1911 年卢瑟福通过 α 粒子散射实验提出原子核模型，揭示原子内部存在致密的带正电核心。1919 年，卢瑟福首次实现人工核反应（氮核转化为氧核），这一成就证明了元素之间是可以相互转化的。1932 年，查德威克发现了中子，从而完善了原子核的组成理论，即质子-中子模型。

这些突破性的进展推动了元素周期律理论的重大革新：首先，元素周期性的本质根源从原子量转向了原子序数（即质子数）；其次，同位素概念的引入解释了同种元素具有相同化学性质的原因；最后，元素可变性的理论为核化学的发展奠定了坚实的基础。此外，莫塞莱在1913 年通过 X 射线光谱研究确立了原子序数的物理意义，这一成就使得元素周期表的排序依据完成了从经验参数到本质属性的根本性转变。

（三）人工合成元素引领的范式革新（20 世纪 40 年代至今）

20 世纪 30 年代回旋加速器的发明标志着人工元素合成新时代的到来。1940 年，麦克米伦和艾贝尔森利用中子轰击铀靶首次合成了镎（Np，原子序数 93）。次年，西博格团队制备出了另一种超铀元素钚（Pu，原子序数 94）。这些超铀元素的发现不仅推动了元素周期表向更高原子序数的方向延伸，同时也带来了理论上的挑战：传统的元素周期表框架无法完全解释这些新元素的电子排布规律。

为了应对这一挑战，西博格在 1944 年创造性地提出了"锕系理论"。他指出，从锕（Ac）开始的元素与镧系元素类似，存在一个由 5f 轨道电子填充的内过渡系列。这一理论突破带来了以下重要影响：第一，将元素周期表的结构从传统的 8 主族扩展为 18 纵列；第二，修正了重元素的电子排布模型，使其更加符合实际情况；第三，为后续超重元素的合成提供了重要的理论指导。基于这些理论突破和实验技术的不断进步，从 20 世纪后期开始，科学家们陆续合成了原子序数为 104 至 118 的元素。

现代元素合成主要采用重离子加速技术，通过冷熔合（如使用铅靶和铁离子束）或热熔合（如使用锕靶和钙离子束）等方式来制备新元素。2016 年，国际纯粹与应用化学联合会（IUPAC）正式确认了第七周期的补全，元素周期表达到了目前公认的包含 118 种元素的完整形态（图 3-10）。

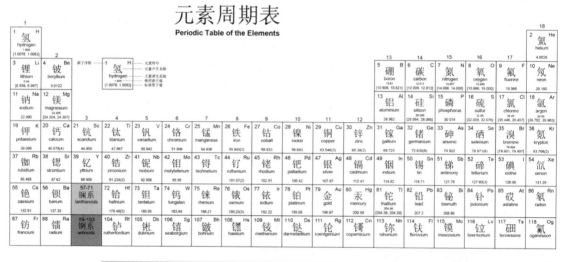

此元素周期表由中国化学会修制，版权归中国化学会和国际纯粹与应用化学联合会（IUPAC）所有。
英文版元素构期表及更新请见www.iupac.org；中文译版元素周期表及更新请见www.chemsoc.org.cn

图 3-10　IUPAC 化学元素周期表（中文版）

历经 150 余年的不断发展和完善，元素周期表持续展现出其强大的科学生命力。其理论框架不仅兼容量子力学（电子排布规律）和相对论效应（重元素电子云收缩）等现代物理理论，而且其应用领域也广泛延伸至材料设计（如半导体元素的筛选）、核能开发（如超铀元素的利用）等前沿科技方向。作为化学研究的核心范式工具，元素周期表的结构演进历程深刻折射出人类认知从经验归纳到理论预测、从宏观现象深入到微观机制的科学进程。

三、有机化学的建立

有机化学作为化学学科的重要分支，专注于研究含碳化合物的结构、性质及其转化规律。其命名源自18世纪科学界的一个误解，当时学者普遍认为这类物质只能通过生物体（即有机生命）产生。然而，这一认知在1828年被德国化学家维勒所打破，他在实验室中首次实现了无机物氰酸铵向尿素的转变[3]，这一成就标志着有机化学正式突破了生命力的限制，开启了现代研究新纪元。

有机化学的概念最早由瑞典化学家贝采里乌斯于1806年提出，旨在与无机化学形成对照体系。在技术条件受限的早期阶段，研究对象主要局限于动植物体内的天然产物。维勒通过氰酸铵的水解制备草酸（1824年）及意外合成尿素（1828年）的实验，逐步瓦解了生命力学说，为人工合成有机物开辟了道路。

19世纪分析技术的突破为有机化学的发展奠定了坚实的基础。法国化学家拉瓦锡率先发现了有机物燃烧生成二氧化碳和水的基本规律。随后，李比希（1830年）和杜马（1833年）分别完善了碳、氢元素与氮元素的定量分析方法。这些技术突破使得研究者能够准确测定化合物的元素组成和实验式，为后续结构理论的发展提供了关键数据支持。

在确立了化合物的组成规律后，科学家们开始探索分子内部原子的排列方式。早期的二元学说认为分子由带相反电荷的基团通过静电力结合，但这种理论难以解释日益增多的实验现象。19世纪40年代，热拉尔和洛朗提出的类型说将有机化合物视为基本母体化合物的衍生物，虽然能够预测新物质的存在，但并未触及结构的本质。

划时代的突破发生在1858年，凯库勒与库珀提出了价键理论，首次用短线表示原子间的化学键。这一理论成功解释了碳的四价特性及其成键规律，为构建分子结构模型提供了理论框架。1874年，勒贝尔与范托夫提出的立体化学理论进一步阐明了碳原子的正四面体结构及其对映异构现象，成功解释了巴斯德发现的酒石酸旋光性差异。

20世纪量子力学的引入使化学键理论获得了本质上的突破。路易斯于1916年提出了共价键理论，将化学键的本质归结为原子间电子的共享或转移。1927年后，海特勒与伦敦应用量子力学建立了现代价键理论，而马利肯发展的分子轨道理论则进一步深化了人们对化学键的理解。这些理论突破不仅解释了传统实验现象，更为预测分子性质提供了可靠工具。

在反应机理研究方面，1900年冈伯格发现了三苯甲基自由基，1929年不稳定自由基的证实极大拓展了人们对反应中间体的认知。这些发现为控制化学反应路径、设计新型合成方法提供了理论基础。

现代有机化学已发展成为连接基础科学与工程应用的关键枢纽。在生命科学领域，从生物大分子结构解析到药物设计与合成，有机化学提供了核心方法支撑。在材料科学中，高分子材料、功能材料的开发都建立在对有机分子结构的精确调控之上。在能源与环境领域，有机化学助力新型电池材料的研发、污染物降解技术的开发。在农业方面，农药和肥料的分子设计显著提升了作物产量。在食品工业中，风味物质的合成与保鲜技术都依赖于有机化学的进步。

从生命力学说的瓦解到量子化学的兴起，有机化学的建立与发展不仅是知识的积累过程，更是人类思维范式革命的缩影。当前，随着计算化学与人工智能的介入，有机化学正迈向"理性设计"的新纪元。

第四节　生物学的进展

生物学是研究生物的科学，它的发展历程是一部承载着人类对生命认知的进步史，从古代至今，生物学不断与时俱进，推动着人类社会的进步和发展。

一、细胞学说的建立

1665 年英国科学家罗伯特·胡克，使用诞生不久的显微镜观察软木塞切片，首次发现蜂窝状的植物细胞，并且在他的著作《显微图谱》（*Micrographia*）中描述。但是当时细胞并没有被认为是植物世界的独立的、活的结构单位。

17 世纪中期，马尔切罗·马尔皮基用显微镜研究人体的微细结构，发现了肾小球、肾小管、红细胞、毛细血管网等。观察到了血液通过毛细血管网，还比较研究了不同植物的显微解剖，发现动、植物结构有相似之处。

在 19 世纪初期，植物解剖的研究复活了，德国植物学家特雷维拉努斯和冯·莫尔认识到细胞是植物的结构单位。19 世纪 20 年代，意大利的亚米齐和其他人制成了改进的消色差显微镜，使人们得以观察到有机细胞的详细情况。一个伦敦医生罗伯特·布朗于 1831 年观察到植物细胞一般具有一个核，不过他对自己的发现并不怎样重视。捷克人浦肯野用显微镜观察了一个母鸡卵中的胚核，并指出动物的组织，在胚胎中是由紧密裹在一起的细胞质块所组成，这些细胞质块与植物的组织很类似。

1833 年英国植物学家 R·布朗在植物细胞内发现了细胞核；接着又有人在动物细胞内发现了核仁。到 19 世纪 30 年代，已有人注意到植物界和动物界在结构上存在某种一致性，它们都是由细胞组成的，并且对单细胞生物的构造和生活也有了相当多的认识。

细胞学说指出，细胞是动植物结构和生命活动的基本单位，是 1838～1839 年间由德国植物学家施莱登和动物学家施旺最早提出，直到 1858 年，德国科学家魏尔肖提出细胞通过分裂产生新细胞的观点，才较完善。它是关于生物有机体组成的学说。细胞学说论证了整个生物界在结构上的统一性，以及在进化上的共同起源。细胞学说间接阐明了生物界的统一性。这一学说的建立推动了生物学的发展，并为辩证唯物论提供了重要的自然科学依据。恩格斯曾把细胞学说与能量守恒和转换定律、达尔文的生物进化论并誉为 19 世纪三项最重大的自然科学发现。

二、生物进化论的创立

进化论，是对物种起源的一种猜测而提出的一种假说。在西方思想史上，力持进化论观点的是英国生物学家达尔文。达尔文主张，生物界物种的进化及变异，系以天择的进化为其基本假设。此外，并以性别选择和生禀特质的遗传思想来作辅助。1859 年，达尔文的《物种起源》的出版，震动了整个学术界和宗教界，强烈地冲击了《圣经》的创世论。达尔文的《物种起源》提出生物进化论学说，对宗教"神造论"和林奈与居维叶的"物种不变论"发起一场革命，震动当世。由于进化论违反《圣经》里的创世论，所以自问世以来，一直是宗教争论的焦点。

《物种起源》阐明了物种的起源和演化过程，提出了震惊世界的论断。第一，物种是可变的，生物是进化的。当时绝大部分读了《物种起源》的生物学家都很快接受了这个事实，进化论从此取代神创论，成为生物学研究的基石。第二，自然选择是生物进化的动力。生物都有繁殖过剩的倾向，而生存空间和食物是有限的，生物必须"为生存而斗争"。在同一种群中的个体存在着变异，那些具有能适应环境的有利变异的个体将存活下来，并繁殖后代，而不具有有利变异的个体就被淘汰。如果自然条件的变化是有方向的，则在历史过程中，经过长期的自然选择，微小的变异就得到积累而成为显著的变异。由此可能导致亚种和新种的形成。

一般对进化论的批判在于认为其缺乏足够的化石证据解释不同物种之间的"过渡"。例如，没有找到与人类祖先关系密切的南猿和古猿及古类人猿和直立行走的猿人之间的完整过渡化石。由于达尔文的经典进化论具有极大的局限性，科学家们于 20 世纪对达尔文进化论进行了大刀阔斧的增加与修改，逐渐形成了现代进化论体系。

20 世纪二三十年代首先由费希尔、赖特和霍尔丹等人将生物统计学与孟德尔的颗粒遗传理论相结合，重新解释了达尔文的自然选择学说，形成了群体遗传学。之后切特韦里科夫、多布然斯基、赫胥黎、迈尔、阿亚拉、斯特宾斯、辛普森和瓦伦丁等人又根据染色体遗传学说、群体遗传学、物种的概念以及古生物学和分子生物学的许多学科知识，发展了达尔文学说，建立了现代综合进化论。

现代进化理论认为，种群是生物进化的基本单位，生物进化的实质是种群基因频率的改变，而突变、选择和隔离是生物进化和物种形成过程中的三个基本环节。现代综合进化论彻底否定获得性状的遗传，强调进化的渐进性，认为进化是群体而不是个体的现象，并重新肯定了自然选择压倒一切的重要性，继承和发展了达尔文进化学说。

三、微生物学说的建立

微生物学是生物学的一门重要的分支学科，它主要在分子、细胞以及群体水平上研究各种微小的生物体，这些生物体通常包括细菌、真菌、原生动物、显微藻类和病毒等，有时也包括一些亚病毒因子（如类病毒和朊病毒）。微生物与人类的生活息息相关，一方面科学家们致力于对病原微生物的研究，如麻风分枝杆菌、流感病毒、天花病毒等，希望借此给人类和动物带来健康；另一方面，科学家们对各种微生物进行改造，使它们可以适用于生产生活，如酵母菌、醋酸杆菌、乳酸杆菌、乳酸球菌等。微生物学这门学科的发展大致可分为五个时期，即萌芽期、初创期、奠基期、发展期、成熟期[4]。

（一）微生物学的萌芽时期

我国早在春秋战国时期，就发现用微生物分解有机物质来沤粪积肥，这一做法有助于农作物生长得更加茁壮。在医学领域，公元 2 世纪的《神农本草经》中确实记载了白僵蚕用于治疗疾病的功效，虽然当时的人们并未明确意识到这是微生物的作用。此外，公元 6 世纪北魏贾思勰所著的《齐民要术》更是详细记载了微生物在多个领域的应用，包括谷物制曲、酿酒、制酱、造醋、腌菜等，这些技术不仅丰富了人们的饮食文化，也体现了古人对微生物利用的深刻洞察。在古希腊，同样留下了关于微生物应用的石刻记录，其中就包括了酿酒的操作过程。尽管当时的人们对微生物的本质和作用机制还一无所知，但他们通过长期的生活实践，已经逐渐掌握了如何利用微生物来改善生活和生产的技术。

（二）微生物学的初创时期

微生物学的初创期大致在 17 世纪下半叶到 19 世纪中叶。在这一时期，显微镜技术得到了显著的发展。虽然显微镜的原型在更早的时期就已经出现，但真正用于科学研究的显微镜是在这一时期得到了广泛的应用。罗伯特·胡克使用显微镜观察了细胞结构，为微生物学研究奠定了基础。而列文虎克则使用自制的显微镜首次观察到了微生物，并详细地描述了它们的形态，从而打开了微生物研究的大门。

（三）微生物学的奠基时期

巴斯德对微生物生理学的研究为现代微生物学奠定了基础。他在 1857 年提出了乳酸发酵的微生物学原理；1860 年阐明了酵母菌在乙醇发酵中的关键作用；1864 年通过著名的鹅颈瓶实验彻底驳斥了自然发生论；1864 年发明了低温灭菌法（巴氏消毒法）；1881 年，他与贝林合作，分离并培养了肺炎球菌；1881 年，他与鲁克斯用炭疽菌进行免疫实验并研制出了炭疽疫苗；1885 年，他研制出了狂犬病疫苗，并在一名被疯狗咬伤的 9 岁小孩身上首次试用，获得了成功。

（四）微生物学的发展时期

20 世纪以来，生物化学、生物物理学与微生物学的交叉融合，加上电子显微镜和同位素示踪技术的应用，极大地推动了微生物学的发展。这一时期，涌现了一大批杰出的科学家，多人获得了诺贝尔奖。例如，1901 年，贝林与北里柴三郎因阐明抗体形成的侧链理论而获得了诺贝尔生理学或医学奖，1902 年，罗斯因证明疟疾是由蚊子传播给人类而获得了诺贝尔生理学或医学奖；1913 年，博尔德因发现补体系统（一种参与免疫反应的血液成份）而获诺贝尔生理学或医学奖。

（五）微生物学的成熟时期

20 世纪 50 年代，微生物学的研究更加深入和广泛。电子显微镜的不断改进使人们能够观察到更加微小的结构和现象，包括原子和分子结构。在这个阶段，科学家们广泛运用分子生物学理论和现代研究方法，深刻揭示了微生物的各种生命活动规律。同时，以基因工程为主导的现代生物技术也迅速发展起来，将传统的工业发酵提高到了发酵工程的新水平。此外，各种理论性、交叉性、应用性和实验性分支学科也飞速发展起来，如普通微生物学、应用微生物学、微生物生物工程学等，这些学科的发展进一步丰富了微生物学的内涵和外延。

四、遗传理论的建立

遗传学作为生物学的一个重要分支，专注于研究遗传规律和遗传现象。它不仅深入探究生物体遗传信息的传递机制，还广泛涵盖变异、演化、遗传多样性以及人工选择等多个领域。在遗传学的发展历史中，我们见证了人类对基因和遗传信息的认知从模糊到清晰、从片面到全面的不断深化过程，同时相关技术也取得了迅猛的进步，推动了遗传学研究的深入发展。

通过对古生物学研究和古人类学研究的综合分析，人们已经认识到，虽然遗传学作为一门系统的科学是在近现代才建立起来的，但其原理和现象可以追溯到远古时期。古代人们在家畜和农作物中广泛地进行人工繁殖，这一过程中不知不觉利用并积累了遗传变异的规律。现代遗传学的发展主要集中在 19 和 20 世纪，在这段时间内，众多遗传学家如孟德尔、摩尔根、克里克和沃森等作出了杰出的贡献，极大地推动了遗传学理论的完善和应用技术的发展。

孟德尔遗传学，又称经典遗传学，是由奥地利生物学家孟德尔根据豌豆杂交实验的结果提出的。这是遗传学中最基本的两个定律，包括分离定律和自由组合定律。分离定律指出，一对遗传因子（或称为等位基因）在杂合状态下（即一个个体同时携带两个不同版本的基因）并不会相互影响。在配子（生殖细胞）形成时，这些遗传因子会按原样分离，并随机分配到配子中去。这意味着每个配子只携带这对遗传因子中的一个版本。也就是说，一对基因的分离不会影响到另一对基因的分离。由于雌雄配子在受精过程中是随机结合的，因此在子代中会出现各种性状的不同组合，并且这些组合会按一定的比例出现。

如今，分子生物学和基因工程技术被广泛应用于遗传学研究中。这些技术的应用使我们对基因的结构和功能有了更清晰的认识，为深入理解遗传规律奠定了基础。近年来，人类基因组计划的实施取得了重大突破。该计划旨在测定人类 DNA 的全序列，以揭示人类基因组的全部遗传信息。随着人类基因组计划的完成，我们已经获得了人类 DNA 的完整序列图

第五节　地质学的进展

地质学作为一门研究地球的科学，其历史悠久且发展多样。它不仅关注地球的物质组成、结构以及这些元素，还涉及地球上生命的历史和现象。从最初的岩石和化石研究到今日对地球内部复杂动态过程的探索，地质学一直在不断地扩展其研究的边界和深度。

早期的地质学研究主要集中在描述性的地质图制作和矿物的分类上。然而，随着科学技术的进步和探测手段的革新，地质学已经从单一的描述学科转变为一个能够提供对地球动态过程深入理解的科学领域。

在现代科学中，地质学的重要性更是不言而喻。随着全球气候变化和自然资源短缺的问题日益严峻，如何合理利用和保护地球资源，如何准确预测和应对自然灾害，都离不开地质学的深入研究和应用。地质学不仅能揭示地球的过去，还能预测其未来的变化趋势，进而帮助我们更好地规划和应对可能面临的挑战。

地质学的发展也与其他科学领域交叉融合，交叉学科的结合不断推动着地质学理论和技术的进步。通过科学的综合应用，地质学家能够更加精确地解读地球记录，探索地球内部的秘密，以及预测地球表面的变化。

在这一章节中，我们将探讨地质学在理解地球动态系统中的角色，尤其是大陆漂移学说和板块构造学说的发展及其对理解地震和火山活动的贡献。通过回顾这些理论的起源、争议和最终的接受，我们可以深入理解地质学如何成为解释地球现象不可或缺的工具。

一、大陆漂移学说与板块构造学说

（一）大陆漂移学说

大陆漂移学说是由德国气象学家兼地质学家魏格纳（图3-11）于1912年在法兰克福地质

图3-11　魏格纳

学会首次系统提出，并于 1915 年出版《海陆的起源》正式阐述的地质学理论，它主张地球上的大陆曾经是一个统一的超大陆，后来裂开并逐渐漂移到现在的位置。这一学说在当时的科学界引起了巨大的争议，因为它挑战了传统的地质和地理学观念。

魏格纳提出大陆漂移理论，其最初依据是他观察到的不同大陆间岩石、化石和古气候的相似性。魏格纳还指出，一些现在分布在寒冷地区的植物和动物化石，其古生物学特征表明它们原本生活在温暖的环境。这些证据使他推断，这些大陆曾经连接在一起，构成了一个被称为"盘古大陆"的超级大陆。

尽管魏格纳提供了多种支持大陆漂移的证据，但他未能给出一个被广泛接受的机制来解释大陆是如何移动的。当时的地质学家普遍认为大陆是固定不动的。因此，魏格纳的理论最初遭到了广泛的怀疑和反对。

直到 20 世纪 50 年代和 60 年代，随着海底地形测绘技术的发展和地球物理证据的积累，科学家们开始重新评估大陆漂移学说。特别是在发现海洋地壳的扩张和全球性的地震带后，学界开始逐渐接受大陆漂移的观点。这些新发现提供了大陆漂移的动力学机制，从而为魏格纳的理论提供了科学基础，推动了板块构造学说的发展。

大陆漂移学说不仅改变了我们对地球地质活动的理解，也为后来的地质研究提供了全新的视角。它强调了地球是一个动态变化的系统，其表面的大陆和海洋不是静止不变的，而是在不断地移动和变化的。[5]

（二）板块构造学说

板块构造学说是在大陆漂移学说的基础上发展起来的，它提供了地球表面结构和动力学的全面解释。这一学说不仅阐述了大陆和海洋板块的运动，还解释了这些运动是如何引起地震、火山活动和山脉形成的。

在 20 世纪中叶，地质学家和地球物理学家通过深海探测和地磁研究积累了大量证据，这些证据支持了板块的存在和运动。特别是在海洋地壳中发现的对称磁条纹提供了直接证据，表明海底正在扩张，新的地壳在洋中脊被持续地创建，而旧的地壳则在深海海沟处被俯冲回地幔。这些发现与魏格纳的大陆漂移理论相呼应，为板块构造学说提供了坚实的理论基础。

板块构造学说认为，地球的岩石圈（包括地壳和部分上地幔）被分割成多个相互作用的板块。这些板块在地球的部分熔融的软流圈上漂移，其边界是地质活动最为频繁的地区。板块边界可以分为三种类型：俯冲带、扩张边界、转换边界。

俯冲带：一个板块沉入另一个板块下方，常见于太平洋板块和欧亚板块的接触，引发深海海沟和强烈的地震活动。

扩张边界：板块分离，新的地壳在中洋脊生成，如大西洋中部的大西洋中脊。

转换边界：两个板块沿平行于边界的方向相互滑动，如加利福尼亚的圣安德烈亚斯断层。

板块构造学说能够解释地球上大部分地震和火山活动的分布。地震主要发生在板块边界，尤其是在俯冲带和转换边界。火山活动通常与板块俯冲有关，俯冲的板块在下沉过程中释放水分，促使上覆板块的熔点降低，形成岩浆，最终引发火山喷发。

板块构造学说不仅提供了统一的框架来解释地质现象，还在资源勘探、灾害预测和环境保护等领域发挥着重要作用。然而，尽管这一理论已被广泛接受，板块边界的详细运动机制和板块内部过程仍有待进一步研究和解释。板块构造学说是现代地质科学中的核心理论，它深刻影响了我们对地球动态系统的理解，并指导着地质研究和相关应用的发展。

二、关于地层与岩石成因的争论

地层与岩石的成因问题是地质学研究的基石之一。18 世纪末至 19 世纪初，关于岩石是如何形成的问题引发了科学界的广泛争论，这场争论不仅涉及地质学的基本理论，还影响了后续许多相关科学领域的发展。

（一）水成论与火成论

水成论认为，所有的岩石都是由水形成的。这一理论以德国地质学家 A.G. 维尔纳为代表，他提出了系统的水成说理论。维尔纳认为，在地球形成的早期，地表被原始海洋所覆盖，溶解在其中的矿物通过结晶作用逐渐形成岩层。居维叶等灾变论者依据观察到的多种地质现象来支撑其理论，举例来说，在某些地层中，某些物种的化石会出现突然且大量的富集或缺失，他们将这些化石分布特征视为灾变事件引发生物群落迅速更替的关键证据。

与水成论相对立的是火成论。这一理论以英国地质学家 J.赫顿为代表，他提出了系统的火成说理论。赫顿认为，花岗岩等岩石不能在水中产生，而是与地下岩浆作用有关，是高温岩浆冷却结晶形成的。他还认为，河流只是将风化的岩屑冲入大海，逐渐堆积，形成砾石、沙土。赫顿的理论在当时并未得到广泛认可，但随着观察和实验的不断补充，火成论逐渐获得了支持。

（二）多成因岩石分类观点

随着科学研究的深入，人们逐渐认识到岩石的成因是多元的。1830 年，英国自然科学家莱伊尔提出了岩石的成因分类理论，将岩石分为水成岩、火山岩（或岩浆岩）、深成岩和变质岩四大类。他认为，四大类岩石具有不同的形成条件和环境，而岩石形成所需的环境条件又会随着地质作用的进行不断地发生变化。这一观点为后来的岩石学研究提供了重要的基础。

（三）灾变论与渐变论

灾变论最初由法国科学家居维叶（图 3-12）提出，他认为地球的地质记录可以通过一系列突发的灾害性事件来解释，这些事件在很短的时间内重新塑造了地球的表面。居维叶及其支持者主张，只有灾变事件才能够解释地层中化石的快速堆积和地层间明显的不连续性。

19 世纪初，欧洲科学界对地球的起源和形成机制充满好奇。灾变论，提供了一种符合当时宗教和文化背景的解释方式。此理论与创世纪的描述相吻合，认为地球历史由一系列神的行为决定，因此在当时获得了广泛的社会和科学支持。

居维叶等灾变论者通过观察多种地质现象来支持他们的理论，例如，在某些地层中，某些物种的化石会突然大量出现或消失，他们将这些现象视为灾变事件导致生物群落迅

图 3-12　居维叶

速更替的直接证据。不同地层之间存在明显的界限，灾变论者解释这是灾变事件之间较长平静期的结果。地质构造的快速演变，特别是火山爆发和地震所引发的显著地形变化，构成了地球动态地质过程中的关键组成部分。尽管灾变论在 19 世纪初得到了一定的支持，但随着科学研究的深入，该理论逐渐受到挑战。由查尔斯·莱尔等人提出的渐变论强调地质过程是缓慢且持续的，更符合大多数地质现象的观测结果。渐变论逐渐兴起，它主张地球的地质变化是一个缓慢而渐进的过程，主要通过长期的、持续的自然作用来实现，如侵蚀、沉积、风化等。这个观点强调，当前观察到的地质过程与过去发生的过程是相似的，因此可以通过研究当前的地质现象来推测地球的历史。

尽管灾变论最终未能成为主流地质学理论，但它在地质学发展历程中的重要性不容小觑。现代地质学已普遍认可，地球历史上确实曾发生过灾变事件，这些事件在地质记录中留下了鲜明的印记。今天，科学家们在解释地质现象时，更倾向于综合考虑灾变论和渐变论的元素，采用一个既综合又动态的地球历史视角。

总之，灾变论的提出和发展反映了科学理论如何与文化背景相互作用，并且显示了科学知识是如何在新证据的推动下不断进化的。它强调了在地球漫长历史中，即便是短暂的灾变事件也在塑造地球表面和生命演化中扮演了重要角色。

第六节　第二次工业革命

第二次工业革命，这一时期与第一次工业革命的机械化生产相比，引入了电力和内燃机等新技术，使得生产自动化和规模化生产成为可能，彻底改变了生产方式和社会结构。除此之外，化学、钢铁制造和通信技术的飞速发展也是这一时期的显著特征。这些技术的进步不仅推动了工业的扩张，还促进了全球经济和政治结构的重大变革[6]。

一、内燃机的发明与使用

内燃机技术的创新标志着 19 世纪末至 20 世纪初工业化进程中的一次重大突破。随着人类对更高效、可靠的动力源的需求不断增长，奥托（图 3-13）于 1876 年发明的四冲程汽油发动机，以及随后狄塞尔（图 3-14）在 19 世纪末推出的柴油发动机，显著提高了能源的利用效率。这些发动机通过其独特的工作循环——吸入、压缩、做功、排气，不仅大幅提升了燃料效率，更因其启动迅速、维护简便的特性，极大地促进了个人及商业运输方式的变革。

图 3-13　奥托　　　　　　图 3-14　狄塞尔

随着内燃机的广泛普及，汽车迅速成为个人和商业领域不可或缺的运输工具。汽车的普及不仅深刻改变了社会和经济互动的方式，而且福特汽车公司通过引入装配线生产方式，极大地削减了汽车的生产成本，从而加速了汽车的大众化进程。内燃机的技术革新同样对航空运输领域产生了深远的影响，它为飞行器提供了一种全新且高效的动力源，这些关键技术的突破为后来的跨大陆和跨洋飞行奠定了坚实的基础。

在这个时期，众多航空先驱，如莱特兄弟，成功地将内燃机与他们的飞行设计相融合，实现了人类历史上的首次动力飞行壮举。这些早期的飞行器主要采用了经过改良的汽车发动机，这些发动机能够提供足够的推力以支撑飞行。莱特兄弟的成功不仅验证了内燃机在航空领域的实用性，更标志着现代航空时代的正式开启。

总体而言，内燃机技术对早期航空工业的贡献是全方位的。它不仅为航空器提供了至关重要的动力支持，还激发了人们对飞行技术的深入探索，加速了航空工业的商业化和全球化进程，从而从根本上重塑了人类的交通方式和社会结构。

二、钢铁制造的革命

钢铁生产技术的演进也是现代化基础设施构建的一个核心要素。自 19 世纪中叶以来，钢铁技术的创新不断推动着全球的工业化进程，特别是亨利·贝塞麦的发明和随后的开放式炉技术的发展，极大提高了钢铁的产量并降低了制造成本。这一技术变革不仅促进了钢铁的大规模生产，也为现代社会的基础设施建设提供了物质基础。

贝塞麦（图 3-15）在 1856 年发明的贝塞麦转炉是一次重大突破，它使得生产钢铁变得更为经济和高效。该方法通过在钢铁炼制过程中吹入空气来去除杂质，大幅度提高了生产速度和质量。这种转炉的推广，让钢铁成为 19 世纪最重要的工业材料之一。接着，开放式炉技术的引入进一步提高了钢铁生产的效率和灵活性，使得钢铁产业得以应对不断增长的市场需求。

钢铁的广泛应用，特别是在基础设施项目中，如铁路、桥梁和高层建筑，彻底改变了人类的生活环境。铁路的快速扩展促进了人口和资源的流动，加速了新兴城市的发展和扩张。此外，钢铁的使用在桥梁建设中尤为关键，它提高了桥梁的承载能力和耐久性，推动了地区间的连接和经济交流。

图 3-15　贝塞麦

在建筑领域，钢铁的使用使得摩天大楼的建设成为可能，象征着现代城市的崛起和天际线的重新定义。钢结构的应用不仅增强了建筑的高度和强度，还改变了建筑美学和设计的概念。

此外，随着技术的进一步发展，钢铁生产过程中的环保问题也开始受到关注。传统的高炉炼钢过程能效低下且污染严重，因此，新技术如电弧炉等开始被广泛采用，以实现更加环保和可持续的生产方式。

钢铁生产技术的演进不仅极大地推动了现代基础设施的建设，也为工业化社会的形成和发展提供了坚实的基石。这些技术的创新和应用，既体现了工业进步的力量，也展示了技术在塑造现代社会方面的关键作用。

三、电力技术革命

电力技术的革新和普及是第二次工业革命的核心特征之一。电力开始取代蒸汽成为主要能源，极大地扩展了工业生产的能力和效率，进一步加速了城市化进程，城市中新兴的中产阶级开始形成，工人阶级的生活和工作条件也发生了根本变化[7]。

爱迪生（图3-16）是最早将电力技术商业化的发明家之一，他的直流电系统在早期电力应用中占据了重要地位。爱迪生的贡献不仅限于发明电灯泡，还包括发电机、配电系统以及电表，形成了一个完整的直流电供应系统。不久，直流电在传输距离和效率上的局限被特斯拉（图3-17）的交流电系统所克服。特斯拉的发明使得电力可以在更长的距离上高效传输，这一突破极大地提高了电力的可用性和经济性。

图 3-16 爱迪生   图 3-17 特斯拉

特斯拉的这些创新得到了乔治·威斯汀豪斯的商业支持，他看到了交流电系统的潜力，并投入资源进行发展和商业化。此外，随着电力需求的增长和电力使用的地域扩展，高压电力传输技术应运而生。这项技术能够减少长距离传输中的能量损失，使得电力可以从偏远的发电站输送到城市和工业中心。

此后，电缆技术的进步和电网的布局优化也是电力传输领域的重要发展。隔离技术、电缆材料的改进以及电网设计的创新，都极大地提高了电力系统的效率和可靠性。

电力革命不仅仅是技术领域内的一场变革，它还深刻地影响了社会经济结构，从工业生产到日常生活的方方面面都发生了翻天覆地的改变。

首先，电力的普及极大地改变了工业生产的本质。传统人力或蒸汽机的生产方式被电动机驱动的自动化生产线所取代。如装配线的应用大幅提高了生产效率和产量，同时也降低了制造成本。美国福特汽车公司通过使用电力驱动的装配线，实现了大规模的标准化生产。

此外，电力的应用也促进了城市化进程。随着工厂的电力化，生产设施不再局限于水力或煤炭资源丰富的地区，而可以根据其他经济或地理因素来选择位置。电力还改善了城市居民的生活质量，例如电灯的普及延长了人们的日常活动时间，而电车和地铁的出现则改善了城市交通，增强了城市的动态性和活力。

电力革命同样对经济结构产生了影响。电力行业的崛起创造了大量的就业机会，同时也催生了一系列依赖电力的新兴行业。这些行业不仅为经济增长提供了新的动力，也促进了技术创新和消费模式的变化。

电力革命还对社会阶层结构产生了影响。工业化和技术的进步需要更多受过教育的技术工人和管理人员，从而促使教育体系的改革和发展，加强了对技术和科学教育的重视。同时，工人阶级的工作条件和生活水平因为工厂自动化和社会福利的增加而有所提高，加深了社会的整体变化和阶级动态。

电力革命极大地推动了工业生产的效率和规模，改变了人们的居住和工作方式，同时也重塑了经济和社会结构。这些变化标志着现代工业社会的形成，其深远的影响延续至今。通过了解电力革命的社会经济影响，我们可以更深入地认识到技术进步如何在更广泛的社会文化背景下发挥作用，从而塑造我们的世界[8]。

思　考　题

1. 热力学在生活中的应用实例很多，请以空调和冰箱的制冷系统为例，用热力学定律分析它们的制冷原理。

2. 如何理解"元素周期表让化学化工从技艺走向科学"这句话，谈谈你的看法。

3. 试简要阐述达尔文进化论的核心观点和核心内容及其不足之处。

4. 如何看待大陆漂移学说与板块构造学说在解释地球现象方面的作用。

5. 在地层和岩石成因的研究中，存在哪些主要的争论或争议？在地质学研究中，我们如何处理和应对不同的观点和争议。

6. 第二次工业革命期间出现了哪些重要的发明？它们是如何改变人类社会的。

参　考　文　献

[1]　向义和. 大学物理导论(上册)(修订版)[M]. 北京: 清华大学出版社, 2012.

[2]　向义和. 大学物理导论(下册)(修订版)[M]. 北京: 清华大学出版社, 2012.

[3]　FRIEDRICH W. Über künstliche bildung des harnstoffs[J]. Annalen der Physik und Chemie, 1828(12): 253-256.

[4]　周德庆. 微生物学教程[M]. 3 版. 北京: 高等教育出版社, 2011.

[5]　吴凤鸣. 20 世纪地质科学发展历史的回顾[J]. 自然辩证法研究, 1997(11): 1-8, 23.

[6]　张立峰. 第二次工业革命为什么又称"电气革命"[J]. 历史学习, 2009(2): 4-5.

[7]　张跃发. 英国工业革命以来西方产业结构的两次转换[J]. 世界历史, 1996(1): 123-126.

[8]　LEVIN M R, FORGAN S, HESSLER M, et al. Urban modernity: cultural innovation in the second industrial revolution[M]. Cambridge: MIT Press, 2010.

第四章　现代生物技术

第一节　基因工程

基因工程（genetic engineering）原称遗传工程。广义的基因工程是指脱氧核糖核酸（deoxyribonucleic acid，DNA）重组技术的产业化设计与应用，包括上游技术和下游技术两大组成部分。狭义的基因工程是指将一种或多种生物（供体）的基因与载体在体外进行拼接重组，然后转入另一种生物（受体）体内，使之按照人们的意愿遗传并表达出新的性状[1]。

一、基因的基础知识

（一）基因的结构

基因是由一系列核苷酸（也就是 DNA 分子的组成单位）组成的，这些核苷酸以特定的顺序排列在一起，构成了基因的序列。这里的基因结构不是指 DNA 双螺旋，而是指单个基因的 DNA 片段可以划分为不同的部分，包括启动子、编码区（也叫转录区）、终止子等特定的 DNA 序列，这些序列指导了蛋白质的合成过程。

1. 真核基因

真核细胞的基因结构包括编码区和非编码区两大部分。其中，编码区是间隔、不连续的，有外显子与内含子相间排列。大多数真核生物的基因为不连续基因，即基因的编码序列在 DNA 分子上是不连续的，被非编码序列隔开。编码的序列称为外显子，是一个基因表达为多肽链的部分；非编码序列称为内含子，又称插入序列，如图 4-1 所示。

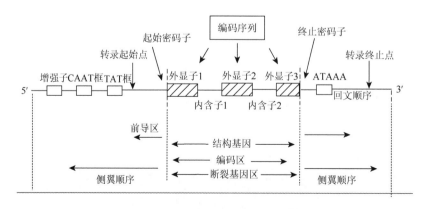

图 4-1　真核生物基因结构示意图

编码区是基因结构中的重要部分，它负责转录生成核糖核酸（ribonucleic acid，RNA），并且只有编码区能转录生成 RNA。在转录过程中，内含子转录生成的部分需要被剪切掉，即转录生成的信使 RNA（messenger RNA，mRNA）只有外显子的对应部分。非编码区位于首位和末位外显子两侧的区域，也可以叫作侧翼序列。非编码区中包含一些调控元件，比如启动子、终止子，还可能有增强子。启动子是位于基因首端的一段特殊序列，它是 RNA 聚合酶识别、结合的部位。终止子是位于基因尾端的一段特殊序列，作用是使转录过程停止。上游侧翼序列包含启动子区域，上游侧翼序列包含 5'端转录起始位点（transcription start site，TSS）上游约 20～30 个核苷酸的位置，这里有一个 TATA 框（TATA box），碱基序列为 TATAATAAT，是 RNA 聚合酶的重要的接触点，它能够使酶准确地识别转录的起始点并开始转录。

2. 原核基因

原核基因指原核生物的 DNA 编码的基因。原核基因的结构组成比较简单，包括启动区、转录区与终止区，其中，转录区可进一步分为 5'-非翻译区（5'-untranslated region，5'-UTR）、编码区（即转录区）、3'-非翻译区（3'-untranslated region，3'-UTR），如图 4-2 所示。

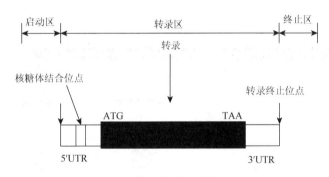

图 4-2 原核生物基因结构示意图

3. 病毒基因

每种病毒只含一类核酸（DNA 或 RNA），分别称为 DNA 病毒或 RNA 病毒。病毒基因结构特征往往与其宿主细胞相似。病毒基因组的类型极为多样化，有单链（ss）与双链（ds）、正链（+）与负链（−）之分，还有线状（L）与环状（O）的区别。将基因的碱基序列与 mRNA 相同的定为正链，与 mRNA 互补的定为负链。就病毒核酸的单、双和正、负而言，可将其基因组分为 6 类：dsDNA、dsRNA、+ssDNA、−ssDNA、+ssRNA 和−ssRNA。

（二）基因的表达与调控

1. 基因的表达

基因表达（gene expression）是指储存遗传信息的基因经过一系列步骤表现出其生物功能的整个过程。典型的基因表达是基因经过转录、翻译，产生有生物活性的蛋白质的过程。核糖体 RNA（ribosomal RNA，rRNA）或转运 RNA（transfer RNA，tRNA）的基因经转录和转录后加工产生成熟的 rRNA 或 tRNA，也就是 rRNA 或 tRNA 的基因表达。

2. 基因的调控

（1）转录水平的调控——操纵子。原核生物大多数基因表达调控是通过操纵子机制实现的。操纵子通常由 2 个以上编码蛋白质的结构基因与启动子、操纵基因以及其他调节基因成簇串联组成。以乳糖操纵子为例，无诱导物存在（乳糖缺乏）时，阻遏蛋白与操纵基因结合阻止了 RNA 聚合酶与启动子的结合，使得结构基因不能正常转录；而当诱导物存在（乳糖存在）时，诱导物与阻遏蛋白结合，使阻遏蛋白结构改变，不能与启动子结合，则 RNA 聚合酶结合到启动子上，并启动结构基因的表达，如图 4-3 所示。

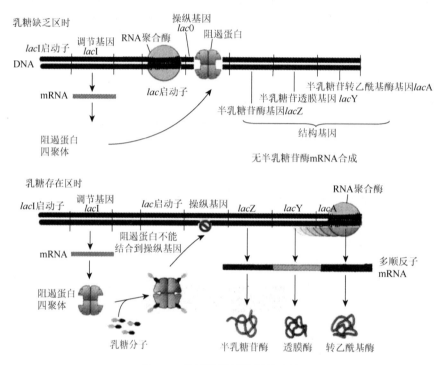

图 4-3　乳糖操纵子的调节过程

（2）翻译水平的调控——RNA 干扰。RNA 干扰是有效沉默或抑制目标基因表达的过程，指内源性或外源性双链 RNA（dsRNA）介导的细胞内 mRNA 发生特异性降解，从而导致靶基因的表达沉默，产生相应的功能表型缺失的现象。RNA 干扰由转运到细胞质中的双链 RNA 激活，沉默机制可导致由小干扰 RNA（small interfering RNA，siRNA）或短发夹 RNA（short hairpin RNA，shRNA）诱导实现靶 mRNA 的降解，或者通过微小 RNA（microRNA，miRNA）诱导特定 mRNA 翻译的抑制。

（3）翻译后水平的调控——分子伴侣。

分子伴侣是一类协助细胞内分子组装和协助蛋白质折叠的蛋白质，又称为伴侣蛋白，主要有热休克蛋白和伴侣蛋白两大类。

（4）表观遗传调节机制有以下几种。

①DNA 修饰：DNA 甲基化是目前研究最充分的表观遗传修饰形式，如图 4-4 所示，主要是 DNA 上的胞嘧啶与甲基共价结合，在空间上阻碍 RNA 聚合酶与 DNA 的结合。DNA 甲基

化一般与基因沉默相关联。

②组蛋白修饰：真核生物 DNA 被组蛋白组成的核小体紧密包绕，组蛋白上的许多位点都可以被修饰，尤其是赖氨酸。组蛋白修饰可影响组蛋白与 DNA 双链的亲和性，从而改变染色质的疏松和凝集状态，进而影响转录因子等调节蛋白与染色质的结合，影响基因表达。

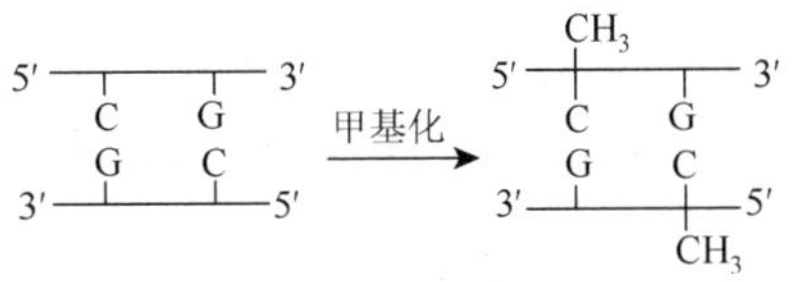

③基因组印记：指来自父方和母方的等位基因在通过精子和卵细胞传递给子代时发生了修饰，使带有亲代印记的等位基因具有不同的表达特性，这种修饰常为 DNA 甲基化修饰，也包括组蛋白乙酰化、甲基化等修饰。

图 4-4　DNA 甲基化示意图

二、基因工程的工具

（一）限制性内切酶

限制性内切酶（restriction enzyme）又称限制酶或限制内切酶，全称限制性内切核酸酶，是一种能将双链 DNA 切开的酶。它的切割方法是将糖类分子与磷酸之间的键结切断，进而于两条 DNA 链上各产生一个切口，且不破坏核苷酸与碱基。切割形式有两种，分别可产生具有突出单链 DNA 的黏性末端，以及末端平整无凸起的平滑末端，如图 4-5 所示。

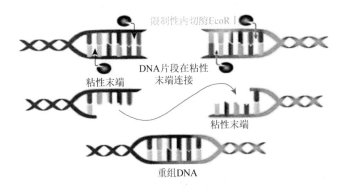

图 4-5　限制酶切割 DNA 分子示意图

（二）DNA 连接酶

DNA 连接酶能在两个 DNA 片段之间形成磷酸二酯键，主要用于基因工程，将由限制性内切核酸酶"剪"出的黏性末端重新组合，如图 4-6 所示。

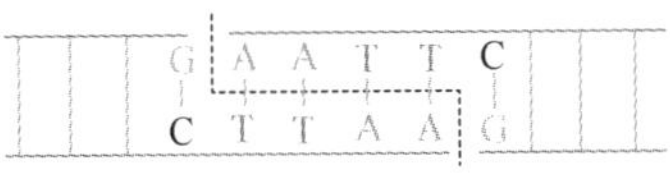

图 4-6　DNA 连接酶作用示意图

在基因工程中，DNA 连接酶主要有两种：一类是从大肠杆菌中分离得到的，称为大肠杆菌（E.coli）DNA 连接酶，只连接具有相同黏性末端的 DNA 分子的基本骨架，即磷酸二酯键，大肠杆菌 DNA 连接酶可以催化双链 DNA 黏性末端的 5'-磷酸和 3'-羟基形成磷酸二酯键，即只能连接具有互补配对黏性末端的双链，不能有效连接平滑末端底物。另一类是从 T4 噬菌体中分离出来的，称为 T4 DNA 连接酶，T4 DNA 连接酶是三磷酸腺苷（adenosine triphosphate,

ATP）依赖的 DNA 连接酶。可连接双链 DNA 的平滑末端、互补黏性末端及其中的单链切口，也能催化 RNA 连接到 DNA 或者双链 RNA 上，但不催化单链核酸的连接。

（三）质粒

把目的基因送入生物细胞（受体细胞），主要目的是分离、纯化及表达特定的基因，此过程中需要运载工具携带外源基因进入受体细胞，这种运载工具就叫作载体。基因工程上所用的载体是一类能自我复制的 DNA 分子，其中的一段 DNA 被切除而不影响其复制功能，可用以置换或插入外源（目的）DNA 而将目的 DNA 带入受体细胞进行表达，主要包括质粒、噬菌体、病毒等。其中，质粒是在细菌和其他细胞中发现的一种小的环状 DNA 分子，通常只携带少量基因，特别是一些与抗生素耐药性有关的基因，可以在不同的细菌细胞之间传递，如图 4-7 和 4-8 所示。

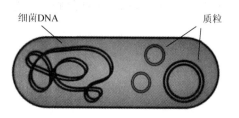

图 4-7　细菌 DNA 和质粒示意图

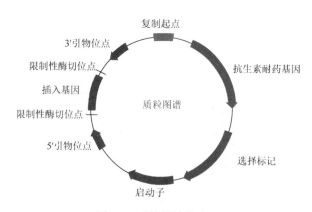

图 4-8　质粒结构模式图

三、基因工程的基本操作步骤及实验方法

（一）基因工程的基本操作步骤

基因工程的上游操作过程可简化为：切、接、转、增、检，如图 4-9 所示。

1. 切

从供体细胞中分离出基因组 DNA，用限制性核酸内切酶分别将外源 DNA（包括外源基因或目的基因）和载体分子切开（简称"切"）。

2. 接

用 DNA 连接酶将含有外源基因的 DNA 片段接到载体分子上，形成 DNA 重组分子（简称"接"）。

3. 转

借助细胞转化手段将 DNA 重组分子导入受体细胞中（简称"转"）。

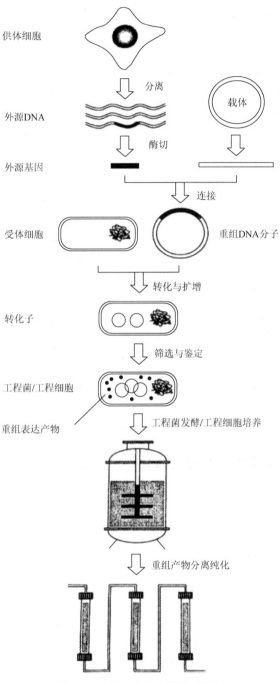

供体细胞

分离

外源DNA

酶切

外源基因

载体

连接

受体细胞

重组DNA分子

转化与扩增

转化子

筛选与鉴定

工程菌/工程细胞

重组表达产物

工程菌发酵/工程细胞培养

重组产物分离纯化

图4-9 基因工程基本流程示意图

4．增

短时间培养转化细胞，以扩增 DNA 重组分子或使其整合到受体细胞的基因组中（简称"增"）。

5．检

筛选和鉴定经转化处理的细胞，获得外源基因高效稳定表达的基因工程菌或细胞（简称"检"）。

（二）基因工程的实验方法

1. PCR 技术

聚合酶链反应（polymerase chain reaction，PCR）技术是一种用于靶标 DNA 复制的技术。

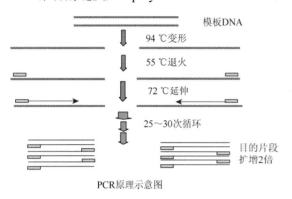

图 4-10　PCR 过程示意图

这种反应模拟了细胞内 DNA 的复制过程，由一系列的加热和降温步骤组成，可以在体外迅速扩增特定的 DNA 片段，其步骤如图 4-10 所示。

2. 基因转化

基因转化是指将外源基因导入到宿主细胞或有机体中，使其表达外源蛋白或产生特定表型。一些常见的基因转化方法如下。

（1）化学转化：利用化学手段，如聚乙烯糊精介导的转化或钙离子介导的转化等，使 DNA 进入细胞；

（2）电穿孔法：通过瞬时电脉冲使细胞膜通透性增加，导致 DNA 进入细胞；

（3）生物气溶胶法：利用植物或细菌制备的气溶胶载体，在适当环境下，气溶胶内的 DNA 片段进入植物组织细胞；

（4）基因枪法：利用高速微粒/金属微粒载体（通常是金或钨）将 DNA 微粒轰击到植物基因组内；

（5）农杆菌介导法：利用农杆菌的自然感染能力，将外源 DNA 导入植物细胞。

四、基因工程的理论依据及物质基础

（一）基因工程的理论依据

基因工程研究的理论依据涵盖了遗传学、分子生物学和生物技术等多个领域的知识。这些理论依据不仅为基因工程提供了坚实的基础，还推动了生物技术的快速发展[2]。

1. 遗传物质是 DNA 这一事实为基因工程研究提供了出发点

DNA 是一种双螺旋结构的分子，由两条互补的链组成，两条链上的碱基序列通过氢键相互连接。这种独特的结构使得 DNA 能够携带大量的遗传信息，并通过复制、转录和翻译等过程传递给后代。在基因工程中，科学家们可以利用 DNA 的这种特性，对特定的基因进行切割、重组和转移，从而实现对生物遗传特性的精确操控。

2. 遗传信息的贮存与表达是基因工程研究的核心内容之一

在生物体内，遗传信息以 DNA 序列的形式贮存，并通过转录和翻译过程转化为 RNA 和蛋白质。这些 RNA 和蛋白质在生物体内发挥着重要的生理功能。基因工程可以通过调控这些过程，改变生物体内特定基因的表达水平，从而实现对生物性状和功能的调控。例如，在农业领域，通过基因工程技术可以提高作物的抗病性、抗虫性和产量等性状，为农业生产带来革命性的变革。

3. 基因的可切割性与可转移性为基因工程提供了更多的可能性

通过特定的酶类，科学家们可以将 DNA 分子上的特定片段切割下来，并与其他 DNA 片段进行重组。这种重组后的 DNA 分子可以在生物体内表达新的遗传特性，从而创造出具有独特性状的新生物。此外，基因还可以通过载体系统在不同的生物之间进行转移，实现跨物种的遗传信息交流。这种技术在疾病治疗、生物多样性保护等领域有广泛的应用前景。

4. 遗传密码的通用性为基因工程提供了便捷的条件

尽管不同生物之间的遗传密码存在一定的差异，但大多数生物的遗传密码都是相似的。这意味着我们可以利用已知的遗传密码信息，通过基因工程技术将一种生物的基因转移到另一种生物中，并使其在新的生物体内表达。这种技术不仅拓宽了生物技术的应用范围，还促进了不同物种之间的遗传信息交流。

5. DNA 的复制与遗传信息的传递是基因工程研究中的另一个重要方面

在生物体内，DNA 可以通过复制过程将遗传信息传递给下一代。这种复制过程具有高度保真性，能够确保遗传信息的准确传递。在基因工程中，科学家们可以利用这种复制过程，通过体外扩增技术获得大量的特定 DNA 片段，为后续的基因操作和实验提供充足的材料。

（二）基因工程的物质基础

基因工程作为现代生物技术的重要分支，其物质基础建立在稳固的科学原理之上。这些原理主要包括 DNA 的双螺旋结构、基因作为遗传信息的载体、基因表达的复杂调控机制，以及先进的 DNA 测序和基因编辑技术。

1. DNA 的双螺旋结构是基因工程的基础

这种独特的结构使得 DNA 能够稳定地存储和传递遗传信息。通过精确解析 DNA 的碱基序列，可以深入了解生物体的遗传特性，为基因工程提供准确的数据支持。

2. 基因作为遗传信息的载体在基因工程中发挥着关键作用

通过调控基因的表达，实现对生物体性状和功能的精准控制，这为基因工程提供了广阔的应用前景，包括疾病治疗、农业生物技术的改进等。此外，基因表达调控是基因工程中不可忽视的一环，涉及复杂的生物过程，包括基因的转录、翻译和蛋白质修饰等。通过深入研究这些过程，可以更好地理解和操控生物体的遗传特性，为基因工程的发展提供有力支持。

3. 先进的 DNA 测序和基因编辑技术为基因工程提供了强大的工具

DNA 测序技术能够精确测定 DNA 序列，为基因工程提供准确的数据支持；而基因编辑技术，如 CRISPR-Cas9 系统，则能够实现对 DNA 的精确切割和修复，为基因工程提供了强大的技术手段。

五、基因工程的应用

基因工程自 20 世纪 70 年代初问世以来，经过 50 余年的发展，无论是在基础研究领域，还是在生产应用方面，都取得了惊人的成就，几乎所有的生命科学领域都受到它的直接或间接的影响，展示出广阔的应用前景。基因工程技术将选定的功能基因在受体中超表达、关闭表达或异源表达，实现收集基因产物或改变宿主性状的目的，广泛应用于改良动植物品种、提高作物和畜产品的产量等方面[3]。

（一）基因工程在医学上的应用

1. 基因治疗

基因治疗是一种前沿的医疗技术，旨在通过将外源正常基因导入靶细胞，以纠正或补偿缺陷和异常基因，从而达到治疗特定疾病的目的。其原理是将具有正常功能的基因或其他基因通过基因转移方式导入到患者体内，这些基因能够在患者体内表达，从而起到治疗疾病的作用。对微生物或动植物的细胞进行基因改造，使它们能够生产药物。这些药物包括细胞因子、抗体、疫苗和激素等，它们可以用来预防和治疗人类肿瘤、心血管疾病、传染病、糖尿病和类风湿关节炎等。我国生产的重组人干扰素、血小板生成素、促红细胞生成素和粒细胞集落刺激因子等基因工程药物均已投入市场。

2. 疫苗开发

基因工程疫苗是指利用基因工程技术培养的细菌、酵母或动物细胞中扩增病原体的保护性抗原基因制成的疫苗。基因工程疫苗只含有病原体的部分抗原成分，因而与传统的灭活疫苗和减毒疫苗相比安全性更高，副作用更小，能降低成本。如 DNA 重组乙肝（乙型肝炎）疫苗是利用基因工程技术分离出有效的抗原成分，通过酵母菌发酵生产而成，产品不受动物和血源的影响。在兽医临床中，猪狂犬病疫苗和预防仔猪腹泻的致病性大肠杆菌菌毛疫苗已经投产。

3. 疾病诊断与预测

基因工程在疾病诊断与预测中运用了多种关键技术、方法和工具。首先是基因测序技术，尤其是高通量测序［也称为下一代测序（next-generation sequencing，NGS）］，它使得科研人员能够快速地获取个体的全基因组或特定区域的基因序列。此外，还有基因芯片技术，该技术可以同时检测多个基因变异，大大提高了检测效率。在工具方面，基因工程使用了多种生物信息学软件和数据库来分析和解读基因数据。例如，利用分析软件可以检测单核苷酸多态性（single nucleotide polymorphism，SNP），这种多态性与许多疾病的风险相关。另外，还有用于分析基因表达谱的软件，以及用于预测基因型和表现型关系的统计模型。以乳腺癌为例，基因工程在乳腺癌的诊断和预测中发挥了重要作用。*BRCA*1 和 *BRCA*2 是两个与乳腺癌密切相关的基因，它们的突变会显著增加患乳腺癌的风险。通过基因测序技术，可以准确地检测出这两个基因的突变情况，从而为高风险个体提供早期预警。在实际应用中，基因检测已经成为乳腺癌风险评估和早期诊断的重要手段。

（二）基因工程在农业中的应用

近年来，基因工程技术的发展引领了农业领域的一场革命。利用基因工程技术改良作物，可以实现对作物基因组的精确编辑，从而增加作物的产量、提高抗性、改良品质等。这一创新技术的核心在于精确的基因组编辑，使我们能够深入了解和调控作物的遗传特性，为农业未来发展带来了巨大的希望和潜力。

1. 生产转基因作物

转基因作物也称为基因改造作物或基因修饰作物，是利用基因工程技术将一个或多个外源基因转移到作物的基因组中，从而改变其遗传特性。这些外源基因可以来自其他植物、动物、微生物等，它们能够赋予作物新的性状，如抗虫、抗病、抗旱、耐盐碱等。目前，转基因作物的种类主要包括大豆、玉米、棉花、油菜等。

2. 提高农作物的抗逆性和产量

基因工程能提高农作物的抗逆性，如抗虫性、抗病性及抗旱性等。病害是导致农作物减产的重要因素之一，基因工程技术可以导入抗病基因，增强农作物对病原体的抵抗力。如转基因水稻中导入的抗病基因 $Xa21$，使其能够抵抗白叶枯病的侵袭，提高了水稻的抗病性和产量。干旱是影响农作物生长的重要因素，通过基因工程技术，可以导入与抗旱相关的基因，提高农作物的抗旱能力。例如，转基因小麦中导入的 $DREB1A$ 基因，使其在干旱胁迫下能够产生更多的抗旱蛋白，增强了小麦的抗旱适应能力。

六、人类基因组计划

人类基因组计划（Human Genome Project，HGP）是一个国际科学研究项目，旨在发现所有人类基因并阐明其在染色体上的位置，破译人类全部遗传信息，使得人类第一次在分子水平上全面地认识自我。该计划由美国科学家于 1985 年率先提出，并于 1990 年正式启动。该计划由美国国立卫生研究院（National Institutes of Health，NIH）和美国能源部（Department of Energy，DOE）联合领导，并得到了多国政府、私人公司和研究机构的参与，其中，美国、英国、中国、法国、德国、日本等国家作出卓越贡献。人类基因组计划是分步进行的，首先对全基因组进行测序，从而得到初步的框架图，然后在后续的研究中逐步提高精度，最终，HGP 在 2001 年发布了对全基因组测序的初步草图，并于 2003 年宣布计划完成，此时恰逢 DNA 双螺旋结构发现 50 周年。HGP 的成果极大地推动了生物医学研究的发展，为疾病的分子机制研究、个性化医疗、药物开发等领域奠定了基础。此外，它还促进了相关技术的发展，包括 DNA 测序技术、生物信息学技术以及基因编辑技术等。在计划研究过程中，数、理、化、信息和材料等学科的渗透和具有时代特征的工业化技术管理模式的引进，使 HGP 真正成为生命科学领域的一项大科学工程，其衍生学科基因组学（genomics）也作为一门新兴学科被公认。

第二节 细 胞 工 程

细胞工程是指应用细胞生物学、分子生物学和发育生物学等多学科的原理和方法，通过细胞器、细胞或组织水平上的操作，有目的地获得特定的细胞、组织、器官、个体或其产品的一门综合性的生物工程。最近 20 年，细胞工程技术与基因工程技术更紧密地结合起来，使动物胚胎移植技术进入实用化阶段；培育出了抗病毒、抗除草剂、抗虫害、高蛋白的各种农作物品种，也培养出了携带人的生长激素基因的猪和鱼，得到了转基因大豆、小白鼠、家兔、绵羊、山羊、猪和牛，并从这些动物的血液、乳汁中得到了有医用价值的蛋白质和各种细胞因子[4]。

一、细胞的基本概念

（一）细胞的结构

动物细胞有细胞膜、细胞质、细胞核，细胞质包括细胞质基质和细胞器，细胞器包括内质网、线粒体、高尔基体、核糖体、溶酶体、中心体。植物细胞与动物细胞相比较，具有很多相似的地方，如植物细胞也具有细胞膜、细胞质、细胞核等结构；但是动物细胞与植物细胞又有一些重要的区别，如动物细胞的最外面是细胞膜，没有细胞壁；动物细胞的细胞质中不含叶绿体，也不形成中央液泡。而高等植物细胞没有中心体，如图4-11所示。

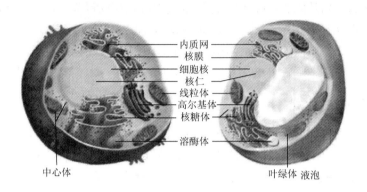

内质网
核膜
细胞核
核仁
线粒体
高尔基体
核糖体
溶酶体
中心体
叶绿体 液泡

图4-11 动物细胞（左）和植物细胞（右）亚显微结构模式图

（二）细胞的功能

细胞的功能主要与其结构密切相关，主要有以下几个方面。

1. 新陈代谢

细胞内的各种代谢过程，如糖类、脂质、蛋白质等大分子有机物的分解与合成，都是在酶的催化下完成的。这些代谢过程为细胞提供能量和营养物质。

2. 遗传信息传递与表达

细胞核中的DNA是细胞的遗传物质，它携带着生物的遗传信息。这些信息通过转录和翻译等过程被表达出来，从而控制细胞的生长和发育。

3. 物质运输与能量转换

细胞通过细胞膜控制物质的进出，维持细胞内外环境的稳定。同时，线粒体等细胞器负责将食物中的营养物质转化为能量，供细胞使用。

4. 免疫与防御

当病原微生物侵入时，细胞可以产生相应的抗体来抵抗感染，起到防御疾病的作用。

二、细胞培养技术

细胞培养技术是生物学中的一项重要技术，它不仅可以用于研究细胞的生长、增殖、分化等生物学过程，还可以用于疾病的诊断、药物的筛选以及治疗方法的研究。通过细胞培养，科学家能够更深入地了解细胞的功能和机制，从而为生物医学研究提供有力支持[5]。

（一）细胞培养基的组成

细胞培养基的成分相当复杂，主要包括以下几大类。

1. 碳源

最常用的碳源是葡萄糖，它为细胞提供能量和碳元素以供代谢和生长。其他碳源如乳糖、果糖等也可能被使用。

2. 氮源

氮源对细胞合成蛋白质和核酸至关重要。常见的氮源包括氨基酸、蛋白胨、酵母提取物以及尿素。

3. 无机盐和矿物质

培养基中包含细胞所需的各种无机盐，例如钠盐、钾盐、钙盐、镁盐、磷酸盐等。这些无机盐在细胞的代谢和酶活性中发挥关键作用。

4. 维生素

维生素作为细胞合成酶的辅因子，对细胞生长和代谢过程非常重要。常见的维生素包括维生素 B 族、维生素 C 和维生素 E 等。

5. 氨基酸

氨基酸是蛋白质合成的基本单元，培养基中通常会包含全部或一部分必需氨基酸。

6. 生长因子和激素

这些成分可以促进细胞的增殖和分化，不同类型的细胞需要特定的生长因子和激素以达到最佳生长状态。

7. 缓冲剂

如羟乙基哌嗪乙硫磺酸、碳酸氢盐等，用于维持培养基的适宜 pH，确保其稳定性。此外，根据实验需求，培养基中还可以添加抗生素（用于抑制细菌和真菌污染）、抗氧化剂（保护细胞免受氧化损伤）等其他补充物。

（二）细胞培养基的分类

以动物细胞培养为例，进行细胞培养所需要的培养基可分为天然培养基和合成培养基。

1. 天然培养基

天然培养基主要指来自动物体液或利用组织分离提取的一类培养基，如血浆、血清、淋巴液、鸡胚浸出液等。天然培养基的优点是含有丰富的营养物质及各种细胞生长因子、激素类物质，渗透压、pH 等也与体内环境相似，缺点是成分复杂、来源受限、制作过程复杂、批次间差异大。天然培养基种类很多，包括生物性液体（如血清）、组织浸液（如胚胎浸液）、凝固剂（如血浆）等。

2. 合成培养基

合成培养基是在研究和了解细胞所需成分基础上，通过人工设计配制而成的培养基，其目的在于创制出与体内相似的生存环境。天然培养基虽然含有丰富的营养物质，能够有效地促进细胞在体外生长繁殖，但由于其成分复杂、批次间差异大、制备过程烦琐等局限性，人们更迫切地希望能够研制出人工配制的培养基；它给细胞提供了一个近似体内，又便于控制和标准化的体外生存环境。

（三）细胞培养的基本方法与条件

1. 细胞培养的基本方法（以动物细胞培养为例）

（1）贴壁培养：适用于贴壁依赖性细胞。此类细胞需要附着在不起化学作用的物质（如玻璃或塑料等无活性物质）的表面生长、生存。当细胞在附着面生长至相互接触时，会发生接触抑制。

（2）悬浮培养：来源于血液、淋巴组织的细胞，以及许多肿瘤细胞等属于悬浮培养型细胞。这些细胞为非贴壁依赖性细胞，可以在液体培养基中直接增殖，无需支持面。悬浮培养是大规模细胞培养的理想方式，可借鉴微生物的悬浮培养方法。

（3）固定化培养：使用较温和的固定方法，如吸附、包埋等。适用于对剪切力敏感的细胞，能提高细胞的耐受力，促使细胞高密度培养，并提高目的产物的产率。固定化方法根据细胞类型有所不同，如贴壁依赖性细胞常采用胶原包埋，非贴壁依赖性细胞则常用海藻酸钙包埋。

2. 细胞培养的基本条件（以动物细胞培养为例）

（1）合适的细胞培养基：提供细胞营养和促使细胞生长增殖的基础物质，以及细胞生长和繁殖的适宜环境。

（2）优质血清：大多数合成培养基都需要添加血清，它含有细胞生长所需的多种生长因子及其他营养成分。

（3）无菌无毒环境：细胞培养必须在无菌无毒的操作环境和培养环境中进行，以防止微生物和有毒物质的污染。

（4）恒定的温度：维持培养细胞旺盛生长必须有恒定且适宜的温度；

（5）适宜的 pH 和渗透压：细胞培养基的 pH 和渗透压需要控制在细胞可承受的范围内，以保证细胞的正常生理功能。

三、细胞融合技术

细胞融合又称体细胞杂交或细胞杂交，是指在离体条件下用人工方法将不同种生物或同种生物不同类型的单细胞通过无性方式融合成一个杂合细胞的技术。细胞融合技术的出现标志着细胞工程的诞生。它使人们可以按照预先设计使不同的细胞融合，创造新的杂合细胞，被广泛地应用于单克隆抗体制备、生物的远缘杂交、新品种的培育[6]。

（一）细胞融合的原理与方法

细胞融合的原理基于细胞膜的流动性和细胞之间的相互识别。在特定条件下，两个或多个细胞的细胞膜可以相互融合，形成一个具有共同细胞膜的杂种细胞。这种融合可以是自发的，也可以通过人工诱导实现。融合后的细胞将包含来自不同细胞的遗传物质和细胞器，从而具有新的遗传和生理特性。细胞融合的方法如下。

1. 自然融合

细胞融合在生物界中自然存在，受精就是雌雄生殖细胞间的自然融合。植物和微生物的原生质体融合技术是在动物细胞融合技术的基础上发展起来的，迄今为止，人们已经进行了大量的动物、植物和微生物的细胞融合，包括种内、种间、属间、科间，甚至动、植物间细胞的融合，培育出了许多新品种。

2. 诱导细胞融合

人工诱导细胞融合的方法有病毒诱导融合法、化学诱导融合法和电诱导融合法三种。目前使用最多的是化学诱导融合法和电融合法。

（1）病毒诱导融合法：利用病毒作为载体来感染两个细胞，使它们的质膜融合。此方法建立较早，操作较烦琐，融合效率和重复性不够高。但目前对病毒通过融合入侵细胞的过程及病毒膜融合蛋白的作用机理等方面的研究仍然是热点问题。

（2）化学诱导融合法：化学诱导融合法是利用一些化学物质如聚乙二醇（polyethylene glycol，PEG）、Ca^{2+}、溶血卵磷脂等诱导细胞融合的方法。

（3）电诱导融合法：这是一种常用的细胞融合方法，利用瞬间高压电脉冲的作用使细胞膜通透性增加，从而使得两个细胞的质膜融合，如图 4-12 所示。这种方法操作简单，融合效率高，因此被广泛应用于细胞杂交、细胞治疗等领域。

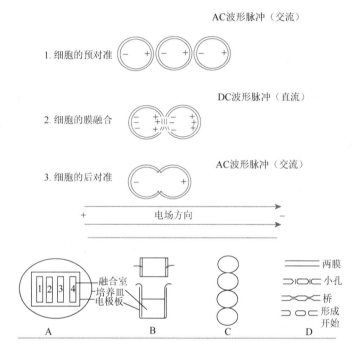

图 4-12　细胞电诱导融合示意图

电诱导融合法的优点是融合效率高、对细胞的毒性小、参数也较易控制。但需要注意的是，由于不同细胞的表面电荷特性有差别，需要进行预实验，以确定细胞融合的最佳技术参数。此外，最近还发展了新的细胞排队融合技术，如激光剪和激光镊技术。这些新的融合方法可以进行一对细胞的融合。目前，这些方法在大多数实验室还未开展使用，但已显示了这些技术独特的应用潜力。

（二）杂种细胞的筛选

杂种细胞的筛选主要是从大量的细胞群体中区分出预期的融合重组类型。常用的筛选方法有以下几种。

1. 物理特性筛选法

根据亲本细胞的物理特性，如大小、颜色、漂浮密度等，来筛选杂种细胞。例如，如果两个亲本细胞的大小或颜色有明显差异，那么可以通过观察这些特性来筛选出杂种细胞。

2. 营养缺陷互补筛选法

在某些情况下，亲本细胞可能存在营养缺陷，而杂种细胞由于遗传物质的重组，可能具备了亲本细胞所缺失的营养合成能力。通过这种方法，可以在特定的培养基上筛选出杂种细胞。

3. 选择培养基筛选法

利用原生质体对培养基成分反应差异的原理进行筛选。例如，某些杂种细胞可能具有特殊的生长需求或对某些物质的抗性，通过调整培养基的成分，可以筛选出这些杂种细胞。

（三）杂种细胞的鉴定

筛选出杂种细胞后，还需要进一步地鉴定以确认其真实性。常用的鉴定方法包括以下几种。

1. 形态学鉴定

通过观察杂种细胞的形态学特征，如细胞大小、形状、细胞核和细胞器的结构等，来鉴定其是否为预期的杂种细胞。这种方法简单直观，但可能受到观察者主观因素的影响。

2. 细胞学鉴定

利用显微镜技术对杂种细胞进行更深入的观察和分析。例如，可以通过染色体分析来确认杂种细胞的染色体数目和结构是否符合预期。此外，还可以利用特定的细胞化学染色方法来显示细胞内的特定成分或结构，从而进一步确认杂种细胞的身份。

3. 分子生物学鉴定

通过 PCR 技术、基因测序等分子生物学方法来鉴定杂种细胞的遗传物质。这种方法可以提供更直接、准确的证据来证明杂种细胞的真实性。例如，可以通过检测杂种细胞中特定基因的存在或表达情况来确认其身份。

总的来说，杂种细胞的筛选与鉴定是细胞工程中不可或缺的环节。通过合理的筛选方法和准确的鉴定技术，我们可以确保获得预期的杂种细胞，并为后续的实验和应用提供可靠的细胞资源。

四、基因导入与表达调控

基因导入是把已知基因转移到真核细胞并整合到基因组中得到稳定表达的技术，是改变物种遗传性状的最根本途径。在基因导入过程中，首先需要将细胞克隆化，然后利用显微操作技术把目的基因注入到受精卵的原核中；随后，受精卵被植入到生殖管道中发育，转化个体将能表达导入基因决定的性状，并且能把该基因传到下一代。基因表达调控是指在特定时间和空间条件下，对基因转录和翻译过程的精确控制。这种调控可以在多个层次上发生，包括基因活化、转录起始、转录后加工、mRNA 降解、蛋白质翻译以及翻译后加工修饰等。

五、核移植技术的应用及存在的问题

核移植技术的应用可以制备转基因克隆动物，进行生物药物生产；培育优良畜种，扩大良种种群；开展异种动物克隆，拯救濒危动物；与干细胞技术结合，开展治疗性克隆等。

细胞核移植（特别是体细胞核移植）术本身还不完善，主要存在四个方面的问题：一是成功率低，只有 1%～5%的较低水平，存在畸胎、死胎、难产、新生动物死亡率高等一系列问题；二是核移植的理论研究相对技术研究而言较为滞后，跟不上技术发展的步伐；三是体细胞克隆后代有可能出现老化现象，体细胞分裂代数是有限的，因此由体细胞得到的克隆动物的寿命是否会受到体细胞分裂代数的影响，目前也不是很清楚；四是核移植的技术环节尚需不断完善，克隆技术研究本身需要与其他学科和技术进行更为广泛的渗透与融合。

虽然存在上述问题，动物核移植研究已在理论基础、技术优化及实际应用等方面取得很大的进展。在建立人类疾病的动物模型、分析特定基因表达产物的生物学功能、厘清基因活动的调控机制、建立特殊的遗传工程小鼠品系、筛选药物和建立新药评价体系、研究环境诱变剂的作用规律、制造生物反应器、改善畜牧产品的营养结构、进行疾病治疗等众多方面的应用前景无疑是激动人心的。

第三节 发酵工程

发酵工程是指采用现代工程技术手段，利用微生物的某些特定功能，为人类生产有用的产品，或直接把微生物应用于工业生产过程的一种新技术。发酵工程的主要内容包括菌种的选育、培养基的配制、灭菌、扩大培养和接种、发酵条件的控制以及产品的分离提纯等[7]。

一、发酵的定义及应用领域

发酵通常指生物体对于有机物的某种分解过程，是人们借助微生物的生命活动来制备产品的过程。发酵可被应用于社会的多个方面。

（一）食品、饮料方面

微生物发酵技术在食品生产应用中有着非常悠久的历史。从远古时代的自然发酵酿酒到现在庞大的食品发酵工业体系的形成，食品发酵技术经历了天然发酵、纯培养技术的建立、深层培养发酵技术应用以及转基因技术的应用 4 个阶段。我国食品发酵工业主要包括酿酒业和发酵调味品产业。经过半个多世纪的发展，我国食品发酵工业无论是产业格局还是生产规模、生产技术都得到了大大的改善和提高。尤其是啤酒工业，应用了大量的现代发酵工程技术，因而发展迅速；液态深层发酵技术应用于食醋酿造也取得了显著成效。而其他的传统发酵产业如白酒业、酱油酿造业、酱类发酵食品生产等，工艺技术相对落后，企业规模小，生产集中度较低，因而还需进行产业结构的调整，注入现代生物技术和工程技术进行改造和提升。

（二）农业方面

现代生物技术越来越多地运用于农业中，在世界的许多地方，农业是调节生产和最终平衡消费的主要手段。发酵工程是生物技术或生物工程重要的支柱，在农业生产中正发挥着巨大的推动作用，其主要应用于生物（微生物）肥料、生物（微生物）农药、生物（微生物）饲料、植物生长激素和畜用抗生素等方面，正给世界农业带来一场深刻的变革。

（三）新型能源及环境保护方面

生物能源主要形式有燃料乙醇、生物柴油、生物制氢和沼气等。乙醇是来自可再生资源的最有发展前景的液态燃料，采用生物发酵法生产燃料乙醇是目前最重要的生产途径。开发沼气能源是我国利用微生物资源的另一种重要形式，其在补充我国农村能源短缺、建立良好的生态环境和发展农村经济等方面起了很大作用。微生物的生物多样性和特殊功能使其在自然界的物质转化过程中有着不可替代的作用，污染物的微生物处理是环境治理的一个重要手段。这为发酵工程在环境保护领域发挥更大的作用提供了必要条件和坚实基础，乙醇发酵、沼气发酵和发酵工程在环境保护中发挥着越来越重要的作用[8]。

二、发酵过程的基本要素

发酵过程的基本要素主要包括原料、微生物、发酵环境、温度、时间等，每个要素在发酵过程中都起着至关重要的作用。

（一）原料

原料是发酵过程的基础，为微生物提供必要的营养物质。根据所需发酵产品的不同，原料的种类和比例也会有所不同。例如，在酒精发酵中，常用的原料包括葡萄糖、果糖等简单糖类；而在面包或馒头的制作中，则主要使用面粉作为原料。

（二）微生物

微生物是发酵过程的核心，它们通过代谢活动将原料转化为目标产物。不同类型的发酵过程需要不同类型的微生物。例如，乳酸菌用于酸奶和泡菜的制作，酵母菌则用于面包、馒头和酒精的发酵。

（三）发酵环境

发酵环境对微生物的生长和代谢活动至关重要。这包括适当的溶氧量、酸碱度（pH）以及发酵容器的选择等。例如，好氧发酵需要充足的氧气供应，而厌氧发酵则需要在无氧或低氧环境下进行。

（四）温度

温度是影响微生物活性和发酵速率的关键因素。不同微生物对温度的需求不同，因此需要根据所选微生物的特性来设定合适的发酵温度。例如，酵母菌在温暖的环境下（约25～30 ℃）活性最佳。

（五）时间

发酵时间取决于微生物的活性、原料的性质以及目标产物的要求。过短的发酵时间可能导致转化不完全，而过长的发酵时间则可能导致产物的品质下降。因此，需要严格控制发酵时间以获得最佳的产品质量。

在发酵过程中，还需要注意其他关键步骤和事项，选择合适的微生物菌种，确保其具有高效的转化能力和良好的稳定性；对原料进行预处理，如粉碎、混合等，以提高发酵效率；

严格控制发酵条件，包括温度、溶氧量、酸碱度等，以维持微生物的最佳活性；定期监控发酵过程，及时调整发酵条件以确保目标产物的质量和产量；在发酵结束后，进行后处理如过滤、纯化等，以获得所需的产品。

三、发酵培养基

培养基是供微生物、植物和动物组织生长和维持用的人工配制的养料，其组成和配制是关键环节[9]。

（一）培养基的组成

培养基的成分主要包括水、营养物质、凝固物质、抑制剂和指示剂。

1. 水

水是培养基的主要溶剂，一般采用不含杂质的蒸馏水或离子交换水。

2. 营养物质

营养物质包括氮源、碳源、无机盐及生长因子等，为微生物提供生长繁殖所需的能量和合成菌体的原料。例如，蛋白胨、肉浸液、血液等都是常见的营养物质。

3. 凝固物质

在制备固体培养基时必须加入凝固物质，如琼脂、明胶等。目前认为最合适的凝固物质是琼脂。

4. 抑制剂

抑制剂能够抑制非检出菌的生长，有利于目标菌的生长。常见的抑制剂包括胆盐、煌绿等。

5. 指示剂

为了观察和鉴别细菌是否分解利用某些物质，如糖类、氨基酸等，常会在培养基中加入指示剂。

（二）培养基的配制方法

1. 确定配方

根据所需培养基的类型（如基础培养基、选择培养基等）和微生物的需求，确定各种营养物质的种类和比例。

2. 称量及混合

将各种成分按照比例混合在一起，加入适量的水进行溶解并定容。一些不易溶解的成分可能需要加热或调整 pH 来提高其溶解性。

3. 调节 pH

pH 通常在 6.5～7.5 之间，以确保微生物的正常生长。

4. 培养基分装

将配制好的培养基分装到适当的容器中，如试管、培养皿等。如果需要制备固体培养基，则在混合物中加入适量的凝固物质（如琼脂），加热使其融化后分装。

5. 培养基灭菌

采用高温高压灭菌方法进行灭菌。

（三）常见的培养基优化方法

1. 单因素法

单因素法原理是保持培养基中其他所有组分的浓度不变，每次只研究一个组分的不同水平对目标微生物生长或产物生成的影响。该方法简单易行，结果明了，能够直观地看出培养基组分对微生物的个体效应，但是忽略了组分间的交互作用，可能丢失最适宜的条件，不能考察因素的主次关系，实验因素较多时，需要大量实验和较长周期。

2. 正交实验设计

通过正交表来设计和分析多因素实验，找出各因素对实验结果的影响，并确定最佳的因素组合。该方法能够科学合理地安排实验，减少实验次数，找出主要影响因素，但不能在给出的整个区域上找到明确的函数表达式，即回归方程，进而无法找到整个区域上的最优值。对于多因素多水平实验，实施起来仍有一定困难。

3. 碳源和氮源的优化

碳源：试验不同的碳源类型和浓度，根据微生物的生长状况和产物产量来确定最佳碳源。

氮源：常用的氮源包括氨基酸、尿素、硝酸盐等，通过改变氮源种类和浓度来优化培养基。

4. 矿物质和生长因子的优化

矿物质：根据微生物的需求，调整培养基中的矿物质种类和浓度。

生长因子：了解微生物所需的生长因子（如维生素、辅酶等），并添加到培养基中，以提高微生物的生长速度和产物产量。

5. 调整 pH 和温度

pH：微生物对 pH 的要求较为敏感，因此需要优化培养基的 pH 以提供最适宜的生长条件。

温度：通过试验不同温度对微生物的影响，选择最佳的温度来优化培养基。

6. 添加表面活性剂

表面活性剂可以增强微生物与培养基之间的接触，促进气液传质。添加适量的表面活性剂可以提高微生物的生长速率和产物产量。

第四节　酶　工　程

酶工程是指从应用的目的出发研究酶，在一定生物反应装置中利用酶的催化性质，将相应原料转化成有用物质的技术，是生物工程的重要组成部分，主要指天然酶制剂在工业上的大规模应用，由 4 个部分组成：酶的产生、酶的分离纯化、酶的固定化及生物反应器[10]。

一、酶的分类与性质

酶是由活细胞产生的具有催化功能的蛋白质，是生物体内进行自我复制、新陈代谢不可缺少的生物催化剂，由于酶能在常温、常压、中性 pH 等温和条件下高度专一有效地催化底物发生反应，所以酶的开发和利用是当代生物技术革命中的一个重要课题。一切生命活动都是由生物体代谢的正常运转来维持的，而代谢中的各种反应都是在酶的参与下进行的，故酶是促进一切代谢反应的物质。

（一）酶的分类

1. 按酶的化学本质分类

按照化学本质的不同，酶可以分为两大类：一类主要由蛋白质组成的酶，称为蛋白类酶（p 酶）；另一类主要由核酸类物质（包括 RNA 和 DNA）组成的酶，称为核酸类酶（R 酶）。

2. 按酶催化反应类型分类

蛋白类酶（p 酶）的分类主要是根据目前已知的约 3000 种酶催化的反应类型和作用的底物，将酶分为氧化还原酶类、转移酶类、水解酶类、裂解（合）酶类、异构酶类、连接酶类六大类。

3. 按酶的作用底物分类

在酶工程研究初期，许多酶按照作用底物进行分类。如催化水解淀粉的酶叫淀粉酶，催化水解蛋白质的酶称为蛋白酶。有时还加上来源以区别来源不同的同一类酶，如胃蛋白酶、胰蛋白酶。

（二）酶的组成及结构特点

迄今为止，除了某些具有催化活性的 RNA 和 DNA 外，所发现的酶的化学本质均为蛋白质。按照化学组成，酶可分为简单蛋白酶（simple proteinases）和结合蛋白酶（conjugated proteinases）两大类。简单蛋白酶的活性仅仅取决于它们的蛋白质结构；结合蛋白酶除了蛋白质组分外，还含对热稳定的非蛋白小分子物质。前者称为酶蛋白（apoenzyme），后者称为辅助因子（co-factor）。酶蛋白与辅助因子单独存在时，均无催化活力。只有二者结合成完整的分子时，才具有酶活力。此完整的酶分子称为全酶（holoenzyme），即全酶=酶蛋白+辅助因子。

（三）酶催化反应特点

酶作为生物催化剂，与化学催化剂相比具有显著的特点。主要表现在三个方面，即高催化效率、强专一性及酶活性可调节。下面将分别论述。

1. 高催化效率

一般催化剂的催化能力比非催化剂高 $10\sim10^7$ 倍，而酶的催化能力比一般催化剂高 $10^7\sim10^{14}$ 倍。

2. 强专一性

大多数酶对所作用的底物和催化的反应都是高度专一的。不同的酶专一性程度不同，有些酶专一性很低（键专一性），如肽酶、磷酸（酯）酶、酯酶，可以作用很多底物，只要求化学键相同。大多数酶呈绝对或几乎绝对的专一性，它们只催化一种底物进行快速反应，如脲酶只催化尿素的反应或以很低的速度催化结构非常相似的类似物。

3. 调节性

酶活性的控制是代谢调节作用的主要方式，主要通过酶浓度的调节、激素调节、共价修饰调节、限制性蛋白水解作用于酶活力调控、抑制剂和激活剂的调节、反馈调节等方式进行控制调节。

二、酶技术

酶工程又称酶技术，它是随着酶学研究的迅速发展，特别是酶的应用推广使酶学和工程学互相渗透、结合而发展成的一门新的科学技术，是酶学、微生物学的基本原理与化学工程有机结合而产生的交叉性学科，是以应用目的为出发点来研究酶，利用酶的催化特性并通过工程化将相应原料转化为目的物质的技术。就酶工程本身的发展来说，包括下列主要内容[11]。

（一）酶的生产及酶生产中基因工程技术的应用

酶制剂的来源有微生物、动物和植物，但主要的来源是微生物。由于微生物比动植物具有更多的优点，因此一般选用优良的产酶菌株，通过发酵来产生酶。为了提高发酵液中的酶浓度，可通过选育优良菌株、构建基因工程菌、优化发酵条件来实现。

（二）酶的分离纯化

酶的分离提纯技术是当前生物下游技术的核心。采用各种分离提纯技术，从微生物细胞及其发酵液，或动植物细胞及其培养液中分离提纯酶，制成高活性的不同纯度的酶制剂，并通过研究新的分离提纯技术来获得能更广泛地应用于国民经济各个方面的高活性、高纯度和高收率的酶制剂。

（三）酶分子改造

酶分子改造（又称酶分子修饰）包括酶的化学方法修饰和生物技术方法修饰。针对酶稳定性差、抗原性强及药用酶在机体内的半衰期较短的缺点，采用各种修饰方法对酶分子结构进行改造，创造出天然酶所不具备的某些优良特性（如较高的稳定性、无抗原性或抗原性较低、抗蛋白酶水解等），以适用于医药的应用及研究工作的要求。甚至创造出新的酶活性，扩大酶的应用，从而提高酶的应用价值，达到较大的经济效益和社会效益。

（四）酶和细胞固定化

酶和细胞固定化研究是酶工程的主要任务之一。为了提高分离酶的稳定性、解决酶在水溶液中与底物反应后回收再用及便于产物的分离纯化问题，以及扩大酶制剂的应用范围，采用化学或物理学方法对酶进行固定化，使水溶性酶成为不溶于水，但仍具有酶活性状态的固定化酶，如固定化葡萄糖异构酶、固定化氨基酰化酶等，测定固定化酶的各种性质，并对固定化酶做各方面的应用与开发研究。固定化细胞是在固定化酶的基础上发展起来的，通过对微生物细胞、动物细胞和植物细胞进行固定化，制成各种固定化生物细胞。

（五）酶抑制剂、激活剂的开发及应用研究

许多类型的分子可能会干扰个别酶的活性，凡能降低酶催化反应速度的物质称为抑制剂，而能加快某种酶反应速度的物质称为激活剂。通过酶抑制剂或激活剂的开发应用研究有效阻断不必要或有害的反应，加速有用反应，并通过对一些抑制剂或激活剂对酶的作用机制的探讨，对酶的应用研究特别是对疾病治疗酶学的研究和医疗实践有着十分重要的意义。

（六）非水相介质中酶的催化

由于酶在有机介质中的催化反应具有许多优点，因此，近年来，对酶在有机介质中的催化反应的研究已受到许多人的重视，成为酶工程中的一个新的发展方向。对酶在有机介质中要呈现很高的活性所必须具备的条件以及有机介质对酶性质的影响的研究已取得重要进展。

（七）酶传感器（又称酶电极）

酶电极是由感受器（如固定化酶）和换能器（如离子选择性电极）组成的一种分析装置，用于测定混合溶液中某种物质的浓度。其研究内容包括酶电极的种类、结构与原理以及酶电极的制备、性质及其应用等。

（八）酶反应器

酶反应器是完成酶促反应的装置，其研究内容包括酶反应器的类型及特点，以及酶反应器的设计、制造及选择等。

（九）核酶、抗体酶、人工酶和模拟酶

一些核酸分子也可以有酶活性。核酶主要指一类具有生物催化功能的 RNA，也称 RNA 催化剂。抗体酶是一类具有催化活性的抗体，是抗体的高度专一性与酶的高效催化能力结合的产物。人工酶是用人工合成的具有催化活性的多肽或蛋白质。利用有机化学合成的方法合成了一些比酶结构简单得多的具有催化功能的非蛋白质分子，这些物质分子可以模拟酶对底物的结合和催化过程，既可以达到酶催化的高效率，又能克服酶的不稳定性，这样的物质分子称为模拟酶。

三、酶的修饰与改造

酶分子的修饰方法有金属离子置换修饰、大分子结合修饰、酶主链水解修饰（肽链有限水解修饰）、酶分子的侧链基团修饰、分子内或分子间交联以及氨基酸置换修饰等。

（一）金属离子置换修饰

通过改变酶分子中所含的金属离子，来改变酶的特性和功能。例如，可以将酰基化氨基酸水解酶的活力中心的 Zn^{2+} 置换为 Co^{2+}，从而改变酶的活性和特异性。

（二）大分子结合修饰

利用水溶性大分子与酶结合，改变酶的空间结构，从而改变酶的特性与功能。常用修饰剂包括右旋糖酐、聚乙二醇、肝素等。

（三）酶主链水解修饰

通过有限水解酶的肽链，来改变酶的空间结构，从而改变酶的特性和功能。可以使用专一性较强的蛋白酶或肽酶进行水解，或通过化学方法如乙二胺四乙酸（ethylenediaminetetra-acetic acid，EDTA）处理来实现部分水解。

（四）酶分子的侧链基团修饰

采用化学方法改变酶蛋白的侧链基团，从而改变酶的特性和功能。可以通过化学反应引入或去除某些基团，如乙酰化、磷酸化等，来改变酶的活性或稳定性。

（五）分子内或分子间交联

使用双功能试剂使酶分子内部或不同酶分子间发生交联，增强酶的稳定性和活性。

（六）氨基酸置换修饰

改变酶活力中心的氨基酸，从而改变酶的催化特性和底物特异性。这些修饰方法的目的在于人为地改变天然酶的一些性质，创造天然酶所不具备的某些优良特性，甚至创造出新的活性来扩大酶的应用领域并促进生物技术的发展。需要注意的是，不同修饰方法对酶性质的影响可能不同，而且修饰过程中需要考虑反应条件、修饰剂的选择以及修饰后的酶活性和稳定性等因素。此外，还有物理修饰方法，虽然不改变酶的化学结构，但通过改变酶分子的空间构象也能影响其特性和功能，这些方法包括高压处理、适当变性改变空间构象等。

四、酶的主要用途

（一）酶在医药方面的应用

1. 酶活力变化及疾病诊断

根据体内酶活力的变化诊断疾病，具体应用实例见表4-1。

表 4-1　酶活力变化及疾病诊断

酶的种类	疾病与酶活力变化
淀粉酶	胰脏疾病、肾脏疾病时升高；肝病时下降
胆碱酯酶	肝病、肝硬化、有机磷中毒、风湿等，活力下降
酸性磷酸酶	前列腺癌、肝炎、红细胞病变时，活力升高
碱性磷酸酶	佝偻病、软骨化病、骨肿瘤、甲状旁腺功能亢进时，活力升高；软骨发育不全等，活力下降
谷丙转氨酶	肝病、心肌梗死等，活力升高
谷草转氨酶	肝病、心肌梗死等，活力升高
醛缩酶	急性传染性肝炎、心肌梗死，血清中酶活力显著升高
脂肪酶	急性胰腺炎，活力明显升高；胰腺癌、胆管炎患者，活力升高
碳酸酐酶	坏血病、贫血等，活力升高
胃蛋白酶	胃癌，活力升高；十二指肠溃疡，活力下降

2. 用酶测定体液中某些物质的变化诊断疾病

人体在出现某些疾病时，代谢异常或者某些组织器官受到损伤会引起体内某些物质的量或者存在部位发生变化。通过测定体液中某些物质的变化，可以快速、准确地对疾病进行诊断。酶具有专一性强、催化效率高等特点，可以利用酶来测定体液中某些物质的含量变化，从而诊断某些疾病，如表4-2所示。

表 4-2　酶测定物质的量变化及疾病诊断

酶的种类	测定的物质	用途
葡萄糖氧化酶	葡萄糖	测定血糖、尿糖，诊断糖尿病
葡萄糖氧化酶+过氧化氢酶	葡萄糖	测定血糖、尿糖，诊断糖尿病
尿素酶	尿素	测定血液、尿液中尿素的量，诊断肝脏、肾脏病变
谷氨酰胺酶	谷氨酰胺	测定脑脊液中谷氨酰胺的量，诊断肝昏迷、肝硬化
胆固醇氧化酶	胆固醇	测定胆固醇含量，诊断高血脂等
DNA 聚合酶	基因	通过基因扩增，基因测序，诊断基因变异、检测癌基因

3. 酶在疾病治疗方面的应用

目前，许多酶制剂已广泛应用于疾病治疗方面，如表 4-3 所示。

表 4-3　酶在疾病治疗方面的应用

酶的种类	主要来源	用途
淀粉酶	胰脏、麦芽、微生物	治疗消化不良、食欲不振
蛋白酶	胰脏、胃、植物、微生物	治疗消化不良、食欲不振
脂肪酶	胰脏、微生物	治疗消化不良、食欲不振
纤维素酶	霉菌	治疗消化不良、食欲不振
溶菌酶	蛋清、细菌	治疗各种细菌性和病毒性疾病
核糖核酸酶	胰脏	抗感染、祛痰、治肝癌
尿酸酶	牛肾	治疗痛风

（二）酶在食品工业上的应用

1. 酶在食品保鲜方面的应用

食品保鲜是食品加工、食品运输、食品保藏中的重要课题，随着人们对食品各方面的要求越来越高和科学技术的不断进步，一种崭新的酶法保鲜技术越来越受到人们的关注和欢迎。酶法保鲜技术是利用酶的催化作用，防止或者消除各种外界因素对食品产生的不良影响，从而保持食品的优良品质和风味特色的技术。酶可以广泛地应用于各种食品的保鲜，有效地防止外界因素，特别是氧和微生物对食品所造成的不良影响。

2. 酶在淀粉类食品生产方面的应用

淀粉类食品是指含有大量淀粉或者以淀粉为主要原料的加工制成的食品，是世界上产量最大的一类食品。淀粉可以在各种淀粉酶的作用下，水解生成糊精、低聚糖、麦芽糖和葡萄糖等产物；或者经过葡萄糖异构酶、环状糊精葡萄糖基转移酶等的作用生成果葡糖浆、环状糊精的产物。常见有葡萄糖的生产、果葡糖浆的生产、糊精、麦芽糊精的生产等。

3. 酶在蛋白质类食品生产方面的应用

蛋白质是食品中的主要营养成分之一。以蛋白质为主要成分或以蛋白质为主要原料加工而成的食品称为蛋白质类食品，如乳制品、蛋制品、鱼制品和肉制品等。酶在蛋白质制品加工方面的应用很广泛。在蛋白质类食品的生产过程中应用的酶主要有蛋白酶和乳糖酶等。蛋白酶是一类催化蛋白质水解的酶，根据蛋白酶的来源不同，可以分为动物蛋白酶（如胰蛋白酶、胃蛋白酶等）、植物蛋白酶（如木瓜蛋白酶、菠萝蛋白酶等）、微生物蛋白酶（如枯草杆菌蛋白酶、黑曲霉蛋白酶）等。

（三）酶在环境保护方面的应用

保护和改善环境质量是人类面临的重大课题。酶在环境监测方面的应用越来越广泛，常见的应用有利用胆碱酯酶检测有机磷农药污染、利用乳酸脱氢酶的同工酶检测重金属污染、利用亚硝酸还原酶检测水中亚硝酸盐浓度等。目前应用于各个领域的高分子材料大多数是生物不可降解或不可完全降解的。这些高分子材料被使用以后就成为固体废弃物，对环境造成严重的影响。利用酶在有机介质中的催化作用合成的可生物降解材料主要有：利用脂肪酶的有机介质催化合成聚酯类物质、聚糖酯类物质；利用蛋白酶或脂肪酶合成多肽类或聚酰胺类物质等。

思 考 题

1. 请举两个基因工程应用的具体例子，并加以简单说明。

2. 进行一次完整的基因工程操作涉及哪些主要的因素？包括哪些操作步骤？

3. 借助于基因工程技术可以改造生物的某些性状。在生产实践中，获取集高产、抗逆以及优良品质于一身的超级转基因农作物却非常困难。谈谈你对这一问题的看法。

4. 离体培养细胞与体内细胞相比发生了哪些变化？

5. 讨论核移植技术的应用现状及其发展前景。

6. 现代发酵的定义是什么？什么是发酵技术？

7. 酶工程的应用有哪些？

8. 生物技术当前面临哪些问题？

参 考 文 献

[1]   张惠展. 基因工程[M]. 4 版. 上海: 华东理工大学出版社, 2017.

[2]   郑振宇, 王秀利. 基因工程[M]. 武汉: 华中科技大学出版社, 2015.

[3]   常重杰, 杜启艳. 基因工程原理与应用[M]. 北京: 中国环境科学出版社, 2003.

[4]   杨吉成. 细胞工程[M]. 北京: 化学工业出版社, 2007.

[5]   王蒂. 细胞工程学[M]. 北京: 中国农业出版社, 2003.

[6]   王蒂. 细胞工程实验教程[M]. 北京: 中国农业出版社, 2007.

[7]   欧阳平凯, 曹竹安. 发酵工程关键技术及其应用[M]. 北京: 化学工业出版社, 2005.

[8]   姜锡瑞, 霍兴云. 生物发酵产业技术[M]. 北京: 中国轻工业出版社, 2016.

[9]   韩北忠. 发酵工程[M]. 北京: 中国轻工业出版社, 2012.

[10]   刘乙卿, 俞如旺. 现代酶工程技术概述[J]. 生物学教学, 2024, 49(04): 10-13.

[11]   宋思扬, 左正宏. 生物技术概论[M]. 5 版. 北京: 科学出版社, 2020.

第一节　形状记忆材料

　　形状记忆材料是一种具有形状记忆效应的工程材料，它属于智能功能材料的范畴，集传感和驱动功能于一体。这种材料具备记忆其原始形状的能力，即当它在一定条件下经过塑性变形后，通过加热至特定温度，它可以完全恢复到其原始形状[1]。这种形状转变和恢复的过程是可以重复进行的，因此形状记忆材料展现出了出色的记忆形状的特性。例如，图 5-1 所示即为用形状记忆合金制成的天线[1]。

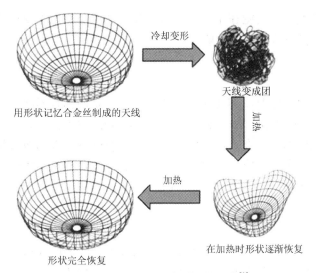

冷却变形

天线变成团

加热

用形状记忆合金丝制成的天线

加热

在加热时形状逐渐恢复

形状完全恢复

图 5-1　形状记忆合金制成的天线[1]

一、形状记忆效应

　　形状记忆效应是一种特殊的物理现象，主要发生在某些合金材料中。具体来说，当这些合金材料经历马氏体相变并发生形变后，如果将其加热到奥氏体相变结束温度，原本低温的马氏体将逆变为高温母相，从而使材料恢复到形变前的固有形状。此外，在随后的冷却过程中，这些材料还可能通过内部弹性能的释放返回到马氏体形状。

　　形状记忆效应的本质主要源于热弹性马氏体相变的可逆性[1]。这种相变允许材料在经历塑性变形后，通过加热的方式恢复到原始形状。值得注意的是，形状记忆效应并非所有金属材料都具备，而是特定类型的合金，如形状记忆合金，才展现出这种特性。

形状记忆效应可以根据其在加热和冷却过程中的表现进行分类，如单程记忆效应、双程记忆效应和全程记忆效应等。这些不同的效应类型进一步丰富了形状记忆效应的应用场景和潜力。单程记忆效应是一种特殊的材料性质，主要发生在形状记忆合金中。这种效应具体表现为：当材料在高温下被制成某种形状后，在低温下经历变形，随后再加热到一定的温度时，材料能够恢复其原始的高温相形状。然而，当材料重新冷却时，它不会恢复到低温变形后的形状，而是保持其高温相的形状。简而言之，单程记忆效应使得材料"记住"了其在高温下的形状。这种效应的实现依赖于材料的相变特性。在高温下，材料处于奥氏体相，具有一种稳定的形状。当温度降低时，材料发生马氏体相变，此时其产生塑性形变。但一旦重新加热，材料会经历逆马氏体相变，恢复到原始的奥氏体相形状。

单程记忆效应在多个领域都有应用，特别是在需要材料具有特定形状记忆能力的场合，如航空航天、医疗器械和机械工程等领域。通过利用这种效应，可以设计出更为复杂和精细的形状记忆合金结构，以满足特定的工程需求。需要注意的是，双程记忆效应和全程记忆效应有所不同。双程记忆效应是指材料在加热和冷却过程中能够可逆地恢复高低温相的形状，而全程记忆效应则涉及材料在冷却时变为与高温相形状相同但取向相反的形状。这些效应都基于材料的相变特性，但表现出不同的形状记忆行为。

二、如何获得形状记忆效应？

要获得形状记忆效应，关键在于合金的组成和热处理过程。简单而言，我们通过以下步骤和条件介绍形状记忆效应获得的一般流程。

（一）合金选择

在获得形状记忆效应之前，需要探索合金的配比，获得具有形状记忆效应的合金。这些神奇的合金，它们通常是由镍、钛、铜、铝等多种元素精心配比而成，通过精确的化学配比，形成一种具有特定晶体结构的合金，使它们能在不同温度下展现出令人惊叹的可逆相变。例如，镍钛合金（NiTi）作为一种典型的形状记忆合金，其独特的晶体结构使其在高温下能够形成奥氏体相，而在低温下则转变为马氏体相，这一转变正是实现形状记忆效应的关键。

（二）制备工艺

合金需要通过特定的制备工艺进行加工，如通过熔炼、铸造或粉末冶金等工艺，可以精确地控制合金的微观结构，从而确保合金具有所需的晶体相和性能。在这个过程中，温度、压力、时间等参数的精确控制至关重要，它们将直接影响到合金的晶体结构和性能。

（三）热处理

热处理是获得形状记忆效应的关键步骤。在这个过程中，合金需要在高温下进行固溶处理，使元素之间的化学反应达到平衡状态。接着，通过快速冷却至低温，合金将形成马氏体相。这个过程被形象地称为合金的"训练"或"编程"，因为它使合金能够记忆其高温相的形状。在这个过程中，需要精确控制热处理的温度和时间等参数。过高的温度或过长的时间可能导致合金的晶体结构发生不可逆的变化，从而影响到其形状记忆效应。而过低的温度或过短的时间则可能无法使合金形成所需的马氏体相。因此，热处理工艺的优化对于获得形状记忆效应至关重要。

（四）塑性变形

在低温下，合金展现出了极高的塑性。此时，科学家们可以对合金进行各种塑性变形操作，如弯曲、拉伸或压缩等。由于马氏体相具有较高的塑性，合金可以在此时进行较大的变形而不发生断裂。这种柔韧之美使得合金在形状记忆效应的应用中展现出无限的可能性。

（五）加热恢复

当变形后的合金被加热至奥氏体相变结束温度以上时，它将发生逆相变，由马氏体相转变为奥氏体相。在这个过程中，合金将恢复其原始的形状，即展现出形状记忆效应。这一神奇的现象使得合金在多个领域展现出广泛的应用前景。在加热恢复的过程中，可以通过控制加热速度和温度等参数来精确控制合金的恢复速度和程度。这使得形状记忆合金在智能材料、传感器、驱动器等领域展现出广泛的应用潜力。

需要注意的是，形状记忆效应的实现受到多种因素的影响，如合金的成分、热处理条件、变形量以及加热速率等。因此，在实际操作中，可能需要通过试验和优化来找到最佳的工艺参数和条件。

三、形状记忆材料及其应用

形状记忆材料是一类特殊的智能材料，它能够感知并响应环境的变化，如温度、力、电磁等刺激，进而调整其力学参数，如形状、位置和应变等，以恢复到预定的状态[2]。这种材料最为显著的特点是它的形状记忆效应，即在一定的条件下，它能够"记住"其原始形状，并在受到特定刺激时恢复该形状。

形状记忆材料之所以具备这样的特性，主要归因于其内部的晶体结构变化。以形状记忆合金为例，这种材料在高温和低温状态下具有不同的晶体结构。在高温下，合金可以被塑造成各种形状；而在低温下，即便合金的形状被改变，只要重新加热到特定的温度，它就能够恢复到原来的形状。形状记忆材料根据其成分可以分为形状记忆合金、形状记忆陶瓷、形状记忆聚合物和形状记忆复合物。

（一）形状记忆合金

形状记忆合金是一种具有形状记忆特性的特殊金属合金材料。它通过热弹性与马氏体相变及其逆变，展现出独特的形状记忆效应[3]。这种合金在经历一定的变形后，能够回到其原始形状，这种特性被称为"形状记忆"。此外，形状记忆合金还具有弹性好、耐腐蚀、高温稳定性强等特点。

形状记忆合金的制备方法有多种，包括等离子弧熔炼法、电弧熔炼法和热机械变形法等。这些方法各有优缺点，可以根据具体需求和条件选择适合的制备方法。形状记忆合金在各个领域都有广泛的应用，尤其在医疗器械、航空航天、汽车工业和建筑工程等领域具有广阔的应用前景。例如，在医疗器械方面，形状记忆合金可以用于制造手术钳、夹子、针头等，这些器械的特性是可以在使用时恢复原始形状，避免因使用过度而变形。此外，形状记忆合金还可以用于制造人工心脏、探测器、人工血管等高精度、高速度的产品[2]。

（二）形状记忆陶瓷

形状记忆陶瓷是一种具有独特特性的新型功能材料。它能够在特定的条件下，如温度、电场等作用下，发生形状的变化并在适当的触发条件下恢复到原来的形状。形状记忆陶瓷多以氧化锆为主要成分。

形状记忆陶瓷的原理主要基于陶瓷晶体的相变行为。通过精确控制陶瓷材料的晶粒结构，在特定的温度和应力条件下，材料能够发生可逆的形状变化。这种变化过程类似于记忆行为，因此得名形状记忆陶瓷。

形状记忆陶瓷具有很强的记忆功能，可以记住自己的原始形状。即使在外力作用下发生形变，当满足特定的触发条件时，它能够迅速恢复到原来的形状，这一特性在需要保持形状稳定性的应用中非常有用。形状记忆陶瓷具有优异的力学性能和稳定性，它有较高的强度和韧性，能够承受较大的压力和负荷，同时有较好的化学稳定性和耐磨损性，使得它在复杂和恶劣的环境下也能保持稳定的性能。形状记忆陶瓷还具有广泛的应用领域。例如，在航空航天领域，它可以用于制造智能结构件，如自适应机翼和可变形航天器。在生物医疗领域，它可以用于制造智能医疗器械和生物传感器。在电子领域，它可以用于制造形状可调的电子元件和智能电路。

（三）形状记忆聚合物

形状记忆聚合物（shape memory polymer，SMP）能够在一定的条件下改变其初始形状并固定，随后通过外界刺激（如热、电、光、化学感应等）又可恢复其初始形状。这种特性使得形状记忆聚合物在多个领域具有广泛的应用前景。

形状记忆聚合物的制备主要依赖于交联法、共聚法和分子自组装法等。这些方法使得形状记忆聚合物具有质轻价廉、便于制造加工、优异的力学性能及良好的生物相容性和生物可降解性等特点。

根据化学结构的不同，形状记忆聚合物可分为热塑性 SMP 和热固性 SMP。其中，热塑性 SMP 在加热时可以变形并在冷却时固定形状，而热固性 SMP 则通过化学反应形成交联网络，具有更高的形状记忆性能。

在生物医学领域，形状记忆聚合物因其良好的生物相容性和生物可降解性而被广泛应用于医疗器械、矫形固定和药物释放等方面。例如，聚氨酯基形状记忆聚合物支架可以显著降低血管再次变窄的风险，并与人体具有良好的相容性。此外，形状记忆聚合物还可以用于制作固定器具、亚矫形材料、导尿管及血管封闭材料等。

除生物医学领域外，形状记忆聚合物在航空航天、仿生工程、电子元件和智能机器人等领域也展现出巨大的应用潜力。例如，在航空航天领域，形状记忆聚合物可用于制造具有自适应变形能力的结构件，以适应不同环境条件下的形状变化需求。在仿生工程领域，形状记忆聚合物可以模拟生物体的形状变化行为，为仿生机器人的设计和制造提供新的思路。

此外，随着 3D/4D 打印技术的发展，形状记忆聚合物与打印技术的结合为制造具有复杂形状和功能的器件提供了新的可能性。例如，利用形状记忆聚合物的特性，可以通过打印技术制造出能够在特定条件下发生形状变化的器件，实现更复杂的功能和应用。

（四）形状记忆复合物

形状记忆复合物是一种特殊的智能材料，它结合了形状记忆功能与复合材料的优势。这类材料能够在特定条件下改变其形状并固定，随后在受到外部刺激（如热、电、光等）时恢复到其原始形状。这种独特的记忆特性使得形状记忆复合物在多个领域具有广泛的应用潜力。

　　具体来说，形状记忆复合物在航空航天领域可以用于制造自适应的机翼、太阳能电池板等部件，能够根据环境或需求进行形状调整。在生物医学领域，形状记忆复合物可以应用于制作支架、植入物等医疗器械，其形状可根据患者需求进行定制，同时其生物相容性也保证了其在医疗应用中的安全性[4]。此外，在4D打印、柔性机器人等领域，形状记忆复合物也展现出了巨大的应用前景。

第二节　超导材料

一、超导现象

　　超导现象是一种物质在特定条件下电阻突然降为零的现象。这一现象最早在1911年由荷兰物理学家海克·卡末林·昂内斯发现，他在对金属汞进行低温实验时，发现当温度降低到4.2 K（零下268.95 ℃）时，汞的电阻突然降为零。超导现象中物质所处的状态被称为超导态[5]。在一定条件下，对材料通以直流电流时，材料失去电阻的性能，被称为材料的超导电性。而具有超导电性的材料则称为超导材料，图5-2为液氮下的超导材料。

图5-2　液氮下的超导材料

　　超导现象的发现，开启了人类对于材料性质探索的新篇章。科学家们对此现象的研究不断深化，不仅揭示了超导现象背后的物理机制，也推动了超导材料的应用和发展。在超导态下，材料电阻的消失使得电流可以无损地通过，这为电力传输带来了革命性的改变。

　　然而，超导现象的实现条件极为苛刻，需要极低的温度和特定的材料。因此，科学家们正在致力于研究高温超导材料，以降低超导现象的实现难度，推动超导技术的广泛应用。

二、超导特性

（一）零电阻特性

　　超导材料最显著的特性之一是零电阻特性。在超导状态下，电流可以在材料中无阻力地流动，不会因电阻而产生热量损失。这是因为超导材料中的电子在低温下形成了库珀对，这些库珀对可以无阻碍地通过晶格，导致电阻消失，如图5-3所示。

　　当材料在一定磁场中，达到某一临界温度时，材料产生超流电子，它们的运动是无阻的，超导体内部的电流全部来自超流子的贡献，它们对正常电子起到短路作用，正常电子不载荷电流，所以样品内部不存在电场，使材料没有电阻效应，宏观上没有电阻[5]。超导材料的临界温度（T_c）是指材料转变为超导状态所需的最低温度。

（二）完全抗磁性

　　超导材料还具有完全抗磁性，也称为迈斯纳效应。不论开始时有无外磁场，只要$T < T_c$，超导体变为超导态后，体内的磁感应强度恒为零，即超导体能把磁力线全部排斥到体外，这种现象称为迈斯纳效应。材料进入超导态后，不允许磁场存在于它的体内，这样，超导体在磁场中的行为，将与加磁场的次序无关，或者说与历史无关，不同于理想导体。

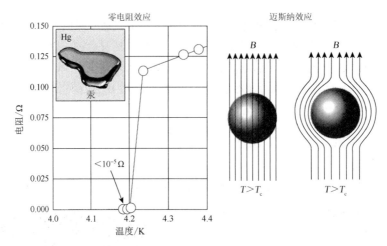

图 5-3　超导材料的零电阻效应和迈斯纳效应

当超导体处于超导态时，在磁场作用下，表面产生一个无损耗感应电流，该电流产生的磁场恰与外加磁场大小相等、方向相反，因而总合成磁场为零。

（三）宏观量子效应

超导材料的其中一个重要特性是宏观量子效应。在超导状态下，电子的行为表现出量子相干性，这使得超导材料具有一些宏观的量子现象，如约瑟夫森效应和量子干涉效应。

约瑟夫森效应是超导材料宏观量子效应的一个重要方面。这一效应是指在超导环路中，当环路两侧的电压差达到一定程度时，环路中的电流会突然发生跃变，从一个稳定状态跳变到另一个稳定状态。这种电流跃变的现象正是量子相干性在宏观尺度上的直观表现。约瑟夫森效应的发现不仅为超导电子学的发展奠定了基础，也为量子计算等前沿领域的研究提供了重要的支持。

此外，量子干涉效应也是超导材料宏观量子效应的另一个重要方面。在超导材料中，电子波函数可以相互叠加并产生干涉现象，这种干涉现象使得超导材料在电磁场中具有特殊的响应特性。例如，在超导量子干涉器件（superconducting quantum interference device，SQUID）中，通过利用量子干涉效应，可以实现对微弱磁场的极高灵敏度检测，这种技术在地质勘探、生物磁学等领域具有广泛的应用前景。

（四）高临界温度和高压强

虽然大多数超导材料需要在非常低的温度下才能表现出超导特性，但也有一些材料具有较高的临界温度，这使得它们在较高的温度下也能保持超导状态[6]。此外，一些超导材料在高压下也能表现出超导特性。

高温超导材料如铜氧化物和铁基超导材料等具有较高的临界温度，可以在相对较高的温度下保持超导状态。这使得它们在电力传输等领域具有潜在的应用价值。同时，一些金属氢化物等超导材料在高压下表现出超导特性，这为探索新型超导材料提供了更广阔的空间[7]。

三、超导材料的分类

超导材料根据其结构和性质的不同，可以分为以下几类。

（一）经典型超导材料

经典型超导材料是指在低温下出现超导现象的最早期材料，其超导转变温度较低。最典型的超导材料是铅和汞，它们的超导转变温度分别为 7.2 K 和 4.2 K。这些材料的超导性质可以用巴丁（Bardeen）、库珀（Cooper）和施里弗（Schrieffer）建立的量子理论（即 BCS 理论）来解释，即库珀对的形成和电子-声子相互作用导致电阻为零。

（二）高温超导材料

高温超导材料是指超导转变温度较高的材料，与传统的低温超导材料相比，高温超导材料在相对较高的温度下就能表现出超导性，通常超过液氮的沸点（77 K）。最早发现的高温超导材料是铜氧化物，如 $YBa_2Cu_3O_7$。随后，又发现了许多其他的高温超导材料，如 $Bi_2Sr_2Ca_2Cu_3O_{10}$ 和 $Ti_2Ba_2CuO_6$。高温超导材料的发现引起了广泛的研究兴趣，因为其超导转变温度的提高为实际应用提供了可能性。

（三）有机超导材料

有机超导材料是指以有机分子为主要成分的超导材料。最早发现的有机超导材料是 TTF-TCNQ，其超导转变温度约为 0.5 K。随后，又发现了许多其他的有机超导材料，如 BEDT-TTF 和 C_{60}。有机超导材料的研究为了解有机分子之间的电子传导机制和设计新型有机超导材料提供了重要线索。

（四）铁基超导材料

铁基超导材料是指以铁为基础的超导材料。与高温超导材料不同，铁基超导材料的超导转变温度通常在液氮温度以下。最早发现的铁基超导材料是 $LaFeAsO_{1-x}F_x$，其超导转变温度约为 26 K。随后，又发现了许多其他的铁基超导材料，如 $BaFe_2As_2$ 和 FeSe，其超导转变温度可以高达 55 K。铁基超导材料的研究为理解超导机制和发展新型超导材料提供了重要参考。

（五）钙铁氧化物超导材料

钙铁氧化物超导材料是指以钙铁氧化物为主要成分的超导材料。最早发现的钙铁氧化物超导材料是 $La_{2-x}Sr_xCuO_4$，其超导转变温度约为 40 K。随后，又发现了许多其他的钙铁氧化物超导材料，如 $YBa_2Cu_3O_7$ 和 $HgBa_2Ca_2Cu_3O_8$。钙铁氧化物超导材料的研究为了解复杂氧化物体系的超导性质提供了重要实验依据。

四、超导材料的应用

（一）电力传输

超导材料在电力传输领域的应用是最为广泛的。由于超导材料在超导状态下电阻为零，这意味着电流在传输过程中不会产生热损失，因此能大大提高电力传输效率。例如，传统的电缆在传输电能时，由于电阻的存在，会有大量的电能转化为热能而损失。而使用超导电缆，这种损失可以大大减少，从而提高能源利用效率[8]，如图 5-4 所示。

图 5-4 氢电混输超导直流能源测试现场[8]

（二）磁悬浮列车

超导材料也被广泛应用于磁悬浮列车中。磁悬浮列车利用超导磁体和电磁悬浮原理，使列车在轨道上实现无接触悬浮和高速运行。与传统列车相比，磁悬浮列车具有更高的运行速度和更低的噪声、振动和磨损。例如，上海的磁悬浮列车就是使用超导材料实现的高速磁悬浮交通系统。

（三）医学成像

在医疗领域，超导材料也被用于磁共振成像（magnetic resonance imaging，MRI）设备中。MRI 设备使用超导磁体产生强大的磁场，使人体内的氢原子核发生共振，从而获取人体的内部结构信息。超导磁体具有高稳定性和高均匀性，可以提高图像的分辨率和诊断精度。

（四）电子器件

超导材料在电子器件方面的应用包括超导计算机、超导天线、微波滤波器等。例如，高温超导滤波器已被用于提高移动通信的信噪比，改善通信质量。超导材料也可以用于制造超导电机和发电机。与传统的电机和发电机相比，超导电机和发电机具有更高的效率、更高的功率密度和更小的体积。例如，超导风力发电机可以在风速较低的情况下依然保持高效发电，从而提高风力发电的效率和可靠性。

（五）超导储能系统

超导储能系统是一种利用超导材料存储电能的系统。由于超导材料在超导状态下电阻为零，所以它可以在非常短的时间内存储和释放大量的电能。这使得超导储能系统在电力系统中具有重要的作用，可以用于平衡电力负荷、稳定电网频率等。例如，在风力发电或太阳能发电系统中，由于风能和太阳能的不稳定性，会导致电力输出的波动。通过使用超导储能系统，可以将多余的电能存储起来，在电力需求高峰时释放，从而稳定电力输出。

第三节 纳 米 材 料

一、纳米材料的分类

纳米（nm）是一种长度单位，1 nm 等于 10^{-9} m，约比化学键长度大一个数量级。纳米体系是联系原子、分子和宏观体系的中间环节，给人们认识自然提供了一个新的层次。

纳米材料是在三维空间中至少有一维处于纳米尺度范围（1～100 nm）或以该尺度的物质作为基本单元构成的材料。纳米材料有多种形态，包括纳米颗粒、纳米管、纳米薄膜、纳米线等[9]。它们可以由不同的方法和技术制备而成，如溶剂沉积、气相沉积、物理蒸发、化学合成等。纳米材料具有许多特殊的性质和应用。由于纳米尺度的尺寸效应和表面效应，纳米材料的力学、光学、电学、磁学、热学等性质与宏观材料有所不同。在众多领域中应用前景较为广泛。

纳米材料按照维数主要可以分为零维纳米材料、一维纳米材料和二维纳米材料[10]。

（一）零维纳米材料

零维纳米材料在三维空间中三个维度的尺度均在纳米级别。典型的例子包括纳米颗粒、原子团簇、人造超原子及纳米尺寸的空洞等。零维纳米材料也被称为纳米粉末、超微粉或超细粉，其粒度通常小于 100 nm。这类材料具有介于原子、分子与宏观物体之间的物态特性，因此在量子计算、太阳能电池以及生物医学检测等领域具有广泛的应用潜力。

（二）一维纳米材料

一维纳米材料在三维空间中有两维的尺度处于纳米级别，通常呈现纤维状。这类材料包括纳米丝（线）、纳米棒、纳米管、纳米带及同轴电缆等。这些材料具有较大的长度和纳米尺度的直径，因此在微导线、微光纤（未来量子计算机与光子计算机的重要元件）材料以及新型激光或发光二极管材料等领域有着广泛的应用。

（三）二维纳米材料

二维纳米材料在三维空间中仅有一维的尺度处于纳米级别。这类材料包括超薄膜、多层膜、超晶格及分子束外延膜等。二维纳米材料较早进入研究者的视线，随着薄膜光电器件等的兴起与发展，其重要性也日益凸显，如图 5-5 所示为不同温度下制备不同维度 ZnO 纳米结构的生长过程[10]。

除按照维数分类，纳米材料还可以根据化学成分、材料物性及应用领域等多种方式进行分类。例如，按照化学成分可分为纳米金属、纳米非金属、纳米塑料、纳米陶瓷、纳米高分子和纳米复合材料等。这些不同分类方式有助于我们更全面地理解纳米材料的特性与潜在应用，进而推动纳米科技的持续发展。

二、纳米材料的特性

纳米材料组成单元微小致使其在物理、化学和生物学等方面具有独特的性质和行为，与宏观材料相比表现出不同的特性，主要表现出以下几个方面。

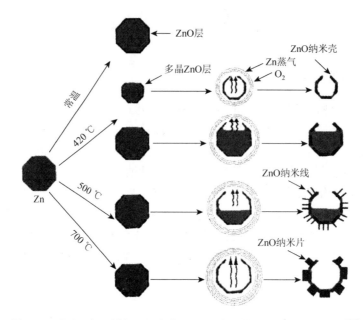

图 5-5　不同温度下制备不同维度 ZnO 纳米结构的生长过程示意图[10]

（一）表面与界面效应

由于纳米材料的尺寸小，表面原子数量相对增多，导致表面原子数占总原子数的比例急剧增大。这使得纳米材料具有巨大的比表面积，进而出现一些奇特的现象，如金属纳米粒子在空中会燃烧，无机纳米粒子能吸附气体等。

（二）小尺寸效应

当纳米微粒的尺寸与光波波长、传导电子的德布罗意波长等物理特征尺寸相当或更小时，其周期性边界被破坏，从而展现出独特的光学、电学、磁学、热力学等性能。例如，铜颗粒在纳米尺寸下变得不能导电，而绝缘的二氧化硅颗粒在 20 nm 时却开始导电。

（三）量子尺寸效应

当纳米粒子的尺寸达到纳米量级时，费米能级附近的电子能级由连续态分裂成分立能级。当能级间距大于热能、磁能等能量时，纳米材料会展现出量子效应，导致其磁、光、声、热、电、超导性能发生显著变化。

（四）宏观量子隧道效应

纳米粒子具有穿越宏观系统势垒的能力，这种效应被称为宏观量子隧道效应。这种效应在纳米粒子的磁化强度等方面也有体现。在物理学中，势垒通常指的是阻碍粒子运动的能量屏障。然而，纳米粒子却似乎不受这一规律的束缚，它们能够突破这些势垒，展现出一种非凡的穿越能力。这种能力并非无的放矢，而是基于量子力学中的隧道效应原理。隧道效应，即粒子在能量不足以越过势垒时，仍有一定的概率"穿越"势垒，达到另一侧的现象。在纳米粒子中，这一效应尤为显著，使得它们能够轻松跨越原本难以逾越的势垒。

三、纳米材料的应用

纳米材料的应用极为广泛，几乎涉及了现代科技的各个领域，以下是纳米材料应用的一些主要方面。

（一）医学领域

在医学领域，纳米材料以其独特的性能和潜力，正逐渐改变着疾病治疗与诊断的格局。它们如同微小的"魔法师"，为现代医学注入了新的活力。纳米材料可以作为药物载体，精确地将药物输送到目标细胞或组织中，大大提高了药物的疗效，并显著减轻了副作用。这种精准输送的方式，使得药物能够更有效地针对疾病源头，从而提高了治疗效果。

具体来说，纳米药物载体可以利用其微小的尺寸和特殊的表面性质，与细胞或组织进行高效的结合和释放。同时，纳米材料还可以实现药物的缓释和控释，使得药物在体内能够持续、稳定地发挥作用。这种药物输送方式不仅提高了药物的利用率，还降低了药物对正常细胞的损伤，从而减轻了患者的痛苦。

除作为药物载体外，纳米材料在疾病诊断方面也展现出了巨大的潜力[11]。例如，纳米生物传感器可以检测生物标志物、病毒、细菌等，这为疾病的早期发现和治疗提供了有力的支持。这些传感器具有高灵敏度、高选择性和快速响应的特点，能够在极短的时间内检测出疾病标志物，从而帮助医生及时做出诊断。

（二）能源领域

在能源领域，纳米材料同样展现出其独特的优势。它们被广泛应用于制造高效能的太阳能电池，通过吸收更多的光线并将其转化为电能，提高了太阳能的利用率。同时，纳米材料还能提高燃料电池的效率和稳定性。通过优化燃料电池内部的电极材料和催化剂，纳米材料能够显著提高燃料电池的电流密度和能量密度，从而提高燃料电池的效率和稳定性。同时，纳米材料还能降低燃料电池的成本，延长其使用寿命，为清洁能源的推广和应用提供有力的支持。

（三）环保领域

在环保领域，纳米材料的应用也同样引人注目。它们可以用于污水处理，高效去除和降解有机污染物，改善水质。纳米材料具有强大的吸附和催化能力，能够迅速将污水中的有害物质转化为无害物质，从而达到净化水质的目的。

（四）空气净化领域

在空气净化领域，纳米光催化技术可以去除空气污染物，减少其对人体的危害。纳米光催化材料能够在光照条件下产生强烈的氧化能力，将空气中的有害物质分解为无害物质，从而达到净化空气的目的。

（五）其他领域

除在医学、能源和环保领域的应用外，纳米材料还在家电、电子计算机、建筑、交通和机械工业等领域发挥着重要的作用。例如，在家电领域，纳米材料可以提高家电产品的抗菌、除味、防腐等性能，使家电产品更加健康、环保和耐用。在电子计算机领域，纳米材料的应用使得电子产品能够变得更小巧、性能更高，推动了电子技术的不断发展和创新。

此外，纳米材料还可以用于环境监测，制造纳米传感器和纳米吸附剂，以高效、准确地检测环境中的有害物质。这些传感器和吸附剂具有高度的灵敏性和选择性，能够实时监测环境中的污染物浓度和种类，为环境保护提供了有力的技术支撑。

第四节　石墨烯材料

一、石墨烯的发展历史

石墨烯是一种由单层碳原子组成的二维纳米材料，具有极高的导电性、热导率、机械强度和化学稳定性，同时还具有其他许多独特的性质，如量子霍尔效应、量子隧穿效应等。石墨烯的结构类似于石墨，但是只有一个原子层厚度。石墨烯的碳原子排列呈六角形，形成一个类似于蜂窝的结构，这种结构使得石墨烯具有很高的表面积和可控的孔隙结构，从而具有很强的吸附能力。石墨烯材料如图 5-6 所示。

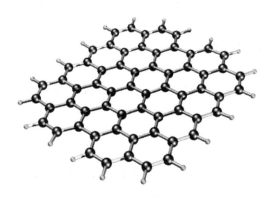

图 5-6　石墨烯材料

1947 年，石墨烯的概念首次被提出，但当时并没有深入研究。从 20 世纪 60 年代开始，德国化学家 Hanns-Peter Boehm 等持续进行石墨烯的实验研究，但仍然无法成功分离出石墨烯[12]。2004 年，Andrei Geim 和 Konstantin Novoselov 通过透明胶带成功地从石墨表面剥离出单层石墨烯，并证明了其存在。他们的发现引起了广泛的关注，并于 2010 年获得诺贝尔物理学奖[12]。

自 2004 年以来，石墨烯的研究飞速发展。研究人员发现了石墨烯的许多独特性质，例如高导电性、高热传导性、极高的机械强度等，使其具有广泛的应用潜力。石墨烯在材料科学、电子学、能源存储、生物医学等领域都有重要的应用。目前，石墨烯的研究仍在进行中，科学家们正在探索更多的石墨烯衍生物和应用方式，以进一步推动其发展。

二、石墨烯的结构和性质

石墨烯是一种由单层碳原子通过 sp^2 杂化形成的二维六角形蜂窝晶格结构材料。每个碳原子与其他三个碳原子形成共价键，构成了一个稳定的六角形环状结构，类似于苯环[13]。这种结构赋予了石墨烯高强度和良好的韧性，同时保证了其结构的稳定性。石墨烯的碳-碳键长约为 0.142 nm，每个晶格内有三个 σ 键，连接十分牢固。垂直于晶面方向的 π 键在石墨烯的导电过程中起着重要的作用。

石墨烯是一种由碳原子组成的二维材料，这些碳原子以六边形的形式密集排列成一个平面。它是石墨的基本结构单位，但与石墨不同的是，石墨烯具有许多独特的物理和化学性质，这使得它在电子工业、材料科学和其他高科技领域具有巨大的潜力。石墨烯的优异性质主要包括以下几个方面。

（一）高导电性

石墨烯的高导电性是由其独特的电子结构所决定的。在石墨烯中，每个碳原子贡献一个电子，这些电子可以在整个二维平面内自由移动，形成一个庞大的共同电子云。这种特殊的电子分布使得石墨烯中的电子能够以非常高的速度移动，而且几乎没有散射，这就导致了非常高的电导率。石墨烯的电导性比铜或者银这样的常规导电材料要高出很多。具体来说，石墨烯的电导率可以达到 10^5 S/m 左右，而铜的电导率大约为 10^6 S/m，但是考虑到石墨烯的厚度仅为一个碳原子层，所以在单位体积或者单位质量下，石墨烯的电导性能实际上是远超过铜的。

（二）高热导率

石墨烯具有出色的热导率，可以快速传导热量，这一性质主要源于其独特的二维结构和电子态。在石墨烯中，碳原子以六边形的形式排列成平面，这种排列方式使得石墨烯在平面方向上具有非常高的热导率。具体来说，石墨烯的热导率可以达到 5000 W/（m·K）以上，在某些方向上甚至可达到 13000 W/（m·K），这比铜或硅等传统材料要高出几个数量级。

（三）机械强度

尽管石墨烯只有一个原子层的厚度，但它具有出色的机械强度和柔韧性。石墨烯的理论杨氏模量高达 1.0 TPa，比钢高 200 倍。这意味着在承受相同的外力时，石墨烯相比于其他材料会显示出更小的形变。除了高杨氏模量，石墨烯还具有非常高的断裂强度，也就是可以承受的最大应力。石墨烯的断裂强度大约在 130 到 230 GPa 之间，这比最好的钢铁还要高出不少。

（四）光学性质

石墨烯的光学性质主要与其电子结构和能带结构有关。石墨烯是一种半金属或称为零带隙半导体，它的电子能带结构呈现出线性色散关系，即电子的速度与它们的能量直接相关。石墨烯是几乎完全透明的，因为它只吸收大约 2.3% 的可见光。这是因为在一个碳原子厚度的层中，很少有光子会被散射或者被吸收。因此，石墨烯可以在可见光谱范围内保持良好的透光性。

（五）量子效应

石墨烯只有一个原子层厚度，它的物理性质与传统的三维材料显著不同，并且在小尺度上量子效应更加明显，如量子霍尔效应和量子隧穿效应。这些效应使得石墨烯在电子学和量子器件中具有重要的应用潜力。

（六）超大比表面积

石墨烯的比表面积是指单位质量石墨烯所具有的表面积。由于石墨烯只有一层碳原子的厚度，其比表面积非常大，理论上可以达到 2630 m^2/g。这意味着每克石墨烯的表面积可以覆盖一个足球场大小的区域，这种超大的比表面积是石墨烯在许多应用中独特性能的来源之一。

三、石墨烯的应用

石墨烯独特的性质使其在电子工业、复合材料、能源存储和生物医药等多个方面均有重要的应用。

（一）电子设备

石墨烯的高电导性和独特的电子性质使其在制作电子设备方面具有巨大潜力，如更快的晶体管、柔性显示屏和传感器[14]。石墨烯场效应晶体管（field-effect transistor，FET）已经展示出高速度和低功耗的特性。石墨烯的量子霍尔效应和拓扑绝缘体特性使其在量子计算的研究中受到关注，使其能够用于制造下一代的量子计算机。

（二）能源存储

石墨烯的高比表面积和电导性使其在电池和超级电容器中很有应用前景。它可以提高锂离子电池的能量密度和充电速度，同时也能作为催化剂增强超级电容器的性能。石墨烯可以作为电极材料的一部分，用在锂离子电池中，由于其高比表面积和快速的电子传输能力，可以显著提高电池的充放电速率和能量密度。石墨烯还可以作为保护层，提高电池的稳定性和循环寿命。它还能作为活性炭的替代品，提高超级电容器的能量存储能力和功率密度。同时，石墨烯基超级电容器还具有更好的循环稳定性和更长的使用寿命。

（三）复合材料

石墨烯可以作为增强剂添加到聚合物、金属或陶瓷基质中，以提高复合材料的强度和韧性。石墨烯的高比表面积和独特的力学性能使得由它增强的复合材料展现出更高的拉伸强度、弯曲强度和冲击韧性。将石墨烯添加到聚合物或其他基材中，可以制造出既轻质又具有良好导电性的复合材料，这些材料可用于电磁屏蔽、抗静电保护以及在柔性电子设备中代替传统的金属材料。石墨烯复合材料有望用于航空航天、汽车制造和建筑领域。

（四）生物医药

石墨烯的高比表面积和可定制性使其在生物医药领域中受到关注。它可以作为药物载体、生物标记或者用于细胞成像。此外，石墨烯的机械强度和导电性也可用于神经接口和生物传感。例如，石墨烯可以用于制作高灵敏度的传感器和检测生物标记物，如蛋白质、核酸等，这对疾病的早期诊断和实时监测起着非常重要的作用。

（五）滤波和分离

石墨烯的纳米尺度孔洞可以用于水净化和气体分离。石墨烯膜具有极高的比表面积和优良的渗透性，能够有效地过滤出海水中的盐分、重金属离子以及微生物等杂质，从而得到纯净的淡水。除了海水淡化，石墨烯孔洞在污水处理领域同样发挥着重要作用。石墨烯膜能够高效地去除污水中的有机物、重金属离子和细菌等污染物，从而实现污水的深度处理。

石墨烯膜以其独特的纳米尺度孔洞结构，能够实现高效的气体分离。通过精确控制石墨烯膜的孔径和表面性质，可以选择性地允许某些气体分子通过，而阻止其他气体分子的通过，从而实现混合气体的有效分离。在天然气净化领域，石墨烯膜能够高效地去除天然气中的硫化氢、二氧化碳等杂质，提高天然气的质量和纯度。

（六）光学和光电器件

石墨烯在红外和可见光区的高透过率和可饱和吸收特性使其在制作光学器件和光电器件方面很有前景。石墨烯独特的二维结构和电子排布使得它在红外光区具有极高的透过率。这种高透过率的特性使得石墨烯成为制作红外光学器件的理想材料。例如，在红外成像系统中，利用石墨烯作为透明窗口或滤光片，可以有效地提高成像质量和灵敏度。

石墨烯在可见光区的可饱和吸收特性也为其在光电器件方面的应用提供了可能。在可调谐激光器中，石墨烯作为饱和吸收体，可以有效地控制激光的输出功率和稳定性；而在光探测器中，石墨烯则可以作为光电转换材料，将光信号转换为电信号，实现光电探测的功能。

四、石墨烯的未来发展

石墨烯材料作为一种具有多种优异性能的新材料，在我国已被视为未来高科技竞争的超级材料，并在国家战略中占据重要地位。

首先，从政策层面来看，石墨烯已被明确列为我国新材料产业的重点发展对象。在《中国制造 2025》中，新材料被确定为十大重点领域之一；在随后公布的技术路线图中，确立了石墨烯等新材料产业的发展路线。这些政策为石墨烯产业的快速发展提供了有力的支持。

其次，我国已经出台了一系列具体的政策措施来推动石墨烯产业的发展。例如，国家标准化管理委员会会同工信部等成立了石墨烯标准化推进组，以制定国家标准并引领行业健康发展。此外，地方政府也在不断加大对石墨烯产业的支持力度，通过各种方式推动石墨烯的产业化进程。

再者，石墨烯的应用领域广泛，包括电子信息、新能源、航空航天以及柔性电子等领域，这些领域的发展都与国家重大需求密切相关。因此，通过石墨烯新材料着力解决关键战略材料领域的"卡脖子"核心问题以及新材料研发、应用、需求脱节的问题，是我国石墨烯国家战略的重要目标。

此外，我国还通过举办国际性的石墨烯创新大会等活动，推动石墨烯领域的产学研交流合作，充分展示石墨烯产业发展成果，为优质的石墨烯创新成果提供良好的展示平台，推动石墨烯创新技术与产业深度结合。石墨烯材料在我国的国家战略中占据重要地位，通过政策引导、标准化推进、应用拓展以及国际合作等多种方式，我国正积极推动石墨烯产业的发展，以期在全球石墨烯产业竞争中占据有利地位。

第五节　生物医学材料

一、生物医学材料的特性

生物医学材料是指可以用于诊断、治疗、修复或替换生物体内组织、器官或细胞功能的材料[15]。生物医学材料，作为现代医学领域的重要分支，涵盖了诸多创新科技和深奥知识，为人类的健康事业作出了巨大贡献。这类材料通常需要满足一系列严苛的要求，如良好的生物相容性、生物安全性、化学稳定性等，以确保在各种生物环境中都能正常发挥功能。

首先，生物相容性是生物医学材料的核心特性之一。这意味着材料应能与生物体内的细胞和组织和谐相处，避免引发不必要的免疫反应或毒性反应。为了实现这一目标，生物医学材料需要具备"非活性"特性，即不会对细胞造成刺激或损害。同时，它们还应支持细胞在其表面生长和繁殖，以促进组织再生和修复。这种特性使得生物医学材料在人体内的应用更加安全、有效。

其次，生物安全性是生物医学材料的另一个基本特性。所有用于人体的生物医学材料都必须经过严格的测试和认证，以确保其在体内使用的安全性。这包括对其毒性、致癌性、致敏性等方面的全面评估。只有通过这些测试的材料才能被用于医疗领域，以保障患者的生命安全和健康。

此外，生物医学材料还需要具备适当的机械性能。根据其在体内的应用环境和功能需求，这些材料需要具有足够的强度、硬度、韧性和弹性模量等机械性能。例如，用于骨折固定的材料需要具备足够的强度和韧性，以承受人体的重量和运动产生的应力；而用于血管修复的材料则需要具有良好的弹性和生物相容性，以确保血液的正常流动和组织的修复。

化学稳定性也是生物医学材料不可或缺的特性之一。在体内复杂的化学环境中，这些材料需要保持稳定的化学性质，避免与其他物质发生有害的化学反应。这有助于确保材料的结构和功能在长期使用过程中保持稳定，从而延长其使用寿命和效果。

对于某些特定的生物医学材料，如药物载体或临时植入物，降解性也是一个重要的特性。这些材料需要在完成其预定功能后逐渐被人体自然分解吸收，以避免需要额外的手术移除。这不仅减轻了患者的痛苦和负担，还降低了医疗成本和风险。

二、生物医学材料的评价

生物医学材料的评价是一个极其复杂且细致的过程，它涵盖了从物理性质到化学性质，再到生物学特性的全方位评价。这一过程不仅涉及众多的实验室测试，还需要遵循一系列国家标准和国际标准，如 ISO 10993 系列和 GB/T 16886 系列，以确保评价结果的准确性和可靠性。

在生物医学材料的评价过程中，体外评价和体内评价是两种主要的方法。体外评价主要通过实验室测试来评估材料的各项性能，如生物相容性、生物附着性、机械性能等。其中，细胞毒性实验是评价生物材料对细胞生长和活力的影响，是判断生物材料安全性的重要手段；表面亲和力测试则是评估材料表面与生物组织之间的相互作用，对于理解材料的生物相容性至关重要；机械性能测试则关注材料的强度、韧性等机械性能，以确保材料在应用中能够承受各种力学负荷。

而体内评价则需要将材料植入动物体内或进行临床试验，以评估材料在生物体内的实际表现。这包括评估材料的生物降解性、抗菌性能、生物活性等，以验证材料在生物体内的安全性和有效性。体内评价虽然成本较高、周期较长，但它是验证材料在真实生物环境下性能的关键步骤。

具体来说，生物医学材料的评价主要可以细分为以下几个方面。

（1）物理化学评价是生物医学材料评价的基础。它主要关注材料的机械性能、稳定性、耐腐蚀性等方面。例如，对生物医学金属材料，我们需要考察其屈服强度、抗拉强度、疲劳强度等机械性能指标，以确保材料在使用过程中能够承受足够的力学负荷；同时，我们还需要关注材料的耐腐蚀性能，以避免材料在生物体内发生腐蚀反应，产生有害物质。

（2）生物相容性评价是生物医学材料评价的核心。它涵盖了细胞毒性、组织反应、免疫反应等多个方面的内容。一种优秀的生物材料应该与人体组织有良好的相容性，不会引起明显的炎症反应或免疫反应。在评价过程中，我们通常采用细胞培养、动物实验等手段来模拟材料在生物体内的环境，观察材料对生物组织的影响。

（3）功能性评价也是生物医学材料评价的重要一环。对于某些具有特定功能的生物医学材料，如药物释放系统、生物传感器等，我们还需要针对其特定功能进行评价。这包括评估材料的药物释放性能、传感性能等，以确保材料在实际应用中能够发挥预期的效果。

（4）临床应用评估是生物医学材料评价的最后一道关卡。在完成了上述评价后，我们还需要将材料应用于实际的临床环境中，通过临床试验来验证其安全性和有效性。这一过程需要严格遵循医学伦理和法规要求，确保患者的安全和权益得到保障。

三、生物材料的分类与应用

（一）生物医学金属材料

生物医学金属材料是一类特殊的金属，它们具有良好的生物相容性、机械性能、耐腐蚀性和加工性能，因此被广泛应用于医疗领域。这些材料主要用于制造医疗器械、植入物及其他与人体直接接触的医疗设备。例如，钛和它的合金（如 Ti-6Al-4V）由于其出色的生物相容性和强度重量比，常用于制造植入物，如关节置换物、心血管设备和牙科植入物。不锈钢（如316L）因其优良的耐腐蚀性和成本效益而广泛应用于医疗设备和植入物，如手术器械、血管支架和某些类型的植入物。钴基合金（如钴铬钼）因其高强度、良好的耐磨性和耐腐蚀性而广泛用于制造心脏瓣膜、人工关节和其他植入物。铂及其合金由于其卓越的化学稳定性和生物相容性，常用于制造医用电极、药物输送系统和肿瘤治疗中使用的顺铂类药物。

（二）生物医学高分子材料

生物医学高分子材料是一类重要的生物材料，它们在医疗保健领域有着广泛的应用。这类材料通常具有良好的生物相容性、可加工性和稳定性。如聚乳酸（PLA）和聚己内酯（PCL）可以生物降解，因此常用于药物缓释系统和一次性医疗用品，如手术缝合线。聚乙烯因其良好的水溶性和生物相容性而被用于制备药物载体、人工器官和组织工程支架。聚甲基丙烯酸甲酯（PMMA），又称有机玻璃，用于制作骨水泥和人工关节。聚偏氟乙烯（PVDF）具有优异的电学和力学性能，用于制作传感器和人工心脏瓣膜。聚对苯二甲酸乙二醇酯（PET）广泛用于制备医用纺织品、心脏搭桥手术用的血管以及 X 射线防护服。聚氨酯（PU）由于其良好的弹性及生物相容性，被用于制备人工心脏、血管和其他柔软的植入物。

（三）生物医学无机非金属材料或生物陶瓷

生物医学无机非金属材料或生物陶瓷是以无机非金属为主用于生物医学方面的陶瓷材料。生物陶瓷具有稳定的化学性质和良好的生物相容性，主要包括惰性生物陶瓷如氧化铝、医用碳素材料等。例如，羟基磷灰石是骨骼的主要无机成分，具有良好的生物相容性，广泛用于骨修复和增强材料。氧化铝具有高硬度和良好的生物相容性，常用于制作人工关节和手术刀片。高纯度的碳素材料具有良好的生物相容性，用于制作心脏瓣膜和人工血管。

（四）生物医学复合材料

生物医学复合材料是由两种或多种不同性质的材料组合而成，旨在提高材料的综合性能，特别是促进人体自修复和再生。例如，在金属合金基底上涂覆生物陶瓷，以提高生物相容性和降低磨损产生的微粒对周围组织的不良影响。由生物活性玻璃或生物陶瓷与聚合物混合制成的复合材料，用于模拟自然骨的结构和功能，促进新骨的生长。

（五）生物医学纳米材料

生物医学纳米材料是指三维空间中至少有一维处于纳米尺度范围（1～100 nm）或以该尺度的物质作为基本单元构成的生物医学材料，它们在生物医学领域具有广泛的应用潜力。纳米材料的尺寸小、比表面积大、表面能高，因而具有独特的物理化学性质和生物学效应。例如，纳米粒子可作为药物载体，实现靶向药物输送和可控释放，提高治疗效率同时降低对正常组织的伤害。一些纳米材料具有抗菌特性，可以用于开发新型抗菌涂层，减少医疗器械相关的感染风险。纳米纤维、纳米多孔膜等可促进细胞附着、生长和分化，用于构建人工组织和器官。

第六节　新型高分子材料

一、高性能高分子材料的概念

新型高分子材料是指那些具有传统高分子材料所不具备的或较优越的性能的材料，这些材料通常是在实验室中通过精细的合成方法或特定的制备工艺得到的[16]。它们往往具有优异的力学性能、耐磨性、耐腐蚀性、电绝缘性等，并且在特定条件下才能展现出这些性能。新型高分子材料在众多领域中都有着广泛的应用，如航空航天、新能源、生物医学等，并且随着科技的进步，这些材料的应用范围还在不断扩展，如图 5-7 所示的新型高分子材料在飞机上的应用。

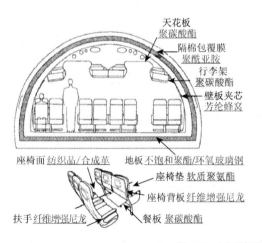

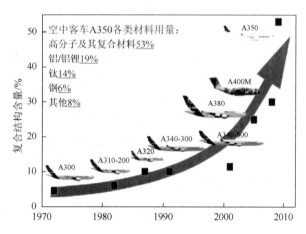

图 5-7　新型高分子材料在飞机上的应用[17]

高性能高分子材料是新型高分子材料中研究较多的一类材料，是具有优异的物理、化学和机械性能的特殊高分子材料。它们在高温、高压、高负荷等极端条件下表现出色，被广泛应用于工程、化工、电子等领域。根据不同的分类标准，高性能高分子材料可以分为多个类别。

（一）按来源分类

1. 天然高分子材料

这些材料主要存在于动物和植物体内，如天然纤维（如蚕丝、棉、麻、毛等）、天然树脂、天然橡胶以及动物胶等。它们具有独特的生物相容性和可再生性，在某些特定领域具有不可替代的优势。

2. 合成高分子材料

通过化学合成方法制备的高分子材料，主要包括塑料、合成橡胶和合成纤维三大合成材料。此外，还包括胶黏剂、涂料及各种功能性高分子材料。合成高分子材料通常具有优异的性能，如较高的力学强度、耐磨性、耐腐蚀性以及电绝缘性等，因此在各个领域都有广泛的应用。

（二）按特性分类

1. 橡胶类

橡胶类包括天然橡胶和合成橡胶。橡胶是一类线型柔性高分子聚合物，具有优异的弹性和耐磨性，广泛用于轮胎、密封件等制品。

2. 纤维类

纤维材料具有高强度、高模量和良好的可纺性。天然纤维和化学纤维是纤维类的两大主要分支，其中化学纤维是以天然高分子或合成高分子为原料，经过纺丝和后处理制得。

3. 塑料类

塑料是以合成树脂或化学改性的天然高分子为主要成分，通过加入填料、增塑剂和其他添加剂制得。塑料具有良好的加工性能和稳定性，广泛用于包装、建筑、电子等领域。

4. 高分子胶黏剂

高分子胶黏剂是以合成或天然高分子化合物为主体制成的胶粘材料。它们具有优异的黏附性和耐候性，广泛用于各种材料的黏接和密封。

5. 高分子涂料

高分子涂料以聚合物为主要成膜物质，添加溶剂和各种添加剂制得。高分子涂料具有良好的耐候性、耐腐蚀性和装饰性，广泛用于建筑、汽车等领域的涂装。

二、高性能高分子材料的特性

高性能高分子材料是一类具有优异力学性能、良好稳定性和可在较高温度下连续使用的合成高分子材料。以下是其一些主要的特性。

（一）优异的力学性能

高性能高分子材料通常具有高模量和高强度，这使得它们在承受载荷时表现出色。高性能高分子材料的强度和韧性往往接近甚至超越传统的钢材，而其密度却远低于钢材，因此被誉为一种理想的轻质高强材料。在航空航天、汽车制造和建筑工程等领域，这种材料的应用已经变得日益广泛。

（二）良好的稳定性

高性能高分子材料对一般的酸、碱、盐及油脂等化学物质有着良好的耐腐蚀性，能够在多种复杂的环境条件下保持性能稳定。这种稳定性不仅使它们能够在恶劣环境中长期使用，还大大延长了材料的使用寿命，降低了维护成本。例如，在化工设备、管道系统和海洋工程等领域，高性能高分子材料因其出色的耐腐蚀性而备受青睐。

（三）高温耐受性

高性能高分子材料能够在较高的温度下连续使用而不损失其性能，这使得它们在高温工作环境中具有广阔的应用前景。例如，在电子电气、航空航天和汽车制造等领域，高性能高分子材料被广泛应用于制造各种耐高温的零部件和组件。这种高温耐受性不仅提高了产品的性能，还增强了产品的安全性和可靠性。

（四）良好的绝缘性能

高性能高分子材料的电绝缘性能可以与陶瓷、橡胶等材料相媲美，甚至在某些方面还略胜一筹。这种电绝缘性使得高性能高分子材料在电子电气、通信和电力等领域中得到了广泛应用。例如，在电线电缆、绝缘材料和电子元器件等方面，高性能高分子材料因其优良的电绝缘性而成为了不可或缺的材料。

（五）可加工性

尽管高性能高分子材料拥有优异的性能，但它们仍然可以通过各种加工方式进行成型，如加热加工、拉伸成型、吹塑成型等。这种可加工性使得高性能高分子材料能够制成各种形状和结构，满足了不同领域的需求。同时，这种可加工性也降低了材料的生产成本，提高了生产效率。

值得注意的是，高性能高分子材料在某些方面也可能存在一些局限性，例如在某些极端条件下可能表现出易老化或易燃等特性。因此，在使用这类材料时，需要根据具体的应用场景和需求进行综合考虑。

三、功能高分子材料

功能高分子材料，简称为功能高分子，是一类通过改变高分子材料的结构和组成，使其具有特定的性能和功能的材料。指那些可用于工业和技术中的具有物理和化学功能的高分子材料。这类材料除了具有聚合物的一般力学性能、绝缘性能和热性能外，还具有物质、能量和信息的转换、传递和存储等特殊功能。

功能高分子材料具有一系列独特的特性，使得它们在现代工业和技术领域中发挥着至关重要的作用。以下是功能高分子材料的一些主要特性。

（一）超强的韧性

功能高分子材料能够承受大风、地震等自然灾害的冲击，为建筑领域的安全提供了坚实的保障。例如，在建筑桥梁中，功能高分子材料可以用于制造高强度的悬挂索，确保桥梁在各种恶劣天气条件下都能稳固如初。此外，在航空航天领域，功能高分子材料也因其轻质高强、耐疲劳等特性而备受青睐，为飞行器的设计制造提供了更多的可能性。

（二）出色的耐磨性

功能高分子材料出色的耐磨性使得它们在汽车制造、运动器材等领域中得到了广泛应用。在摩擦和磨损环境下，这种材料能够保持长期的使用寿命，减少了更换部件的频率和成本。例如，在汽车轮胎中，功能高分子材料能够显著提高轮胎的耐磨性和抗老化性能，延长了轮胎的使用寿命。同时，在运动器材领域，功能高分子材料也因其优异的耐磨性和弹性而备受青睐，为运动员提供了更加舒适、安全的运动体验。

（三）良好的导电性

功能高分子材料还具备良好的导电性。这使得它们在电子、光电子等领域中得到了广泛应用。例如，在柔性显示屏中，功能高分子材料可以作为导电层，实现屏幕的弯曲和折叠。这种技术的出现不仅打破了传统显示屏的局限性，还为电子设备的设计带来了更多的创新可能性。此外，在太阳能电池、传感器等领域中，功能高分子材料也因其良好的导电性和稳定性而发挥着重要作用。

（四）阻燃性

阻燃性是功能高分子材料的另一大亮点。在火灾发生时，这种材料能够有效阻止燃烧蔓延，提高安全性。例如，在建筑材料的防火处理中，功能高分子材料可以作为防火涂层或阻燃剂使用，有效减缓火势的蔓延速度。同时，在电线电缆、汽车内饰等领域中，功能高分子材料也因其阻燃性能而得到了广泛应用。

（五）环保性

功能高分子材料的环保性也是其备受关注的原因之一。这种材料能够降低对环境的污染，符合可持续发展的要求。例如，在塑料袋制造中，功能高分子材料可以用于制造可降解塑料袋，减少对自然环境的破坏。此外，功能高分子材料也被广泛应用于包装材料、生物降解材料等领域。

功能高分子材料因其独特的物理和化学性质，在众多领域中都得到了广泛的应用，主要包括以下几个方面。

1. 医疗领域

功能高分子材料在医疗领域的应用十分广泛。例如，生物医用功能高分子材料主要用于诊疗疾病，还可以充当生物体组织器官的替代品或者起到辅助作用的材料。例如，人工器官、医疗器械和药物缓释系统等现代医疗技术的发展都离不开高分子材料。生物可降解高分子材料能够作为缓释药物的包装材料，使药物缓慢释放，达到更好的治疗效果。同时，在组织工程和再生医学中，高分子材料能够作为载体或骨架，帮助细胞和生物材料组织愈合。

2. 航空领域

高分子材料及以其为基体的复合材料在航空领域有重要应用。例如，黑匣子的钛合金外壳内使用聚酰亚胺薄膜保护关键电路；飞机舵面（如襟翼、副翼）采用碳纤维增强环氧树脂复合材料实现轻量化与高强度；气动控制面（如翼梢小翼）通过玻璃纤维增强塑料优化气流以减少阻力。此外，涡喷发动机低温段的风扇叶片使用碳纤维增强聚醚醚酮（PEEK）复合材料以减轻重量并耐腐蚀，燃气轮机的密封环依赖耐高温氟橡胶确保极端环境下的气密性，而陶瓷纤维增强聚酰亚胺复合材料正被试验用于发动机喷嘴隔热层。前沿研究中，形状记忆聚合物（SMP）等智能材料通过实时形变提升机翼空气动力学效率，进一步推动航空性能突破。

3. 电子领域

光功能高分子材料具有将光吸收、存储和转换的能力，因此在电子工业领域以及太阳能的开发利用等方面得到了广泛的应用，如光导纤维、集成电路和光电池等。电功能高分子材料则被广泛用于生产特殊用途的电池，以及电子器件和传感器件等。

4. 药物传输

功能性高分子材料在药物传输方面有着重要的应用。它们可以被设计成控释系统，通过调控其结构和性质，实现药物的缓释、定向释放和靶向导引等功能。

5. 环保领域

在环保领域，功能高分子材料发挥着日益重要的作用。例如，它们被用于制造高效过滤材料，帮助过滤水中的有害物质，提升水质。同时，一些高分子材料具有吸附性，能够用于治理环境污染，如吸附重金属离子或有机污染物。此外，可降解高分子材料的应用也在逐步扩大，它们能够在一定条件下自然降解，减少对环境的长期污染。

6. 汽车领域

在汽车制造中，功能高分子材料同样发挥着不可或缺的作用。它们被用于制造汽车的各种部件，如车身、内饰、轮胎等。这些高分子材料不仅具有优异的机械性能，还具有耐候性、抗老化性等特点，能够确保汽车在各种环境下都保持良好的性能和使用寿命。

7. 建筑领域

在建筑领域，功能高分子材料的应用也越来越广泛。它们可以用于制造建筑材料，如隔热材料、防水材料、涂料等。这些高分子材料能够提高建筑的保温性能、防水性能以及美观度，为现代建筑的发展提供了有力支持。

8. 信息领域

在信息领域，功能高分子材料同样发挥着重要作用。例如，一些高分子材料具有优异的光电性能，可以用于制造光电显示器件、光电探测器件等。此外，高分子材料还可以用于制造信息存储材料，如光盘、闪存等，为信息存储技术的发展提供了有力支持。

思 考 题

1. 请结合航空航天或医学仿生等举例说明形状记忆材料的应用。
2. 试归纳总结什么是超导材料，并说明其典型的特性。
3. 试说明什么是纳米材料，并总结其特性。
4. 石墨烯材料为什么如此重要？
5. 试说明高分子材料在生物医学中的 1～2 种应用。

参 考 文 献

[1] 徐殿国，白凤强，张相军，等. 形状记忆合金执行器研究综述[J]. 电工技术学报，2022，37(20): 5144-5163.

[2] 李东阳. 血管支架用 NiTi 形状记忆合金的注射成形工艺与性能研究[D]. 长沙；中南大学，2023.

[3] 马思遥，张学习，钱明芳，等. Ni-Mn 基多晶铁磁形状记忆合金的韧化[J]. 中国材料进展，2024，43(05): 408-419.

[4] 杨艳丽, 李晨. 镍钛形状记忆合金骨植入物中环氧乙烷残留量测定方法[J]. 生物化工, 2024, 10(02): 138-140.

[5] 董文凯. 超导物理学在中国的建立与发展(1949—2008)[D]. 合肥；中国科学技术大学, 2023.

[6] 沈明虎. 铋系高温超导薄膜的制备及其约瑟夫森效应研究[D]. 西安；西安理工大学, 2023.

[7] 陈胤圻, 王洪波. 高压极端条件下的富氢高温超导体[J]. 高压物理学报, 2024, 38(02): 35-44.

[8] 张京业, 唐文冰, 肖立业. 超导技术在未来电网中的应用[J]. 物理, 2021, 50(02): 92-97.

[9] 张蕊雪. 不同维度碳基纳米材料对鹰嘴豆苗期物质代谢的影响[D]. 哈尔滨；东北农业大学, 2023.

[10] 彭胜, 赵培丽, 李雷, 等. 不同维度 ZnO 纳米材料的生长与表征[J]. 电子显微学报, 2019, 38(06): 615-622.

[11] 谭龙飞, 傅仕艳, 梅林, 等. 纳米酶在生物检测和癌症治疗中的应用[J]. 西南大学学报(自然科学版), 2024, 46(06): 17-28.

[12] 任文才, 成会明. 石墨烯: 丰富多彩的完美二维晶体: 2010 年度诺贝尔物理学奖评述[J]. 物理, 2010, 39(12): 855-859.

[13] 张亚青. 二氧化锡修饰还原氧化石墨烯的结构调控与室温 NO_2 传感性能研究[D]. 长春；吉林大学, 2023.

[14] NAGANABOINA V R, SINGH S G. Graphene-CeO₂ based flexible gas sensor: Monitoring of low ppm CO gas with high selectivity at room temperature[J]. Applied Surface Science, 2021, 563: 150272.

[15] CAO D, DING J. Recent advances in regenerative biomaterials[J]. 再生生物材料(英文版), 2022, 9(1): 37.

[16] 吴国锋, 许军, 罗玉湘. 新型高分子材料在碱液储罐内衬防腐中的应用[J]. 石化技术, 2024, 31(03): 4-6.

[17] 杨军, 谷元. 新型高分子材料的研发及应用进展[J]. 大飞机, 2023, (04): 24-29.

第六章 信息科学与技术

信息已经成为当前最活跃的生产要素和战略资源之一，信息技术（information technology，IT）正深刻影响着人类的生产方式、认知方式和社会生活方式，信息技术及其应用水平已成为衡量一个国家综合竞争力的重要指标。当代大学生应该了解信息科学，拓宽专业视野，提高综合素质。

第一节 信息与信息科学技术

一、信息

维系人类社会存在及发展的三大要素为物质、能源、信息。信息对世界各国的经济发展都产生了重大的影响。近年来，我国信息技术产业的发展异常迅速，信息经济产值的快速增长已很好地证明了信息在经济发展中所起的巨大作用。

信息论的创始人香农认为"信息是能够用来消除不确定性的东西"。控制论的创始人维纳认为"信息是我们适应外部世界、感知外部世界的过程中与外部世界进行交换的内容"。

信息的主要特征包括依附性，即信息必须依附于物质载体；再生性，意味着信息在使用过程中能够不断扩展和再生；可传递性，允许信息通过各种方式在个体或系统间流通；可存储性，使得信息能够被保存以备后用；可处理性，表明信息经过人的分析和处理后能产生新的价值。此外，信息还具有可压缩性、可共享性、可预测性，以及有效性与无效性的区分，这些特性共同构成了信息的多维度属性。

二、信息科学

"科学"是探索自然、社会与思维的本质、规律及联系，构建知识体系。"技术"则运用科学原理解决实际问题，融合实践经验形成操作方法与技巧。"工程"作为科学与技术的桥梁，将科学原理转化为实际应用，设计并优化系统以满足社会需求。科学提供理论基础，技术实现手段创新，工程促进社会进步，三者相辅相成共同推动人类文明的持续发展。

信息科学[1]是研究信息现象及其运动规律和应用方法的科学，是以信息论、控制论、系统论为理论基础，以电子计算机等为主要工具的一门新兴学科。

信息科学研究聚焦于跨越多领域（自然、生物、社会等）的信息本质特性与动态演化规律，深入剖析这些领域内信息流动的独特模式，同时挖掘并揭示跨越所有领域的信息共通性与普遍规律，为全面理解和有效利用信息提供坚实的理论基础。我国著名学者钟义信将信息科学的研究内容总结为：探讨信息的基本概念和本质；研究信息的数值度量方法；阐明信息提取、识别、变换、传递、存储、检索、处理和再生过程的一般规律；揭示利用信息来描述系统和优化系统的方法与原理；寻求通过加工信息来生成智能的机制和途径。

三、信息技术

信息技术[2]以数字技术为基石，计算机为核心，运用电子技术实现信息全周期管理，包括收集、传递、处理、存储、显示与控制。现代信息技术横跨通信、计算机、互联网、微电子等多领域，关键技术包括传感、通信、计算机与控制技术。这些技术共同构建了信息时代的基础设施，推动社会向数字化、智能化迈进。

信息技术按表现形态分硬技术与软技术：硬技术以实体设备为主，如手机、卫星、多媒体计算机；软技术则侧重知识、方法与软件，涵盖语言文字处理、数据分析、规划决策及软件应用等。

信息技术按功能层次可分为4大类：①基础层，奠定基石，如新材料与新能源技术；②支撑层，强化支撑，涵盖机械、电子、激光、生物及空间技术；③主体层，核心驱动，包括感测、通信、计算机与控制技术；④应用层，广泛渗透，应用于文化教育、商业贸易、工农业生产及社会管理，提升效率与智能化水平，推动社会各领域向信息化、自动化发展。

信息技术按工作流程可细分为5大部分：①信息获取，借助显微镜、望远镜等工具捕捉信息；②信息传输，运用通信技术实现数据的单双工、多路及广播传输；③信息存储，采用印刷、照相和数字存储介质等技术保存数据；④信息加工，涵盖计算机网络等智能处理手段；⑤信息标准化，确保信息管理、编码及语言规范统一，提升信息互通与利用效率。

四、信息安全

信息安全伴随人类交流史发展，从烽火传信到现代网络通信，始终关键。古时交战重视通信保密，今日亦然。随着技术进步，信息安全面临新挑战，但其核心——保护信息免受未授权访问、泄露、破坏——历久弥新。

（一）信息安全的概念及特征

信息安全是一个广泛而抽象的概念，不同领域对这一概念的阐述也会有所不同。信息安全指在信息产生、存储、传输与处理的整个过程中，信息网络能够稳定、可靠地运行，受控、合法地使用，旨在维护信息的五大核心属性：机密性、完整性、可用性、可控性及抗否认性。简而言之，这五大属性构成了信息安全的基本特质，如图6-1所示，它们共同构筑了信息安全坚固的防线。

1. 机密性

机密性即确保敏感信息免受未授权窥探。通过精细的访问控制机制，筑起一道坚实的屏障，阻止非法用户触及核心数据；而加密技术的运用，则如同为信息披上了一袭隐形斗篷，即便信息不慎泄露，其内容亦如天书般难以解读，有效保障了信息的私密性。

图6-1　信息安全基本特征

2. 完整性

完整性即确保信息在流转过程中不被篡改或破坏。访问控制再次扮演关键角色，可防止恶意篡改企图；同时，借助消息摘要算法这一数字指纹技术，能够迅速识别并响应任何细微的信息变动，维护信息的原貌与真实。

3. 可用性

可用性即要求信息系统稳定可靠，确保授权用户能够随时、随地、无障碍地访问所需资源。这一特性的实现，依赖于对物理设施、网络环境、系统架构、数据保护及用户体验等多维度的综合考量与优化。

4. 可控性

可控性即通过实施严格的安全监控与管理体系，能够清晰掌握系统状态，灵活实施授权、审计、追责等控制措施，确保信息及信息系统的使用符合既定政策与规范，同时提升应对安全事件的能力。

5. 抗否认性

抗否认性即确保通信各方对其行为负责，无法事后抵赖。这一原则通过技术手段记录并验证信息的生成、传输与接收过程，为法律诉讼提供确凿证据，维护了信息交流的公平与正义。

（二）信息安全的发展

一般认为，现代信息安全的发展可以划分为通信保密阶段、计算机安全阶段、信息安全阶段、信息保障阶段、网络空间安全阶段。

1. 通信保密阶段

在 20 世纪 60 年代以前，信息安全强调的是通信传输中的机密性。1949 年香农发表的《保密系统的信息理论》将密码学的研究纳入了科学的轨道，标志着通信保密阶段的开始。这个阶段，主要安全挑战为窃听与密码破解，防护重点在数据加密，研究焦点集中于密码学，以技术革新应对安全威胁。

2. 计算机安全阶段

20 世纪 70 年代，进入微型计算机时代，计算机的出现深刻改变了人类处理和使用信息的方法，计算机和信息系统的安全也被纳入信息安全的范畴。计算机安全主要面临着被非授权者使用、存储信息被非法读写、被写入恶意代码等威胁，主要的保障措施是安全操作系统。在这个阶段，核心思想是预防和检测威胁以减少计算机系统（包括软件和硬件）用户执行的未授权活动所造成的后果。信息安全的目标除了机密性，还包括可控性和可用性。该阶段以1977 年美国国家标准局公布的《国家数据加密标准》及 1985 年美国国防部发布的《可信计算机系统评估准则》为标志，强化数据加密与系统安全评估的规范化。

3. 信息安全阶段

20 世纪 80 年代中期至 90 年代中期，互联网技术飞速发展，网络得到普遍应用，这个时期称为信息安全阶段，也称为网络安全发展阶段。信息安全除关注机密性、可控性、可用性，还要防止信息被非法篡改以及确定网络信息来源真实、可靠，提出了完整性、抗否认性要求，形成了信息安全的 5 个安全特性，即机密性、完整性、可用性、可控性和抗否认性。这一阶段的信息安全不仅指对信息的保护，也包括对信息系统的保护和防御，主要保障措施有安全操作系统、防火墙、防病毒软件、漏洞扫描、入侵检测、公钥基础设施、VPN 和安全管理等。

4. 信息保障阶段

20 世纪 90 年代后期，随着信息安全越来越受到各国的重视，以及信息技术本身的发展，人们更加关注信息安全的整体发展及在新兴应用下的安全问题。1995 年，美国提出信息保障概念，旨在全面维护信息及系统的机密性、完整性、可用性、可控性与抗否认性，通过综合防护、监测与应急响应策略，强化信息系统恢复力，确保信息安全。这个阶段的安全措施包括技术安全保障体系、安全管理体系、人员意识培训/教育/认证等。1998 年美国发布的《信息保障技术框架》是进入信息保障阶段的标志。

5. 网络空间安全阶段

网络空间（cyberspace）已成为全球政治、经济、军事、文化、外交、科技等活动信息的载体，是人类物理活动空间的延展，被认为是继陆、海、空、天之后的人类第五维空间。网络空间可以认为是由组成各类网络系统的计算机硬件、通信设备和物理基础设施等所构成的物理世界，还可以认为是由计算机系统软件、网络操作系统、数据库系统以及众多应用软件所构成的网络虚拟世界。因此，从某种程度上讲，一个国家的网络空间会涵盖互联网、通信网、企业网、金融网、电力网、空中交通网、太空卫星网、物联网，甚至作战指挥网等所有网络系统，这些网络系统又可统称为国家的 IT 网络。

网络空间安全（cyberspace security）是网络空间中信息安全、攻击防御和基础设施防护等安全问题的总称。IT 网络是国家的关键基础设施。由于社会对网络的日渐依赖，国家的 IT 网络一旦遭到破坏就将对这个国家造成灾难性的后果。可以说，当今社会，一个国家的网络空间安全与国家的安全密切相关，这就更加凸显出网络空间安全的重要性。

2015 年 6 月，为实施国家安全战略，国务院学位委员会批准增设"网络空间安全"一级学科，以加快网络空间安全高层次人才培养。

（三）可信计算

对比当前大部分网络安全系统的防火墙、入侵检测和病毒防护等被动防御手段，可信计算（图 6-2）是一种主动免疫手段，它能使缺陷和漏洞不被攻击者利用；可信计算和传统防御手段的综合应用，就能使攻击者进不去、非授权者重要信息拿不到、窃取的保密数据看不懂、系统信息篡改不成、系统无法被瘫痪、攻击者的行踪被记录、攻击者的行为无法抵赖，这就完善了信息安全系统结构，从而有效保障网络空间的信息安全。

我国启动可信计算的研究略早于其他国家，经过长期攻关研究，已取得一系列成果，具体如下。

1. 可信计算平台密码方案研究

提出可信密码模块（trusted cryptography module，TCM），以对称密码和非对称密码相结合的体制，提高安全性；同时采用双证书管理，提高可用性和可管性。

图 6-2　可信计算

2. 可信平台控制模块研究

提出可信平台控制模块（trusted platform control module，TPCM），TPCM 先于 CPU 启动，并对基本输入/输出系统（basci input /output system，BIOS）进行验证，实现 TPCM 对整个计算机平台的主动控制。

3. 计算机可信主板研究

原计算机主板融入 TPCM+TCM 双可信度量节点，构建双重安全保障模型，为操作系统奠定可信硬件基石。该设计是在 CPU 启动之初，即由 TPCM 先行校验只读存储器，即时构建信任根，并依托多代理机制实现信任无缝传递，赋能动态与虚拟化环境下的全面可信控制与管理。

4. 可信基础支撑软件研究

采用宿主软件系统+可信软件基的双系统安全结构实现可信计算。

5. 可信网络连接研究

采用三层三元对等可信架构，强化访问请求、控制及策略仲裁的三重验证，借助三元集中管理策略，显著提升系统整体的可信性与安全性。

当前我国的可信计算已具备基本的产业化条件，包括芯片、主板、整机、软件及网络连接设备等。今后将有越来越多中国品牌的成套可信计算机产品推向市场，构成我国的安全计算产业。

第二节　电 子 技 术

一、电子技术的发展

电子技术是伴随着电磁现象的发现而起步的，因半导体晶体三极管的发明而广泛应用，引领了众多的高端技术加速发展。一百多年来，电子技术已经渗透到各个行业、各个领域，尤其在电气电子、计算机、通信、生物、海洋、航空航天等领域取得了前所未有的成就。

（一）电与电子管

自古以来，人类对自然界中摩擦生电的现象便有所认知，这一古老智慧可追溯至遥远的公元前时期。然而直至 19 世纪初，随着科学探索的深入，电与磁的奥秘才逐渐被揭开。1820 年，丹麦科学家奥斯特的惊人发现——电流能产生磁场，为电磁学领域点亮了一盏明灯。随后，法国物理学家安培接过接力棒，深入剖析了电流、磁场与磁针转动方向之间的微妙关系，为电磁理论大厦奠定了基石。

时间推移至 1831 年，英国科学家法拉第的划时代贡献——电磁感应现象的发现，不仅揭示了电与磁之间的相互作用原理，更为发电机的诞生提供了理论依据，这一发明开启了电气化的新纪元时代。电力的广泛应用，催生了电灯、电报、电话等一系列革命性发明，以及各式各样的电动工具，它们如同繁星般点缀在 19 世纪 60 年代的科技天空，预示着一个新时代的到来。

图 6-3　弗莱明发明的真空二极管

进入 20 世纪，电子技术悄然兴起，其源头可追溯至电子管的诞生。1883 年，爱迪生在追求更高效光源的过程中，意外发现了热电子发射现象，这一发现为后来的电子技术发展埋下了伏笔。随后，英国工程师弗莱明在 1904 年的实验中，成功实现了电子在真空中的定向流动，标志着世界上第一只真空二极管（图 6-3）的诞生。尽管二极管具备整流功能，但其能力尚不足以引发电子技术领域的深刻变革。

真正引领电子技术迈入新纪元的，是真空三

极管的问世。1906 年，德·福雷斯特在真空二极管内引入栅网结构（图 6-4），这一巧妙设计极大地增强了电子的控制能力，实现了对微弱信号的显著放大。真空三极管的诞生，不仅解决了信号放大的难题，更为后续无线电通信、广播、电视等技术的蓬勃发展奠定了坚实的基础，标志着人类正式跨入了电子信息技术的新时代。从此，信息的传递与接收不再受限于传统方式，电子技术的浪潮席卷全球，深刻地改变了人类社会的面貌。

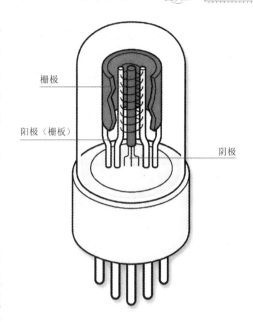

栅极

阳极（栅板）

阴极

图 6-4　真空三极管的内部结构

（二）半导体器件

电子管作为早期电子设备的核心，其应用广泛却受限于庞大的体积与高额能耗，需依赖加热灯丝释放电子。而半导体晶体管的诞生，则标志着电子科技领域的一场革命。半导体，这一介于导体与绝缘体间的独特材料，引领了信息技术的新篇章。

1947 年，贝尔实验室的科研精英巴丁、布拉坦与肖克利在探索锗晶体奥秘时，偶然解锁了其信号放大的潜能，并成功研制出首只锗半导体点接触式晶体管（图 6-5），肖克利因此被誉为晶体管之父。晶体管以其小巧的体积、低能耗的优势，迅速取代了电子管，成为电子设备中不可或缺的核心元件，推动了电子产品向更轻薄、更节能的方向发展。这一里程碑式的成就，不仅彰显了人类智慧的璀璨，也让肖克利、巴丁与布拉坦共同荣获了 1956 年诺贝尔物理学奖，永载史册。

（三）集成电路

晶体管的问世，无疑为电子设备的微型化开启了新篇章，但其尺寸仍不足以支撑起掌心大小的电子设备。随后，电子器件领域迎来了第三次飞跃——集成电路的诞生，这是一场彻底重塑电子世界的革命。

1958 年，美国德州仪器公司的工程师基尔比，以其非凡的创造力，在一块很小的硅片上成功研制出了世界上首个集成电路芯片（图 6-6）。这一创举，不仅标志着电路设计与制造的巨大飞跃，更引领了微电子时代的到来，让电子设备的小型化、集成化成为可能。

图 6-5　贝尔实验室诞生的第一个锗半导体点接触式晶体管

图 6-6　基尔比发明的第一个集成电路

随着集成电路技术的持续发展，电子产品的生产方式发生了翻天覆地的变化。体积的急剧缩小，使个人电脑、移动电话等现代科技产品得以普及，极大地丰富和便捷了人们的生活。为了表彰这一划时代的贡献，1966 年，基尔比及其同行诺依斯共同荣获了美国科技界的至高荣誉巴兰丁奖章。

集成电路的发展，以集成度的不断提升为标志，超大规模集成电路（very-large-scale integrated circuit，VLSI）的出现更是将这一趋势推向了极致。如今，电路间的连线宽度已逼近物理极限，量子效应的显现预示着传统集成电路技术即将触及天花板。然而，正是这样的挑战，激发了科研人员探索新领域的热情。

当前，集成电路技术正迈向片上系统（system-on-a-chip，SoC）的新纪元，即在一个芯片上集成整个电子系统。这种高度集成的设计不仅极大地缩小了设备体积，提高了可靠性，还显著提升了生产效率并降低了成本。学科间的交叉融合也更为紧密，微电子与信息系统整机产业实现了无缝对接，电子产品的设计、生产乃至解决方案的提供，都围绕着集成电路这一核心展开。

面对集成电路发展的瓶颈，科研界正积极寻找新的突破点。量子电子器件与纳米电子器件作为前沿领域，正吸引着全球顶尖科学家的目光。这些新兴技术有望引领电子器件进入下一个发展阶段，继续推动电子信息产业的蓬勃发展。回顾从电子管到集成电路的几十年历程，每一次技术的飞跃都凝聚着人类智慧的结晶，而未来的路，正等待着更多勇敢的探索者去开拓。

（四）纳米电子器件

纳米电子学作为电子科技的前沿阵地，正引领着微电子器件的崭新纪元，其潜力远超预期，预示着信息科技领域的深刻变革。全球科研界对此寄予厚望，探索步伐不断加快。北京大学早在 1997 年便前瞻性地成立了纳米科学与技术研究中心，融合多学科智慧，在纳米材料、器件构造、超精密加工及生物应用等领域屡获突破，尤其在单壁碳纳米管的研究上达到 0.33 nm 的精度，彰显了我国在纳米科技领域的强劲实力。

近年来，石墨烯这一神奇材料的崛起更是加速了纳米电子学的进程。英国科学家率先利用石墨烯创造出极致薄宽的晶体管，而 IBM 的成就——石墨烯集成电路的问世，更是将这一领域推向新高度。我国亦不甘落后，正加大对石墨烯材料的研发力度，力求在全球纳米电子学竞赛中占据领先地位，共同推动人类信息科技迈向前所未有的辉煌未来。

二、电子技术基础

经过一个多世纪的发展，电子技术已经形成了完备的理论与知识体系，主要有电路、模拟电子技术、数字电子技术、集成电路技术、单片机与嵌入式系统、现场可编程门阵列等。

（一）电路基础

电路是组成各类电气电子设备和系统的基础。电路[3]是指由电源和电子设备或电子元器件通过导线按照一定规则互连而成的、具有特定功能的电流通路。电路的分析主要依据电路模型和拓扑，运用电路原理，分析求解电路中各变量（电压、电流、功率等）。电路主要完成三项任务或实现三个功能：能量转换、信号处理、数据存储与计算。

（二）模拟电子技术

模拟电子技术主要是指分析基于半导体的特性，二极管、晶体三极管的工作原理，以及分析基于晶体三极管构建的各类电路（如功率放大电路、运算放大电路、反馈放大电路、信号运算电路、信号产生电路、电源稳压电路）的工作原理的技术。

（三）数字电子技术

计算机、单片机等处理的都是二进制数字信号，模拟信号进入计算机之前需要通过模数转换，变成二进制的数字信号，才能被 CPU 处理和计算。数字电路是专用于处理数字逻辑的电路，处理的是逻辑电平"0"和"1"，可分为分立元件电路和集成电路两大类；根据逻辑功能不同，又可分为组合逻辑电路和时序逻辑电路。

（四）集成电路技术

集成电路（integrated circuit，IC），作为微型电子器件的核心，通过精妙工艺将多种电子元件与复杂布线巧妙融合于微小半导体或介质基片上，封装后形成功能强大的微型系统。自 1958 年诞生以来，集成电路技术经历了从小规模到超大规模的飞跃，集成密度以惊人的速度（每两年近乎三倍的增长率）攀升，彰显着科技进步的无限活力。

集成电路技术已然崛起为一个国家至关重要的战略技术领域，其在科技与经济领域的地位不可撼动。在此领域，英特尔（Intel）摩尔（Moore）提出了极具前瞻性的摩尔定律：集成电路上所能集成的晶体三极管数量，将以惊人的速度每 18 个月实现翻倍增长。摩尔定律被称为电子信息产业的"第一定律"，这一定律揭示了信息技术进步的速度。

（五）单片机与嵌入式系统

单片机（single-chip microcomputer）是一种通过超大规模集成电路的精湛工艺，将 CPU、随机存储器（random access memory，RAM）、只读存储器（read-only memory，ROM）、多样化的输入输出接口、即时响应的终端系统，以及精准计时的定时器/计数器等功能模块，精妙地集成于一枚微小的硅片之上，构建了一个功能全面、结构紧凑的微型计算机系统。其设计精髓在于，只需简单的软件编程与外部设备连接，便能迅速构建起一套高效、灵活的单片机控制系统，为各类自动化、智能化应用提供强大的驱动力。

嵌入式系统（embedded system）是现代电子设备智能化转型的重要推手。依据电气电子工程师学会（Institute of Electrical and Electronics Engineers，IEEE）的定义，它不仅是控制、监测的辅助工具，更是推动设备智能化升级的核心引擎。国内通常认为嵌入式系统更强调以应用为核心，基于计算机技术的灵活裁剪与深度定制，专为满足特定领域对性能、可靠性、成本效益、体积优化及能耗控制的严格要求而生。

作为微型计算机技术在控制领域的杰出代表，单片机与嵌入式系统以嵌入式的方式深度融合于各类复杂多变的控制环境中，从精密的科研仪器到广泛的工业应用，从日常生活的便捷家电到高科技领域的无人机、雷达系统，无不彰显着其卓越的控制能力与广泛的应用潜力。它们不仅是科技进步的见证者，更是推动社会进步与产业升级的关键力量。

（六）现场可编程门阵列

现场可编程门阵列（field programmable gate array，FPGA）是电子设计领域的一次重要飞跃，它源自可编程阵列逻辑电路（programmable array logic，PAL）、通用阵列逻辑电路（generic array logic，GAL）、复杂可编程逻辑器件（complex programming logic device，CPLD）等早期可编程逻辑器件的持续发展。FPGA 作为专用集成电路（application specific integrated circuit，ASIC）的半定制解决方案，巧妙地融合了定制电路的高效性与可编程器件的灵活性。它克服了传统可编程器件在逻辑门数量上的限制，同时避免了全定制 ASIC 设计周期长、成本高的弊端。FPGA 的出现，使设计师能够在硬件层面实现更为复杂、高效的逻辑控制，为现代电子产品的快速迭代与创新提供了强有力的支持。FPGA 的灵活性与可重配置性，使其在通信、数据处理、工业自动化等多个领域展现出广泛的应用前景。

三、微电子技术的发展

（一）微机电系统技术

信息系统的核心追求在于微型化与集成化，其中，微电子技术的飞跃极大地推动了电子系统的微型化进程，而微机电系统（micro-electro-mechanical system，MEMS）技术则开辟了另一片天地，它不仅仅局限于微型化，更实现了一种前所未有的高度集成。MEMS 作为跨学科的尖端科技，融合微型传感器、执行器、信号处理、控制、通信及能源管理等模块于一体，构筑了一个微型化的智能系统世界。这一领域广泛涉及电子、机械、光学、物理、化学、生物医学、材料科学及能源科学等多个学科，展现了强大的技术融合与创新能力。MEMS 技术不仅是微电子技术的一次深刻拓展，更是系统集成理念的革命性实践。它实现了从信息源头（感知）到终端执行（动作）的全链条集成，构建了一个微缩版的"智能工厂"，在方寸之间完成了信息的捕获、处理、存储、传输及执行，这标志着微系统集成技术迈入了一个全新纪元。

（二）DNA 生物芯片

在 21 世纪的科技浪潮中，微电子与生物技术的深度融合孕育出了生物工程芯片这一新兴领域，尤其是 DNA 生物芯片，成为推动经济增长与科技创新的关键力量。该技术根植于生物科学的深厚土壤，巧妙利用生物体、组织或细胞的独特性质与功能，通过工程化手段设计并创造出具有一定特性的生物新品种或品系。DNA 生物芯片作为生物芯片领域的璀璨明珠，借助先进的微电子制造技术，能在微小的硅片上密集排列数万乃至数十万种 DNA 基因片段，实现了遗传信息的海量集成与高效分析。这一技术革新极大地加快了遗传疾病诊断、个性化医疗、药物研发及转基因工程等领域的进步，为人类的健康福祉与生命科学探索开辟了前所未有的道路。更令人瞩目的是，科学家们正探索将微芯片技术应用于神经科学领域，设想将记忆线路植入大脑，以期治疗阿尔茨海默病或增强人类记忆能力，这一前沿构想不仅挑战了传统医学的边界，更预示着人类对自身认知与智能操控的深刻变革。

（三）苹果计算机

苹果计算机（图 6-7）是微电子技术、计算机技术和通信技术三者相结合的产物。苹果计算机不是传统意义上的通信终端，而是一种全新概念的产品。它可以在移动中工作，移动宽带接口成为主要的网络接口，而把 LAN 和 Wi-Fi 作为辅助网络接口。没有微电子技术的高度进步，没有多芯片组装，没有片上系统技术，没有微波集成电路，就不可能有苹果计算机。

图 6-7　Apple-1 计算机

（四）面向物联网的低功耗芯片与传感器技术

物联网与微电子技术的深度融合，正引领着低功耗芯片与传感器技术步入崭新纪元，同时也为微电子技术的演进注入了强劲动力。在这一趋势下，三大关键技术的发展尤为显著。首先，先进封装内系统（system in package，SIP）技术应运而生，它巧妙地满足了物联网设备对轻薄短小与功能全面的双重需求。通过将不同制程、各具特色的芯片以堆叠方式集成于单一封装内，SIP 不仅实现了体积的大幅缩减，更保障了设备性能的全面与高效，为物联网设备的便携性与多功能性奠定了坚实基础。其次，超低功耗（ultra low power，ULP）技术成为物联网设备的核心竞争力之一。相较于智能手机，物联网设备（如穿戴式装备等）对能耗提出了更为严苛的要求。ULP 技术致力于将功耗降低至智能手机水平的十分之一以下，力求实现一周甚至更长时间的单次充电续航，极大地提升了用户体验与设备实用性。最后，传感器技术的数字化、智能化、微型化转型正加速推进。这些传感器广泛应用于健康管理、智能家居、安全监控及车联网等多个领域，能够精准测量体温、血压、脉搏等生理指标，监测环境温湿度及车辆安全距离等关键信息。其高度集成与智能化设计，不仅提升了数据的准确性与实时性，更为物联网生态的智能化、自动化管理提供了有力支撑。

第三节　通　信　技　术

人类信息传输的历程源远流长，从远古的烽火狼烟、飞鸽穿云寄信，到 19 世纪的科技飞跃，电报与电话的问世，以及电磁波奥秘的揭开，彻底革新了沟通方式。这一时代变革，让信息不再受限于物理距离，金属导线编织起有线通信的脉络，而电磁波则让无线通信梦想成真，跨越山海，瞬息即达。现在所说的通信，多指电信技术，它巧妙运用电信号这一无形使者，穿梭于数字世界与现实之间，编织出一张覆盖全球的信息网络，让信息传递超越时空限制，实现了前所未有的高效与便捷。

一、通信技术的发展

简单地说，通信就是传递信息。言语交谈、手势互动、烽火传讯、快马驿站，皆属通信范畴。它们跨越言语、视觉、物理距离，以不同形式传递信息，构建人与人之间的沟通桥梁，展现了通信方式的多样与历史的演进。通信随着人类社会的产生而产生，同时也随着人类社会的发展而发展。人类社会就是建立在信息交流的基础之上的，通信是推动人类社会文明进步和发展的巨大动力。通信的任务就是克服距离上的障碍，迅速而准确地传输信息。

根据通信方式和技术的不同，可以把通信的历史划分为五个阶段。

第一阶段的通信方式是语言和简单符号。人们通过人力、马力等原始通信手段传递信息，还可以通过烽火台等方式传递简单的约定信息。

第二阶段从发明文字以及邮政通信开始。人类传递比较详细的信息的愿望是在文字发明之后才逐步实现的，书信是搭载文字信息的使者。

第三阶段从造纸和印刷术的发明开始，这两项发明使文字信息通信成为人类通信历史上使用最为广泛和使用时间最长的通信方式。

第四阶段从电报、电话和广播的发明开始，从此人类进入了电子通信时代，通信技术开始进入高速发展阶段。

第五阶段为信息时代，随着现代经济和科学技术的发展，人类对信息传递、储存和处理的要求越来越高，信源的种类也越来越多，不仅有语言信息，还包括文本、数据和图像（特别是活动影像）信息。在这一阶段，通信技术和计算机技术已紧密结合。

人类通信的革命性变化是把电作为信息载体，现代通信是指电子信息通信，现代通信技术实际上就是研究如何利用电子技术来进行信息传输。从总体上看，通信技术的核心在于构建与优化通信系统与网络。通信系统涵盖信息传递所需全部设施，确保信息流通；通信网络则集多通信系统于一体，实现多点间无缝互连，构建全面通信体系。两者相辅相成，推动信息高效传递。

二、通信技术的基础

通信的根本目的是传输信息。在信息传输过程中所需的一切设备和软硬件技术组成的综合系统称为通信系统。尽管通信系统的种类繁多、形式各异，但最基本的架构就是点对点通信系统[4]。通信原理主要研究点对点通信系统的基本理论、通信方式和通信技术。

（一）电缆通信

电缆通信作为历史悠久的通信基石，其发展历程跨越世纪，对长途及国际通信贡献卓著。在光纤与移动通信技术兴起之前，电缆不仅是电话、传真、电报等通信服务连接用户与交换机的命脉，更是跨越浩瀚海洋，如太平洋与大西洋，实现跨国界信息交流的关键媒介。其中，同轴电缆以其独特的结构优势，在远距离通信中占据主导地位，特别是在数字电话技术革新后，脉冲编码调制与时分多路技术的融合应用，极大地提升了同轴电缆的传输效率与容量，进一步巩固了其通信主力的地位。

然而，随着科技的飞速进步，光纤通信技术以其超高速率、超大容量及抗电磁干扰等特性，逐渐取代了同轴电缆在长途及骨干网中的核心地位。

（二）微波中继通信

微波中继通信自 20 世纪 60 年代崭露头角，以其独特的优势填补了电缆通信的空白，尤其在偏远或难以铺设电缆的区域展现出非凡价值。其快速部署、低成本及灵活性的特性，使微波通信在光纤与卫星通信普及前，成为多国长途通信与电视信号传输的优选方案。美国、苏联（俄罗斯）及中国等国均构建了庞大的微波中继网络，跨越广阔地域，实现了信息的高效传递。

随着数字通信技术的飞跃发展，数字微波中继通信更是成为主流趋势。从早期的二相相移键控、四相相移键控调制技术，到如今广泛采用的多电平调制如 16QAM（正交幅度调制）、64QAM 乃至更高阶的 256QAM、1024QAM，微波通信的频谱效率与通信容量实现了质的飞跃。在标准频道带宽内，这些先进技术能够承载数千路脉冲编码调制数字电话，不仅远超模拟微波的容量，更在通信质量上实现了显著提升。

尽管光纤通信以其无与伦比的带宽与传输性能对微波通信构成了强劲挑战，但微波通信凭借其灵活部署、快速响应及在特定环境下的不可替代性，依然稳固占据着长途通信领域的一席之地。未来，微波通信将继续作为光纤网络的重要补充，特别是在应急通信、偏远地区覆盖及临时网络构建等方面发挥关键作用，推动全球通信网络的多元化与韧性发展。

（三）光纤通信

光纤通信作为光通信与有线通信的杰出代表，以光波为信息载体、光纤为传输媒介的革新技术，深刻改变了电信史的进程。这一通信方式凭借其超大的通信容量、低廉的运营成本及卓越的抗电磁干扰能力，迅速成为信息时代的基石。光纤的原材料二氧化硅，资源丰富，相较于同轴电缆，极大地节省了宝贵的金属资源与能源，推动了绿色通信的发展。

自 1977 年首个光纤通信系统在美国芝加哥商用化以来，光纤通信技术如雨后春笋般迅猛发展，技术创新层出不穷，性能持续优化，成本大幅降低。海底光缆的铺设更是跨越了太平洋与大西洋，构建起全球性的高速信息通道，其传输能力远超传统海底电缆，开启了全球通信的新纪元。

我国紧跟全球步伐，构建了"八纵八横"的光缆骨干网络，不仅极大提升了长途通信能力，更为未来全光网络的构建奠定了坚实基础。

展望未来，光纤通信技术将继续向单模、长波长、大容量数字传输及相干光通信等前沿领域迈进，不断突破技术瓶颈，满足日益增长的通信需求。光纤通信，作为信息传输领域的核心力量，正引领我们迈向一个更加高速、高效、安全的通信新时代。

（四）卫星通信

卫星通信，作为现代通信技术的重要分支，依托人造地球卫星作为信号中继站，在广阔的空间中编织起一张无远弗届的通信网络。其独特之处在于能够跨越地理界限，实现远距离、大范围的无线通信，其工作频段锁定在微波频段，确保了数据传输的高效与稳定。

自 1965 年首颗商用国际通信卫星升空以来，卫星通信技术经历了飞速的发展，不仅极大地拓展了通信的边界，更深刻地改变了全球信息交流的格局。如今，卫星通信已成为国际通信领域的中流砥柱，承载着约半数的洲际通信业务和近乎全部的远距离电视信号传输任务，覆盖广、影响深。同时，卫星通信技术逐渐渗透至世界各国通信市场，多国纷纷建立起自有的卫星通信系统，构建起全方位、多层次的通信网络体系。

中国作为卫星通信领域的后起之秀，自 20 世纪 70 年代起便积极投身于这一技术的研发与应用之中。从最初的国际通信尝试，到国内卫星通信网络的逐步构建，中国已发射多颗同步通信卫星，拥有数百个转发器资源，与全球近 200 个国家和地区建立了卫星通信联系，并成功搭建了国内公用及专用卫星通信网络，为经济社会发展提供了强有力的信息支撑。

在技术层面，卫星通信正不断向更高频段迈进，C 波段、Ku 波段乃至 Ka 波段的应用，进一步提升了通信容量与效率。同时，数字调制、频分/时分/码分复用与多址技术，以及多波束卫星与星上处理等先进技术的融合应用，正不断推动卫星通信技术的革新与发展。地面系统方面，小型化、集成化成为新的发展趋势，甚小口径天线终端（very small aperture terminal，VSAT）系统的兴起，正是这一趋势的生动体现，它集成了多项尖端技术，实现了通信终端的轻量化与高效化，极大地降低了卫星通信的门槛与成本。

根据轨道高度，通信卫星可分为同步轨道卫星（36 000 km）、高轨卫星（20 000 km 以上）、中轨卫星（2 000～20 000 km）、低轨卫星（2 000 km 以内），每种类型均有其独特的优势与应用场景，共同构成了复杂而高效的卫星通信网络体系。卫星通信将在全球信息化进程中扮演更加重要的角色，为人类社会带来更加便捷、高效、可靠的通信体验。

（五）移动通信

移动通信是指通信双方至少有一方在移动中进行信息传输和交换，包括移动体（车辆、船舶、飞机或行人）和移动体之间的通信、移动体和固定点（固定无线电台或有线电话）之间的通信。我们所使用的手机通信就属于移动通信，它是移动通信应用最为广泛的代表，也是技术发展最前沿的领域。

1. 第一代（1G）移动通信技术

1983 年，先进移动电话系统（advanced mobile phone system，AMPS）在美国芝加哥投入商用，诞生了世界首款手机，如图 6-8 所示。同一时期，英国的全地址通信系统、瑞典等北欧四国开发的 NMT-450 等也投入使用，以 AMPS 和全地址通信系统为代表的蜂窝移动通信系统的普及，标志着第一代模拟移动通信的成熟。1G 主要基于蜂窝结构组网，直接使用模拟语音调制技术，只能应用于语音传输业务，业务量小、质量差、安全性差、涵盖范围小、信号不稳定。我国直到 1987 年的第六届全国运动会上，才正式启用蜂窝移动通信系统，这是我国移动通信开端的标志。

2. 第二代（2G）移动通信技术

1982 年，欧洲邮电管理委员会着手制定新一代的移动通信标准——全球移动通信系统（global system for mobile communications，GSM），这种通信标准后来成为第二代移动通信技术的主要标准。1991 年，GSM 网络在芬兰投入商用。第二代移动通信系统也称为数字蜂窝移动通信系统，主要采用的是数字的时分多址技术和码分多址（code division multiple access，CDMA）技术。全球主要有欧洲的 GSM 和美国的 CDMA（IS-95）两种体制。我国于 1995 年开始建设第二代蜂窝网，不同的公司采用不同的体制，更多的是采用 GSM 体制。第二代移动通信的主要业务是数字化的语音和低速数据业务。图 6-9 所示为世界首款实现手机上网的诺基亚 7110 手机。

图 6-8　世界首款手机（摩托罗拉 DynaTAC 8000X）

图 6-9　世界首款实现手机上网的 诺基亚 7110 手机

3. 第三代（3G）移动通信技术

随着人们对移动网络应用的需求不断提升，移动通信业务开始从语音向数据过渡，催生了新一代移动通信技术。欧盟牵头的基于 GSM 标准演进到宽带码分多址（wideband CDMA，WCDMA），美国高通主导的基于 IS-95 标准演进到 CDMA2000，依托中国市场，由大唐电信主导的 TD-SCDMA，成为 3G 的主要标准。3G 通信可以在移动的情况下实现音频、视频、多媒体文件等的传输。我国于 2009 年颁发了 3 张 3G 牌照，分别是中国移动的 TD-SCDMA、中国联通的 WCDMA 和中国电信的 CDMA2000。TD-SCDMA 是我国自主研发的第三代移动通信标准，在电信史上具有重要的里程碑意义。

4. 第四代（4G）移动通信技术

随着智能手机的普及，视频通信、视频点播、电视直播、网络游戏等高流量的移动业务发展迅速，3G 通信已经不能满足要求，各通信厂商开始寻找新的技术方案。第三代合作伙伴计划（3rd Generation Partnership Project，3GPP）于 2008 年提出了长期演进（long term evolution，LTE）技术作为新一代的无线通信技术，与此同时，欧洲主导的 FDD-LTE 和我国主导的 TD-LTE，成为 4G 标准。4G 比原来的 3G 大大提高了传输速率、降低了传输时延，能在异构网中平滑切换。2013 年 12 月，三大运营商获颁 "ITE/第四代数字蜂窝移动通信业务" 经营牌照，开启我国 "4G 时代"。

5. 第五代（5G）移动通信技术

随着增强现实（augmented reality，AR）、虚拟现实（virtual reality，VR）、物联网等技术的诞生与普及，5G 应运而生，高速率、低时延、低功耗、高可靠是 5G 通信技术的基本特点。5G 的法定名称是 "IMT-2020"，5G 不再是一个单一的无线接入技术，而是多种新型无线接入技术和现有 4G 技术的集成，其应用场景十分广泛。5G 支持海量数据传输，向实现万物互联、促进工业互联网等领域发展。

2019 年 6 月，我国正式进入 "5G 商用元年"，图 6-10

图 6-10　获得首张 5G 终端电信设备进网许可证的手机（华为 Mate 20 X）

所示为我国获得首张 5G 终端电信设备进网许可证的手机（华为 Mate 20 X）。

移动互联网与物联网的快速发展，以及市场对高品质、多样性业务的需求，推动了 5G 系统的诞生。国际电信联盟（International Telecommunication Union，ITU）将 5G 定义为三大应用场景：增强型移动宽带（enhanced mobile broadband，eMBB）、大规模机器类通信（massive machine type communication，mMTC）和超高可靠和低时延通信（ultra-reliable and low latency communication，uRLLC）。eMBB 赋能高清视频等大流量移动宽带，引领视觉盛宴；mMTC 则支撑大规模物联网，万物互联新纪元；uRLLC 专注于无人驾驶、工业自动化，确保低时延高可靠，驱动智能时代新飞跃。

三、现代通信技术的发展

由于社会和经济发展对知识的需求，信息量呈爆炸式增长，处理、存储、传输、分配和利用日益庞大的信息资源，促生了社会对通信网络的广泛需求。通信飞跃源于 20 世纪后期信息技术革新，集成电路、光电子、存储、显示、无线与软件技术六大领域齐头并进，共同驱动通信行业迈向高效、智能新纪元，引领信息社会飞速发展。在市场需求和技术进步的双重驱动下，通信网络技术将逐步向数字化、综合化、宽带化、智能化、个人化和全球化方向发展。

（一）三网融合的趋势

随着用户需求的多元化、市场竞争的加剧及管制政策的逐步放宽，电信网、互联网与有线电视网正经历前所未有的深度融合趋势，这一过程跨越技术、业务、市场、行业边界，直至终端形态、网络架构乃至监管框架，对社会经济、文化发展及信息产业格局产生深远影响。通信技术的数字化浪潮，促使话音、数据与图像等信息统一为比特流，推动网络业务向以数据为核心转型，分组网络特别是 IP 网络的兴起成为历史必然。

TCP/IP 协议作为 IP 业务的基石，其跨网络的通用性确保了不同网络间的无缝互通，为三网融合构建了坚实的协议基础。这一协议体系从用户终端延伸至接入层与核心网，实现了端到端的透明互联，加速了网络一体化的进程。

三网融合的核心意义远不止于技术层面的交融，更涵盖了业务创新、市场拓展、行业界限模糊、终端功能集成、网络架构重构及监管政策调整等多个维度。它预示着一种新型网络形态的到来，这种网络不是传统网络的简单相加，而是汲取了三者精髓，融合了各自优势，形成了一种高效、灵活、全能的新型信息网络。长远来看，三网融合将催生一个更加智能、开放、包容的信息时代，为社会经济的可持续发展注入强大动力。

（二）第六代（6G）移动通信技术

当前，第五代（5G）移动通信系统的广泛商用正以前所未有的速度推动着人工智能（artificial intelligence，AI）（图 6-11）、云计算、大数据等前沿技术的深度融合，这不仅促进了数据技术（data technology，DT）、运营技术（operational technology，OT）、信息技术（IT）与通信技术

图 6-11　人工智能

（communication technology，CT）的跨界融合，即 DOICT 的深度融合，还深刻重塑了人类的生活方式，加速了社会的全面数字化转型进程。

面向 2030 年，第六代（6G）移动通信系统的愿景[5]聚焦于"数字孪生、智慧泛在"，预示着一个前所未有的时代即将来临——物理世界与数字世界并行共存，通过数字孪生技术实现虚实交融，构建起一个更加智能、灵活且高度集成的全球信息生态系统。国际电信联盟明确了 6G 的六大核心应用场景：沉浸式通信、超大规模连接、超高可靠低时延通信、AI 与通信的深度融合、感知与通信的融合以及泛在连接。这些场景要求 6G 网络具备内生支持 AI、环境感知、广泛连接等新型能力，实现从传统移动通信网络向集通信、感知、计算、数据处理、AI 及安全于一体的综合移动信息网络转变。

随着 6G 网络架构设计理念[6]的不断深化与目标架构的探索，全场景应用的发展与 DOICT 的深度融合已成为业界的共识。新一代技术如大数据、云计算、物联网和 AI 的快速发展，正驱动 6G 网络向性能极致化、能力多维化、覆盖全域化的方向迈进，以满足未来社会对信息服务的多元化需求。6G 网络作为新一代信息服务系统的基石，将承载起推动差异化、碎片化应用业务繁荣的重任，并通过 DOICT 的深度融合，实现全场景应用的无缝支持。

最终，6G 网络将不仅仅是一个连接工具，而且是一个开放创新、提供综合信息服务的平台，其超越传统连接的服务能力将成为其标志性的架构特征。在这个平台上，智能将无处不在，数字与物理世界的界限将更加模糊，多要素信息服务将触手可及，共同开启一个智慧泛在、数字孪生的全新时代。

第四节 计算机技术

计算机的发明是 20 世纪人类最伟大的科学技术成就之一，也是现代科学技术发展水平的重要标志。多年来，计算机在运算速度、存储容量、功能、功耗上取得了巨大的进步，而且应用领域已几乎遍及科学研究、军事防御、自动控制、天文气象、电子商务、金融财会、交通运输、宇航通信、电子政务、教育卫生、人工智能等人类活动的一切领域，对人类活动的各方面发挥着巨大的推动作用，极大地提高了工作效率，改变着人们的生活方式。

一、计算机的发展历程

电子数字计算机（electronic digital computer）通常简称为计算机，是执行指令序列以处理数据的精密电子设备。它具备高度自动化能力，能够接收外部信息，存储于内部存储器中，随后依据预设的程序逻辑对这些数据进行计算、分析及处理，最终输出用户期望的结果。这一过程实现了信息的智能转换与高效处理，是现代信息技术领域的核心工具，广泛应用于各行各业，推动社会进步与发展。

1946 年 2 月，世界上第一台电子数字积分计算机（electronic numerical integrator and computer，ENIAC）在美国宾夕法尼亚大学诞生，它标志着科学技术的发展进入了新的时代——电子计算机时代。从第一台电子计算机的诞生到现在，这 70 多年的时间里，计算机的发展经历了以下 4 个阶段[7]。

（一）电子管计算机（1946～1958 年）

第一代计算机的基本电子器件为电子管。其主存先后采用水银延迟线、磁鼓、磁芯，存储容量只有几千个存储单元，运算速度为每秒几千次至几万次。输入输出设备为穿孔卡片或穿孔纸带。第一代计算机体积大、功耗高、可靠性较差，主要应用于科学计算，编程语言为机器语言。

（二）晶体管计算机（1958～1964 年）

第二代计算机的基本电子器件为晶体管。其主存采用磁芯存储器，存储容量增至 10 万个存储单元以上，磁鼓、磁盘被用作辅助存储器（辅存），输入输出设备为穿孔卡片或打印机，运算速度为每秒数十万次到数百万次。相对于电子管计算机，其体积和功耗均有明显减小。其应用领域从科学计算扩展到数据处理，编程语言主要是汇编语言，并开始使用 FORTRAN、COBOL 和 ALGOL 等高级语言。

（三）集成电路计算机（1964～1971 年）

第三代计算机的基本电子器件普遍采用集成电路。其主存采用半导体存储器，以磁盘为辅存，主存和辅存容量显著增加，出现了键盘、鼠标、显示器等外部设备，操作系统得到广泛应用。计算机运算速度一般为每秒数百万次至数千万次。计算机的体积和功耗均显著减小，可靠性大大提高。在此期间，出现了向大型和小型两极发展的趋势，典型的有 1964 年 IBM 公司的 IBM 360 计算机、1971 年 DEC 公司的 PDP-11 计算机，以及 1976 年 CRAY 公司的第一台向量计算机 CRAY-1。与此同时，计算机类型开始出现多样化和系列化；微程序、流水线和并行性等技术也陆续被引入计算机设计中；软件技术与外部设备快速发展，应用领域不断扩大。

（四）超大规模集成电路计算机（1971 年至今）

第四代计算机普遍采用了超大规模集成电路，以微处理器为特征，运算速度从 MIPS（每秒 10^6 条指令）级提高到 GIPS（每秒 10^9 条指令）级甚至 TIPS（每秒 10^{12} 条指令）水平。超大规模集成电路进一步减小了计算机的体积和功耗，提升了计算机的性能。1981 年，采用 Intel 8086 系列芯片的个人计算机 IBM PC 诞生；计算机出现了精简指令系统计算机和复杂指令系统计算机两个发展方向。与此同时，多机并行处理与网络化也成为这一时代计算机的重要特征，大规模并行处理系统、分布式系统、计算机网络的研究和实施进展迅速；系统软件的发展不仅实现了计算机运行的自动化，而且正在向工程化和智能化迈进。

二、计算机硬件系统

计算机由硬件与软件两大基石构成，二者相辅相成，缺一不可。

计算机硬件系统是构成计算机系统的电子线路和电子元件等物理设备的总称，是构成计算机的物质基础，是计算机系统的核心。

（一）冯·诺依曼体系结构

20 世纪 40 年代中期，美国科学家冯·诺依曼提出了采用二进制作为数字计算机数制基础的理论。相比十进制，二进制的运算规则更简单，"0" 和 "1" 两个状态更容易用物理状态实现，适合采用布尔代数的方法实现运算电路。除此之外，冯·诺依曼还提出了存储程序和程序控制的思想。存储程序就是将"解题的步骤"编制成程序，然后将程序和运行程序所需要的数据以二进制的形式存放到存储器中，方便执行。而程序控制则是指在程序控制下，计算机控制器逐条读取并执行存储的指令，精准调度各部件，协同完成数据处理任务。

　　存储程序和程序控制是冯·诺依曼结构计算机的主要设计思想，人们把冯·诺依曼的这些理论称为冯·诺依曼体系结构，如图 6-12 所示。按照冯·诺依曼的设计思想，计算机的硬件系统包含存储器、运算器、控制器、输入设备和输出设备五大部件。运算器与控制器又合称为中央处理器（central processing unit，CPU）；CPU 和存储器通常称为主机（host）；输入设备和输出设备统称为输入输出设备，因为它们位于主机的外部，所以有时也称为外部设备。

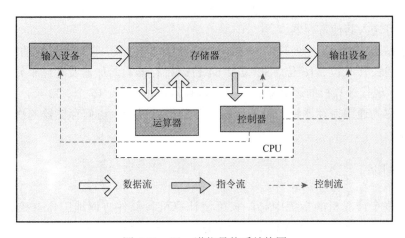

图 6-12　冯·诺依曼体系结构图

（二）存储器

　　存储器核心在于存储程序与数据，两者皆为计算机运作之根本。程序指导计算机操作，数据则是操作对象。这些元素在存储器内均采用二进制编码，统称信息。为实现自动计算，信息需预先载入主存储器，供 CPU 即时访问与处理，确保计算机高效执行预设任务。

　　计算机的存储器可分为主存储器和辅助存储器。主存储器也称为内存，辅助存储器也称为外存。

　　目前，计算机的主存储器采用半导体存储器。存储体由许多个存储单元组成，信息按单元存放。存储单元按某种顺序编号，每个存储单元都对应一个编号，称为单元地址。存储单元地址与存储信息一一对应。每个存储单元的单元地址只有一个且固定不变，而存储在其中的信息则可改变。

　　访问存储器指向存储单元存入或从存储单元取出信息。访问存储器时，先由地址译码器将送来的单元地址进行译码，找到相应的存储单元，然后由读/写控制电路确定访问存储器的方式，即取出（读）或存入（写），最后再按规定的方式完成取出或存入操作。

　　地址总线与数据总线分别为访问存储器传递地址信息和数据信息，地址总线是单向的，数据总线是双向的。

外存储器是计算机中重要的外部设备。计算机的存储管理软件将它与主存一起管理，作为主存的补充。常见的外存储器有硬盘、光盘与 U 盘等。

（三）运算器

运算器是一种用于信息加工处理的部件，它对数据进行算术运算和逻辑运算。算术运算是按照算术规则进行的加、减、乘、除等运算。逻辑运算一般泛指非算术运算，如比较、移位、逻辑加、逻辑乘、逻辑取反及异或等。

运算器通常由算术逻辑单元（arithmetic and logic unit，ALU）和一系列寄存器组成。ALU 是具体完成算术与逻辑运算的部件；寄存器用于存放运算操作数；累加器除存放运算操作数外，在连续运算中，还用于存放中间结果和最后结果，累加器也由此而得名。寄存器与累加器中的原始数据既可从存储器获得，也可以来自其他寄存器；累加器的最后结果既可存放到存储器中，也可送入其他寄存器。

一般将运算器一次运算能处理的二进制位数称为机器字长，它是计算机的重要性能指标。常用的计算机字长有 8 位、16 位、32 位及 64 位。寄存器、累加器及存储单元的长度一般与机器字长相等。现代计算机的运算器具有多个寄存器，如 8 个、16 个、32 个，多的有上百个，这些寄存器统称为通用寄存器组。设置通用寄存器组可以减少访问存储器的次数，提高运算器的运算速度。

（四）控制器

控制器是整个计算机的指挥中心，它可使计算机各部件协调地工作。控制器工作的实质就是解释程序，它每次从存储器读取一条指令，经过分析译码产生一串操作命令，再发给各功能部件控制各部件动作，使整个机器连续地、有条不紊地运行，以实现指令和程序的功能。

计算机中有两股信息在流动：一股是控制流信息，即操作命令，它分散流向各个功能部件；另一股是数据流信息，它受控制流信息的控制，从一个部件流向另一个部件，在流动的过程中被相应的部件加工处理。控制流信息的发源地是控制器。控制器产生控制流信息的依据来自以下三个方面：①存放在指令寄存器中的机器指令，它是计算机操作的主要依据；②状态寄存器，用于存放反映计算机运行状态的信息，计算机在运行过程中，会根据各部件的即时状态，决定下一步操作是按顺序执行指令还是按分支转移执行指令；③时序控制，它能产生各种时序信号，使控制器的操作命令被有序地发送出去，以保证整个机器协调地工作。

控制器和运算器组成 CPU。我国 CPU 正处于快速发展阶段，未来有望在更多领域实现国产替代和自主可控。在性能方面，国产 CPU 如龙芯（图 6-13）、海光、飞腾等已经具备了较高的运算能力和稳定性，能够满足不同领域的需求。在生态方面，国产 CPU 厂商正在积极构建和完善自己的生态系统，与操作系统、应用软件等厂商合作，提升产品的兼容性和用户体验。

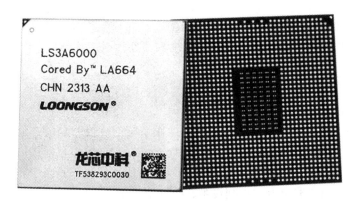

图 6-13　龙芯 CPU

（五）输入设备

输入设备就是将信息输入计算机的外部设备，它将人们熟悉的信息形式转换成计算机能接收并识别的信息形式。输入的信息包括数字、字母、符号、文字、图形、图像、声音等多种形式；送入计算机的只有一种形式，就是二进制数据。一般输入设备用于原始数据和程序的输入。常用的输入设备有键盘、鼠标、扫描仪等。

（六）输出设备

输出设备就是将计算机运算结果转换成人们和其他设备能接收和识别的信息形式的设备，如字符、文字、图形、图像、声音等。输出设备与输入设备一样，需要通过接口与主机连接。常用的输出设备有打印机、显示器等。

输入输出设备与主机之间通过接口连接。设置接口主要有以下三方面的原因。一是输入输出设备传送数据的速度远远低于主机，因此需用接口进行数据缓冲。二是输入输出设备所用的信息格式与主机不同，例如，通过键盘输入的字母、数字先由键盘接口转换成 8 位二进制码（ASCII 码），再拼接成主机认可的字长送入主机。因此，需用接口进行信息格式的转换。三是接口还可以向主机报告设备运行的状态、传达主机的命令等。

总之，计算机硬件系统是运行程序的基本组成部分，人们通过输入设备将程序与数据存入存储器，计算机运行时，控制器从存储器中逐条取出指令，将它们解释成控制命令去控制各部件的动作。数据在运算器中被加工处理，处理后的结果通过输出设备输出。

三、计算机软件系统

计算机软件将解决问题的思想、方法和过程用程序进行描述，因此，程序是软件的核心组成部分。程序通常存储在存储介质中，人们可以看到存储程序的存储介质，而程序则是无形的。

一台计算机中全部程序的集合统称为这台计算机的软件系统。计算机软件按其功能分成应用软件和系统软件两大类。

应用软件是用户为解决某种应用问题而编制的一些程序，如科学计算程序、自动控制程序、数据处理程序、情报检索程序等。随着计算机的广泛应用，应用软件的种类及数量越来越多，功能也越来越强大。

系统软件用于对计算机系统进行管理、调度、监视和服务等，其目的是方便用户、提高计算机使用效率、扩充系统的功能。通常将系统软件分为以下几类。

（一）操作系统

操作系统是管理计算机中各种资源、自动调度用户作业、处理各种中断的软件。操作系统管理的资源通常有硬件、软件和数据信息。操作系统的规模和功能，随不同的要求而异。常见操作系统包括 UNIX、Windows、Linux、Android、iOS 等。目前国产主流操作系统有深度（Deepin）、银河麒麟、中标麒麟和鸿蒙等。国产的嵌入式操作系统 RT-Thread 已经广泛应用于物联网设备（如租借充电宝的控制设备、网络摄像头、智能手环等），填补了我国在嵌入式操作系统方面的空白。

（二）程序设计语言及语言处理程序

程序设计语言是用于书写计算机程序的语言，其基础是一组记号和一组规则。程序设计语言通常分为机器语言、汇编语言和高级语言三类。

1. 机器语言

机器语言是用二进制代码表示的、计算机能直接识别和执行的一种机器指令的集合。它是计算机设计者通过计算机硬件结构赋予计算机的操作功能。每台机器的指令格式和代码所代表的含义都是事先规定好的，因此机器语言也称为面向机器的语言，不同硬件结构的计算机的机器语言一般是不同的。机器语言程序执行速度快，但由于对机器的依赖程度高，编程烦琐、硬件透明性差、直观性差、容易出错。

2. 汇编语言

为了克服机器语言难读、难写、难记忆和难修改的缺点，人们发明了便于记忆和描述指令功能的汇编语言。汇编语言是一种用助记符表示的面向机器的计算机语言。相较于机器语言编程，汇编语言编程更加灵活，在一定程度上简化了编程过程。使用汇编语言编程必须对处理器内部架构有充分的了解，汇编程序必须利用汇编器转换成机器指令才能执行。

3. 高级语言

高级语言接近自然语言，直观通用且易学，是计算机编程的重要里程碑。编程者能以人类思维编写指令，提升效率，简化底层操作，促进软件跨平台运行。早期至现在广泛使用的高级语言有 Basic、Fortran、Pascal、C/C++、Java、Python 等。

高级语言是面向用户的程序设计语言，需要通过相应的语言翻译程序才可变成计算机硬件能识别并执行的目标程序。其根据执行方式可分为解释型与编译型两类。

（三）数据库管理系统

数据库管理系统（data base management system，DBMS）又称数据库管理软件。数据库是为了满足数据处理和信息管理的需要，在文件系统的基础上发展起来的，在信息处理、情报检索、办公自动化和各种管理信息系统中起着重要的支撑作用。常见的数据库管理系统包括 Oracle、SQL Server、DB2、PostgreSQL、MySQL 等。常见的国产数据库包括达梦数据库、金仓数据库、GBase、华为 GaussDB 等。

软件和硬件逻辑功能的等价性是计算机系统设计的重要依据，软件和硬件的功能分配及其界面的确定是计算机系统结构研究的重要内容。当研制一台计算机时，设计者必须明确分配每一级的任务，确定哪些功能使用硬件实现，哪些功能使用软件实现。软件和硬件功能界面的划分是由设计目标、性能价格比、技术水平等综合因素决定的。

随着大规模集成电路技术飞跃发展，软件硬化或固化趋势显现，成为未来发展的必然方向。例如，目前 PC 主板上的 BIOS 芯片就是将基本输入输出系统程序（BIOS）固化在只读存储器（ROM）中实现的。它在形式上是硬件，但其实际内容是软件。

四、计算机网络

（一）计算机网络功能与分类

计算机网络是通过线路互连起来的、自治的计算机集合，确切地讲，就是将分布在不同地理位置上、具有独立工作能力的计算机、终端及其附属设备用通信设备和通信线路连接起来的，并配置网络软件，以实现计算机资源共享的系统。

1. 计算机网络的功能

计算机网络的功能主要表现在资源共享和数据通信两个方面。

（1）资源共享：可以在全网范围内进行硬件资源、软件资源、数据、文件的共享，既节省用户的投资，又便于集中管理。

（2）数据通信：在计算机网络中为分布在各地的用户提供了强有力的通信手段。用户可以随时进行即时通信、发送电子邮件、发朋友圈或进行电子商务活动。

2. 计算机网络分类

按照物理覆盖范围分类。这类网络分类方法包括网络分布的地理区域，简要地说，就是按网络的规模分类。使用这种方法，可以大致地将网络分为局域网（local area network，LAN）、城域网（metropolitan area network，MAN）和广域网（wide area network，WAN）。这些类别在某种程度上和网络规模（即计算机和用户的数目）有关（局域网通常比城域网小，城域网又比广域网小）。

（1）局域网（图 6-14）是最常见、应用最广的一种网络。它是在局部地域范围内的网络，所覆盖的地域范围较小，连接距离一般是几米至 10 km。举例来说，LAN 可以由一个家庭或办公室，距离几米的两台 PC 组成，它也可以包括摩天大楼里若干层的成百上千台计算机，在有些情况下，甚至可以是距离很近的几栋写字楼里的成百上千台计算机。

（2）城域网（图 6-15）一般是指在一个城市，但不在同一地理范围内的计算机互连。这种网络的连接距离为 10～100 km，MAN 与 LAN 相比扩展的距离更远，连接的计算机数量更多，在地理范围上可以说是 LAN 的延伸。在繁华都市中，MAN 犹如信息枢纽，无缝连接学校、医院、企业等多领域的 LAN，而光纤技术的融入，更使高速 LAN 间的无缝互连成为可能，从而加快了城市信息化的步伐。

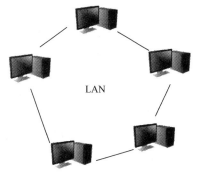

图 6-14　LAN 简单布局

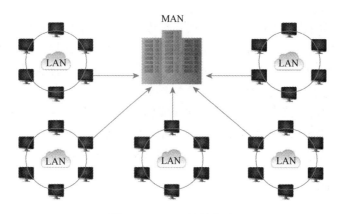

图 6-15　MAN 简单布局

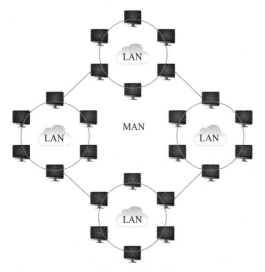

图 6-16　WAN 简单布局

（3）广域网（图 6-16）所覆盖的范围比局域网更广，一般是不同城市之间的 LAN 或者 MAN 互连，连接距离可以几百千米到几千千米，因而有时也称为远程网。WAN 是因特网的核心部分，其任务是通过长距离（如跨越不同的国家）运送主机所发送的数据，连接 WAN 各节点交换机的链路一般是高速链路，具有较大的通信容量。

按照拓扑结构分类。拓扑（topology）结构是指网络单元的地理位置和互连的逻辑布局，也就是网络上各节点的连接方式和形式。物理拓扑指的是网络的形状或电缆的布线方式，逻辑拓扑指的是信号从网络的一个点到达另一个点所采用的路径。比较常见的拓扑结构有总线型、星形和环形，在此基础上还可以连成网状拓扑结构、混合拓扑结构。

（1）总线型：顾名思义，是按照直线布局的网络。"线"实际上并不一定是物理上的直线，电缆可以从一台计算机到另一台计算机，然后到达下一台，以此类推，如图 6-17 所示。

（2）环形：如果将总线型上最后一台计算机与第一台计算机相连接，就形成了环形拓扑。在环形拓扑中，每台计算机都与相邻两台相连，信号可以一圈圈地按照环形传播，如图 6-18 所示。

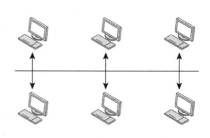

图 6-17　总线型拓扑结构

（3）星形：在星形拓扑结构中，网络中的各节点通过服务器点到点的方式连接到一个中央节点上，由该中央节点向目的节点传送信息，中央节点负担比各节点重得多。在星形网中，任何两个节点要进行通信都必须通过中央节点控制，如图 6-19 所示。

（4）网状拓扑结构：网状拓扑结构是一种不太常见的拓扑形式，它不像前面讨论的三种拓扑那样常用。在网状拓扑结构中，每台计算机都与网络中其他各台计算机直接相连，如图 6-20 所示。

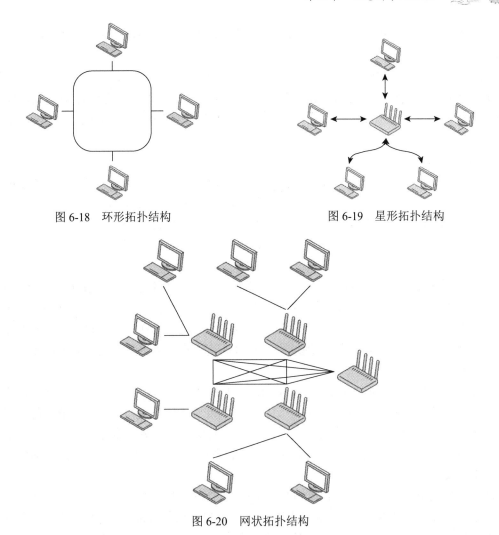

图 6-18　环形拓扑结构　　　　　　　图 6-19　星形拓扑结构

图 6-20　网状拓扑结构

（5）混合拓扑结构：混合这个词在表示网络拓扑中有多种用法，混合拓扑结构指结合两种或两种以上标准拓扑形式。举例来说，在星形拓扑结构中，可能让几台交换机与几台计算机各自相连，然后以线性、总线型的形式连接交换机，如图6-21所示。

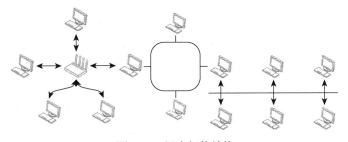

图 6-21　混合拓扑结构

（二）互联网技术

互联网指的是网络与网络之间所串联成的庞大网络。这些网络以一组通用的协议相连，形成逻辑上的单一巨大网络。因特网（Internet）是当今规模最大的互联网，下面主要以 Internet 为例介绍互联网。

Internet 始于 1969 年的美国，是美军在 ARPANET（阿帕网）的基础上，先用于军事连接，后将美国 4 台主要的计算机连接起来。另一个推动 Internet 发展的广域网是 NSF 网，NSF 网采用传输控制协议（transmission control protocol，TCP）/因特网协议（Internet Protocol，IP），且与 Internet 相连。

1. Web 服务器

Web 服务器也称为 WWW 服务器，WWW 是 Internet 的多媒体信息查询工具，也是 Internet 上发展最快和目前应用最广泛的服务。Web 服务器必须拥有与 Internet 的连接和公共 IP 地址（通过它来标识）。WWW 工具的兴起极大地推动了 Internet 的迅猛发展，用户数量因此急剧攀升，展现了其作为互联网增长引擎的强大影响力。

2. 域名

域名（domain name）又称网域，是由一串用点分隔的名字组成的 Internet 上某一台计算机或计算机组的名称（如 baidu.com），用于在数据传输时对计算机的定位标识（有时也指地理位置）。

由于 IP 地址具有不方便记忆并且不能显示地址组织的名称和性质等缺点，人们设计出了域名，并通过域名系统将域名和 IP 地址相互映射，使用户可以更方便地访问 Internet。

3. HTTP

超文本传送协议（hypertext transfer protocol，HTTP）是用于从 WWW 服务器传输超文本到本地浏览器的传送协议。HTTP 确保了文档传输的准确无误与速度，同时赋予浏览器智能选择加载内容的优先级，如优先呈现文本内容，随后加载图像等多媒体元素，从而实现了网页加载的流畅与高效。这就是用户在浏览器中看到的网页地址都是以"http://"开头的原因。

4. HTML

超文本标记语言（hypertext markup language，HTML）是一种标记语言，它包括一系列标签。通过这些标签，可以将网络上的文档格式统一，使分散的 Internet 资源链接为一个逻辑整体。HTML 文本是由 HTML 命令组成的描述性文本，HTML 命令可以描绘文字、图形、动画、声音、表格、链接等。

（三）移动互联网技术

移动互联网是未来 10 年内最有创新活力和最具市场潜力的新领域。移动互联网可使移动通信终端与互联网结合成为一体，用户使用手机、平板电脑或其他无线终端设备，通过速率较高的移动通信网络，在移动状态下随时、随地访问 Internet 以获取信息，进行各种网络服务。

1. 移动互联网的特点

（1）便捷性和便携性。移动互联网依托于全方位覆盖的 4G、5G 网络及无处不在的 WLAN/Wi-Fi，构建了一个无缝连接的立体网络环境，让智能手机、平板电脑乃至智能穿戴设备等多元化移动终端，成为我们随身的信息窗口。这些设备作为个人日常的延伸，赋予了我们随时随地接入互联网、畅享资讯与服务的自由。

（2）即时性和精确性。移动互联网让信息获取不再受限于时空，碎片时间得以高效利用，可确保重要资讯无一遗漏。同时，高度个性化的服务体验，尤其是智能手机所展现的精准定位能力，让每位用户都能享受到量身定制的信息推送与服务，极大地提升了生活便利与工作效率。

（3）网络的局限性。移动互联网业务在提升便携性的同时，仍面临网络能力与终端能力的双重局限。网络环境的不稳定、技术瓶颈，以及终端设备的尺寸、性能、续航等限制，共同构成了制约其进一步发展的挑战。因此，在享受移动互联网带来的便利之时，我们也在不断探索技术创新与设备优化的新路径，以期突破这些局限，让移动互联网的未来更加广阔无垠。

2. 移动互联网的应用

移动音乐、视频、支付及位置服务等多元化应用蓬勃兴起，正深刻引领移动互联网步入新一轮发展热潮，为用户带来前所未有的便捷与丰富体验。

（1）电子阅读：指利用移动智能终端阅读小说、电子书、报纸、期刊等。电子阅读区别于传统的纸质阅读，可真正实现无纸化浏览。特别是热门的电子报纸、电子期刊、电子图书等功能如今已深入现实生活中，同过去相比，阅读方式有了显著不同。电子阅读无纸化，可以方便用户随时随地浏览，已成为一项最具潜力的增值业务。

（2）移动搜索：指以移动设备为终端，从而实现高速、准确地获取信息资源。移动搜索是移动互联网未来的发展趋势。随着移动互联网内容的充实，人们查找信息的难度会不断加大，内容搜索需求也会随之增加。移动搜索对技术的要求更高，智能搜索、语义关联、语音识别等多种技术都要融合到移动搜索技术中。

（3）移动支付：也称手机支付，是指对所消费的商品或服务进行手机账务支付的一种服务方式。整个移动支付价值链包括移动运营商、支付服务商（银行、银联等）、应用提供商（公交、校园、公共事业等）、设备提供商（终端厂商、卡供应商、芯片提供商等）、系统集成商、商家和终端用户。

思 考 题

1. 分析信息技术的发展如何改变人们的工作、学习和生活方式，并预测未来信息技术可能带来的新变革。

2. 描述 6G 技术可能带来的新特性和新应用，并讨论其对未来社会的影响。

3. 简述计算机从诞生到现在的发展历程，并讨论哪些技术革新对计算机发展产生了重大影响。

4. 讨论操作系统在计算机系统中的作用，并比较不同操作系统（如 Windows、Android 等）的特点和适用场景。

5. 分析互联网技术的发展如何改变人们的社交、娱乐和工作方式，并讨论移动互联网技术的未来发展趋势。

参 考 文 献

[1] 钟义信. 信息科学与技术导论[M]. 北京: 北京邮电大学出版社, 2007.

[2] 周龙福, 何世彪. 信息技术导论[M]. 北京: 人民邮电出版社, 2022.

[3] 黄载禄. 电子信息科学与技术导论[M]. 北京: 高等教育出版社, 2016.

[4] 王继岩. 现代通信技术[M]. 北京: 科学出版社, 2013.

[5] 承楠, 等. 6G 全场景按需服务: 愿景、技术与展望[J]. 中国科学: 信息科学, 2024, 54(5): 1025-1054.

[6] 刘光毅, 等. 6G 移动信息网络架构: 从通信到一切皆服务的变迁[J]. 中国科学: 信息科学, 2024, 54(5): 1236-1266.

[7] 谭志虎. 计算机组成原理[M]. 北京: 人民邮电出版社, 2021.

第七章 海洋科学与技术

第一节 海 洋 科 学

一、海洋科学发展概述

21世纪是海洋的世纪。海洋覆盖地球表面约71%的面积，是孕育生命的摇篮、连通世界的纽带、促进发展的平台，对人类社会生存和发展具有重要意义。2019年4月23日，国家主席习近平在青岛集体会见应邀出席中国人民解放军海军成立70周年多国海军活动的外方代表团团长时，首次提出海洋命运共同体理念，从全新的维度阐述了海洋发展的本质和趋势，丰富了人类命运共同体理念的科学内涵，为各国共护海洋安全、共促海洋发展、共商海洋治理明确了方向，贡献了中国方案，促进了海洋科学的发展。

海洋科学是研究海洋水体与海底、海洋与大气，以及海水与河口海岸等界面特征和各种过程的自然科学。研究对象不仅包括巨大的海洋水体部分，也包括河口海岸带、海洋与大气界面、海水与沉积物界面及海底岩石圈等，海洋观测仪器的研制、开发与应用也属于海洋科学的任务[1]。这些研究与力学、物理学、化学、生物学、地质学以及大气科学、水文科学等均有密切关系，而海洋环境保护和污染监测与治理，还涉及环境科学、管理科学和法学等。多学科的融合发展，促使海洋科学发展成为一个综合性很强的科学体系[2]。

海洋科学的发展历程大致可分为以下三大阶段。

（一）海洋科学的萌芽阶段

这一阶段主要开展海洋探险活动，进行海洋知识的积累，出现了海洋科学的萌芽。从远古时代起，人们就开始利用海洋资源、开发航海通道。在埃及，公元前4000年之前就有了人们从事海上生产活动的记录。公元前3世纪，繁盛时期的古希腊文明在很大程度上依赖于海洋。北欧的维京人能够利用星座进行导航，依照事先预定的航线航行，因而于公元8世纪末至11世纪频频入侵欧洲大陆，还进入了冰岛、格陵兰岛等地，直至纽芬兰岛。欧洲人在15世纪、16世纪跨越了大西洋，最终进入了太平洋区域。葡萄牙人于1487～1488年到达了非洲最南端的好望角。1492年哥伦布跨越大西洋，踏上了美洲的土地。麦哲伦率领的船队则在1519～1522年真正完成了环球航行。在中国，郑和率船队七次下西洋，在世界航海史上占有辉煌的一页。他的船队有着当时世界上最大的航海船只，航行最远处到达了非洲南部的莫桑比克海峡，所绘制的《郑和航海图》和形成的一大批文献（如《西洋藩国志》等）表明，当时中国在航海技术上已达到了相当的高度[2]。

随着航海活动的发展，早期海洋科学研究逐步萌芽。唐代窦叔蒙所著《海涛志》是我国现存最早的潮汐学专著。1567 年，鲍恩发明机械式计程仪。1569 年，墨卡托创制圆柱投影法。1673 年，玻意耳发表海水浓度与密度关系的论文。1674 年，列文虎克通过显微镜首次发现海洋原生动物。1687 年，牛顿在《自然哲学的数学原理》中提出潮汐静力学理论。1740 年，贝努利完善牛顿理论，提出平衡潮学说。1775 年，拉普拉斯建立潮汐动力学方程，成为现代潮汐理论的核心。

（二）海洋科学的形成阶段

这一时期的海洋探险活动更多转为海洋科考活动，出现了众多成果，研究开始具备计划性。在调查研究方面，1831～1836 年达尔文随"贝格号"进行考察，完成了《物种起源》这本著作，奠定了生物进化论的基础。1768～1779 年，英国考察船队进行了三次远洋考察，测量了新西兰沿岸的水深，发现了澳大利亚东岸的大堡礁，进行了环球考察，还发现了许多太平洋岛屿。最著名的是 1872～1876 年"挑战者"号考察活动，此次考察活动一改早期研究具有零星、缺乏计划的特点，周密的科学考察计划使这次航行大有收获，考察成果后来出版为50 卷专著，被认为是现代海洋科学的开端。1842 年，美国学者莫里开始组织海洋水文气象条件的调查，编制风场和流场图[2]。

除调查研究外，一些物理学家也对海洋现象进行了理论分析。拉普拉斯于 1776 年在《宇宙体系论》一书中进一步提出了潮汐现象形成的动力学理论。这些研究有物理学的基础，因此经过历代学者修改、补充后，形成了完整的潮汐学理论体系[2]。

这一时期的专职研究人员的增多与专门研究机构的建立，也是海洋科学独立形成的重要标志。1925 年和 1930 年，美国先后建立了斯克里普斯和伍兹霍尔两个海洋研究所。1946 年苏联科学院海洋研究所成立，1949 年英国成立国立海洋研究所[1]。

（三）现代海洋科学的开发阶段

现代海洋科学的开发得到了海洋国家的高度重视和空前发展，表现为大量海洋组织成立、海洋学科蓬勃发展、大规模的海洋国际合作调查研究开展。此外，资源压力和国际政策的作用下海权争夺也更为激烈。

（1）大量海洋组织成立。大多数海洋组织成立于二战之后。政府间组织以 1951 年建立的世界气象组织（World Meteorological Organization，WMO）和 1960 年成立的政府间海洋学委员会（Intergovernmental Oceanographic Commission，IOC）为代表。民间组织如 1957 年成立海洋研究科学委员会（Scientific Committee on Oceanic Research，SCOR）等。

（2）大规模的海洋国际合作调查研究开展，如国际印度洋考察（1957—1965）等。在 20 世纪 80 年代以后，相关机构又提出了多项为期 10 年的海洋考察研究计划，如世界海洋环流试验、海洋钻探计划等。1993 年开始实施的"气候变率和可预报性研究计划"时长 15 年，而1994 年 11 月正式生效的《联合国海洋法公约》，则涉及全球海洋的所有方面和问题。

（3）各国政府对海洋科学研究的投资大幅增加，海洋研究设备更加先进。20 世纪 60 年代以后，专门设计的海洋研究船性能更好，设备更先进，计算机、微电子、声学、光学及遥感技术广泛地应用于海洋调查和研究中，如温度-盐度-深度剖面仪、声学多普勒流速剖面仪、锚泊海洋浮标、气象卫星、海洋卫星、地层剖面仪、侧扫声呐、潜水器、水下实验室、水下机器人、海底深钻和立体取样的立体观测系统等。

（4）研究成果不断涌现，重大突破屡见不鲜。板块构造学说被誉为地质学的一次革命。海底热泉的发现，使海洋生物学和海洋地球化学获得新的启示。海洋中尺度涡旋和热盐细微结构的发现与研究，促进了物理海洋学的新进展。大洋环流理论、海浪谱理论、海洋生态系、热带大洋和全球大气变化等领域的研究都获得突出的进展与成果。

二、海洋科学发展前沿

海洋科学具有鲜明的多学科综合交叉的特点，其研究前沿实质上是学科交叉的前沿，更是孕育颠覆性创新的高地。目前，海洋科学的前沿研究领域主要集中在海洋物质能量循环、跨圈层流固耦合、海洋生命过程、健康海洋、海岸带可持续发展、快速变化的极地系统、重大交叉领域等方面[3]。此外随着人工智能技术的进步，数字化发展的热潮，AI 技术的应用与智慧海洋的构建也是海洋科学发展的前沿问题，国际组织与主要海洋国家对海洋科学未来的战略部署也体现了海洋科学的发展趋势。

（一）海洋物质能量循环应对全球气候变化

自工业革命以来，人类因使用化石燃料造成了大量的碳排放，目前全球气温正在以平均每百年约 1.5 ℃的速率迅速升高。全球变暖引发的气候变动、海平面上升以及日益频繁的海洋和气象灾害给人类社会带来了前所未有的威胁。海洋具有巨大的热容量，储存了整个气候系统中超过 90%的热量，作为地球系统中最大的活动碳库，吸收了约 30%人类活动排放的 CO_2。这些从根本上减少了进入大气系统的热量，从而减缓了全球变暖的速率。海洋对气候的调节起着十分重要的作用。阐明海洋能量流动和物质循环机理，建立多尺度海-气耦合相互作用理论体系，可大幅提升海洋和气候变化的预测预报精度，揭示海洋对全球气候变化的响应、反馈和调控机制，为应对极端天气和气候变化提供科学方案。

（二）海洋与岩石圈的耦合过程拓展地球系统科学

海洋是地球不同圈层物质与能量交换的关键载体，既是地球内外动力地质作用的交融地，也是不同来源物质的汇集地。海洋的存在使地球上广泛存在流体活动，在地质历史时期改变着大洋板块的物理化学组成，改变着海洋固体地表。大洋板块俯冲将流体和流体改造的岩石圈带入地球深部，影响着岩浆活动、板块运动、海底资源的形成，乃至整个地球系统的演化（图 7-1）。海底是全球环境变化的记录者，通过沉积物记录的全球气候和环境变化是揭示地球演化和人类生存环境变化规律的重要科学参考。海底流体活动和地质过程形成的重要成矿资源，是人类未来赖以生存发展的潜力所在。揭示板块运动驱动和影响机制，阐明地表圈层与地球深部圈层之间的物质循环机理，将地球系统科学从地表圈层拓展到地球深部，建立并完善跨流-固界面和固体多圈层的地球系统科学的理论框架；恢复亚洲大陆边缘高分辨率古气候古环境演化历史，认识海洋记录的海洋和全球气候变化及其规律；认识海底流体活动规律和规模，揭示板块俯冲过程对元素运移和成矿作用的控制规律（图 7-2），阐明海洋资源形成规律，提高资源安全保障；认识海底环境变化规律，揭示天然气水合物分解、海底滑坡和地震活动等地质灾害的机制和影响，提高海底减灾防灾能力，为合理评估海底灾害风险提供科学支撑[3]。这些海洋和地球科学中亟待解决的重要科学问题，不仅有助于揭示地球系统的运行规律，也关系到人类生存环境的演化和社会可持续发展。

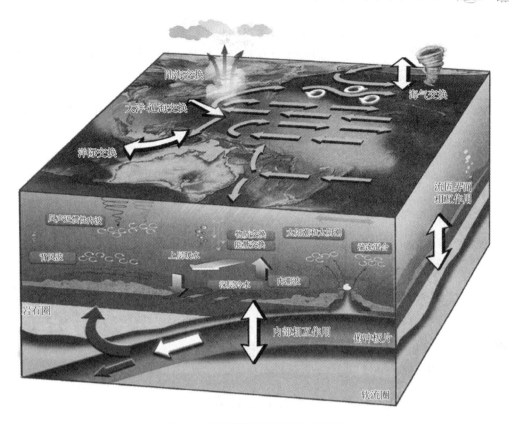

图 7-1　地球系统多圈层耦合示意图

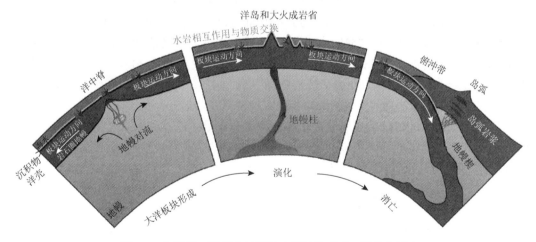

图 7-2　海洋岩石圈耦合过程及大洋板块形成、演化和消亡

（三）解码蓝色生命，揭示生命起源和演化

海洋是生命的摇篮，深海热液被认为是生命起源最可能的地方。海洋中保留着最完整的生物门类体系，深海、热液、潮间带等特殊生境中存在着丰富多样的生命形式，隐藏着生命起源和演化的密码。生命进化史中许多重大事件都发生在海洋中，解码蓝色生命是破解地球生命奥秘至关重要的一环。如"雪球地球"之后距今 5.4 亿年前至 5.3 亿年前，发生在海洋

中的"寒武纪生命大爆发"现象,被称为古生物学和地质学上的一大悬案,也被国际学术界列为"十大科学难题"之一。由于海洋中存在最为多样化、复杂和古老的生命形式,相关科学难题有望在解码海洋生命的研究中得到线索和解答[3]。

(四)保持海洋水环境安全、生态系统健康,保障海洋食品安全和人类健康

海洋每年为全人类提供的服务和价值约为 3 万亿美元,占全球 GDP 的 5%左右;超过 26 亿人以海洋水产品作为主要的蛋白质来源;海洋中的光合作用和其他生物固碳过程吸收约 30%人类活动产生的 CO_2,缓冲着全球暖化的影响。上述重要海洋功能的实现依赖于健康的海洋生态系统。但到目前为止,我们对海洋生物多样性以及深海、海底和极地生态系统仍然缺乏了解。当前,在全球变暖和人类活动的双重影响下,海水增温、缺氧、酸化、过量营养盐输入,以及重金属、持久性有机物和微塑料等环境污染物排放增加等问题给海洋生态系统造成前所未有的威胁。揭示新型污染物在海洋环境中的迁移-转化机制和生态效应,建立陆海统筹污染物管控模式和治理体系;揭示全球气候变化和人类活动影响下的典型海洋生态系统稳态转换机制和生态灾害发生机理;揭示海洋生态系统关键生物功能群存续和环境适应机制,揭示生物毒素、病原微生物的致灾致害机理,构建生态阈值和预警体系,保障海洋食品安全和人类健康;全面评估近海生态系统健康状况和环境承载力,科学预测典型海域生态系统演变趋势,这是构建健康海洋,推进海洋可持续发展的关键科学问题[3]。

(五)揭示海岸带人地交互多圈层耦合规律

海岸带人地交互多圈层耦合规律,是保障、拓展人类生存空间,促进经济社会可持续发展的重要支撑。海岸带是人类生存的重要空间、经济发展的关键区域。全球约有 40%的人口生活在离海岸线 100 km 以内的陆地上,约有 10%的人口生活在海拔低于 10 m 的区域。海岸带的海洋初级生产力占全球的 25%,渔获量占全球的 90%。人类活动给海岸环境和生态系统带来了前所未有的威胁。在过去几十年里,近海渔业资源减少了近 30%,有接近 50%的湿地消失,60%的珊瑚礁严重退化,环境和淡水资源被不断污染。与此同时,海岸带也是当前和未来人类最有能力干预和治理的区域。海岸带的人地交互在陆地-近海-大洋-大气耦合系统中的作用及机理是怎样的,如何认知气候变化和人类活动双重胁迫下的海岸带生态系统,并建立新的社会经济发展模式与监管政策,这些问题对实现海岸带的科学、安全、生产、管理的有效融合对促进社会经济可持续发展具有重要意义[3]。

(六)解释极地冰层的形成与海洋快速变化的机制

明确极地冰层的形成与海洋快速变化的机制,是提升全球长期气候变化预测和应对能力的重大前沿科学挑战。南北极大部分区域被冰雪覆盖,储存着全球约 95%以上的冰和超过 70%的淡水。南大洋和北冰洋具有丰富的生物资源,是全球海洋吸收 CO_2 的主要区域。相对于中低纬度,极地是全球气候正反馈过程最活跃的区域。因此,在极区,全球气候系统的变化信号会放大,导致极地冰层和海洋发生快速变化,同时极地的快速变化会通过海洋和大气环流变异等物理过程,以及生物演化和碳循环等生物地球化学过程的反馈作用调制全球变化,对全球气候、环境和生态系统产生深远影响(图 7-3)。这些问题不仅与极地的环境和气候变化密切相关,也是认识全球变化驱动机制、提升全球长期气候变化预测能力的关键问题之一[3]。

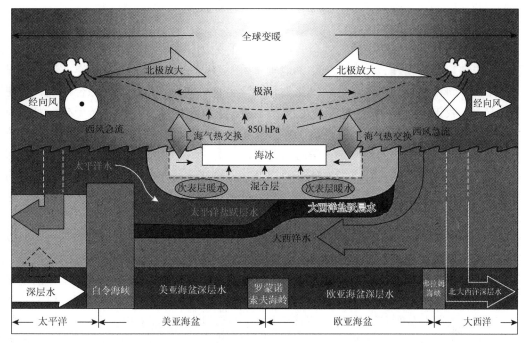

图 7-3 在气候变暖背景下，北极水文、生态环境及海洋与大气耦合系统变化

（七）构建智慧海洋

运用高新技术对海洋进行研究，构建智慧海洋，是海洋科学发展的必然趋势。近年来，随着海洋监测范围的不断扩大，海洋数据的收集速度和量级呈指数级增长，这远远超出了传统科研方法的处理和分析能力，给海洋动态变化的分析带来了挑战。人工智能（artificial intelligence，AI）技术，特别是机器学习（machine learning）和深度学习（deep learning），通过算法和大数据分析模拟人类智能行为，使机器能够执行学习、推理、感知和自适应等复杂任务。AI 的引入可以有效地处理和分析这些海量数据，通过自动化的方式提高数据处理的效率和准确性，为海洋科学研究提供全新的视角和方法。AI 技术现较多应用在海洋生态环境监测、生物多样性评估、海洋和大气现象识别与预报等领域。尽管 AI 方法在海洋科学研究应用中表现良好，显示出巨大潜力，但仍存在局限性。未来建议制定统一的海洋数据标准和协议，鼓励跨学科的研究合作，以更有效地利用 AI 技术挖掘海洋数据的潜力，为海洋保护和管理提供更深入的洞察和解决方案[4]。

当前人类仅探索海洋范围的 5%，海洋仍有许多未解之谜，海洋探索之路具有极大的不确定性，需要大量的人力物力投入。数字孪生技术的应用能极大推进海洋研究的进程。数字孪生是对物理实体的精细化数字描述，能基于数字模型的仿真更真实地反映出物理产品的特征、行为、形成过程和性能等，并具备虚实交互能力，实现将实时采集的数据关联映射至数字孪生体，从而识别、跟踪和监控物理实体，同时通过数字孪生体对模拟对象行为进行预测及分析、故障诊断及预警、问题定位及记录，实现优化控制。构建海洋数字孪生能使现实海洋在数字海洋空间进行协同建模、仿真预测、自主演化、干预操控，并将运行机理复杂、结构复杂的海洋变得透明化。以实时数据流方式按需供给几何模型、机理模型、数据模型等多维多尺度模型，支撑实现动态监测、态势诊断、趋势预判，以最优化方案来最大程度地规避风险、减少损失、提高效益[5]。

（八）海洋系统角度认识海洋

从海洋系统角度开展海洋研究是全面认识海洋的关键。海洋科学具有大科学的特点，海洋学科也非常复杂，物理、化学、生物、地质无所不包，海岸带、近海、大洋、深海都很重要。海洋科学研究是物理海洋学、海洋化学和海洋生物以及海洋地质学的综合体现。如在近海研究方面，我国近海环境安全面临严重挑战，赤潮发生的频率和范围有增无减，海洋中水母的数量急剧增多等。仅仅在近海开展工作可能不足以解析现在海洋中所出现的问题，需要进行邻近大洋与近海的协同研究。在深海研究方面，海洋领域很多关键问题都与神秘的深海关系密切，如海洋与气候、海洋碳循环、海洋酸化、海水中溶解氧的减少、深层海洋中的生物多样性、深海食物网的现状和变动规律、与全球气候变化和人类活动之间的关系等。这些都是当今海洋研究的热点问题。而从海洋系统角度开展海洋研究，可以利用系统多元性、相关性、整体性三大特性，能多个学科结合，围绕同一个问题、在同一个平台进行研究，形成一个有机整体，符合海洋科学综合性的特征，达到事半功倍的效果（图7-4）。例如中国科学院海洋先导科技专项"热带西太平洋物质能量交换及其影响"项目重点开展热带西太平洋的研究，这一区域对我国海洋战略的实施非常重要，同时在科学上也非常重要，主要体现在以下几个方面：①选取区域海水温度变动会对东亚乃至全球气候造成影响；②这里是黑潮的发源地，黑潮的变异会对中国近海环境产生影响；③西太平洋海底非常活跃，分布着众多的海山、热液和冷泉，对海洋极端环境与生命的探索、地球科学和海洋科学综合交叉研究具有重要的意义。该项目开展热带西太平洋海气相互作用，黑潮变异对中国近海生态环境的影响、深海极端环境与生命探索与研究，以及基于海洋研究目标需求的海洋设备研发等多方面的研究[6]。

图7-4 从海洋系统角度开展海洋研究

（九）国际海洋科学技术未来战略部署

国际海洋科学技术未来战略部署对于我国海洋科学战略部署具有重要意义。2016年5月发布的《海洋的未来：关于 G7 国家所关注的海洋研究问题的非政府科学见解》会议报告对会议所提出的"跨学科研究、海洋环境塑料污染、深海采矿及其生态系统影响、海洋酸化、海洋变暖、海洋低氧、海洋生物多样性损失、海洋生态系统退化"等 8 个全球重要海洋研究问题进行分析和评述，并提出了具体建议和行动。2017 年 6 月 8 日，联合国教科文组织（United Nations Educational，Scientific and Cultural Organization，UNESCO）发布了题为《全球海洋科学报告：全球海洋科学现状》的报告，首次对当前世界海洋科学研究情况进行盘点，并主张加大对海洋科学研究的投入，呼吁加强国际科学合作。美国也先后出台了《全球海洋科学规划》《21 世纪海洋蓝图》《美国海洋行动计划》《海洋学 2025——聚焦 2025 年海洋学发展》等一系列战略规划，实行了更全面的海洋科技强国战略。此外，一些主要海洋国家与组织也进行了相关的战略规划，如欧盟、英国、日本等。总体而言，未来海洋科技发展将集中在海洋可持续发展研究、全球变化研究、海洋酸化研究、海洋塑料污染、海洋可再生能源、北极研究、深海大洋探测、技术装备研发等海洋科学领域。未来我国在海洋科学研究上，也可向该方面靠拢[7]。

人类不生活在海洋中，我们对海洋的感知和了解在很大程度上依赖于海洋观测和探测技术的进步和装备的研发。以上许多发展前沿问题的解决也需要大量海洋技术的支持，如海底多圈层耦合与宜居地球的问题中就需要常规地球物理探测和海底采样平台、大洋钻探原位取芯技术可视化超长岩心水下钻机等关键技术的支持。海洋装备与技术研发能够对海洋科学的发展起到重要的带动作用[6]，因此本章第二节将主要介绍海洋技术。

第二节 海 洋 技 术

随着技术的进步，海洋科学的研究日益深入，海洋技术的发展也迎来了前所未有的机遇和挑战。海洋技术不仅支撑了全球经济的许多关键部分，如海上运输、渔业和能源开采，还在环境保护、气候监测等领域发挥着不可替代的作用。

从深海钻探技术的创新到海底矿产资源的开发，再到可再生能源的利用，海洋技术的应用广泛而深远。同时，这些技术的发展还必须考虑环境保护的要求和可持续发展的原则，以确保海洋生态系统的健康和稳定。例如，现代海洋探测技术，如多波束声呐、遥控潜水器（remote-operated vehicle，ROV）、自治式潜水器（autonomous underwater vehicle，AUV），不仅极大提升了对海底地形和生物多样性的了解，还促进了科学研究和数据收集的效率。

本节深入探讨三个主要领域的海洋技术：海洋开发技术、海洋探测技术及海洋通用技术。通过对这些领域的细致剖析，可以更好地理解这些技术如何支撑海洋科学的进步，以及它们对全球经济和环境的长远影响。

一、海洋开发技术

在探索海洋的深处以挖掘其丰富资源的过程中，技术创新显得尤为关键。石油和天然气开采领域已从传统的浅海钻探逐步过渡到更具挑战性的深海钻探。深海钻探技术的进步，如使用高压高温钻探技术和远程操作的水下机器人，不仅大幅提高了开采效率，而且也增加了能够开采的海底区域。这些技术通过远程监控和自动化系统，使在极端海洋环境中的作业成为可能。

此外，海底矿产资源的提取也正在通过类似的技术进步得到加速。随着全球对稀有金属和矿物的需求不断增长，开发海底矿产资源变得尤为重要。这不仅涉及基础的地质勘查技术，还包括复杂的海底采矿技术，如海底采石和沉积物抽吸。这些技术的应用确保了对环境的最小破坏同时提高了资源提取的效率。

与此同时，海洋的可再生能源开发也正受到越来越多的关注。利用海洋的潮汐能、波浪能和海流能，不仅可以减少对化石燃料的依赖，还有助于减缓气候变化的影响。这些技术的开发和实施需要综合考虑海洋动力学、能源转换效率及其对海洋生态的潜在影响，以实现真正的可持续开发。

这些不同的海洋开发技术共同推动了对海洋资源的深入利用，同时也带来了环保和可持续性的新挑战。未来，这些技术的发展将进一步依赖于跨学科的研究，包括工程学、海洋科学及环境科学，以确保人类活动与海洋环境的和谐共存。

随着海洋开发技术的不断进步，生物资源开发已成为海洋科技领域内极具潜力的一部分。生物资源开发专注于从生物多样性丰富的海洋环境中提取价值，涉及从传统的渔业到先进的海洋生物技术应用。

海洋渔业长久以来一直是全球食物供应链的重要组成部分。现代渔业技术如深水捕捞和远洋作业的发展，不仅提高了捕捞效率，还拓展了捕捞种类和区域。然而，为了应对过度捕捞带来的资源枯竭风险，生态友好型捕捞技术逐渐受到重视。这些技术包括选择性渔网，这种渔网设计考虑了不同鱼种的体型和生活习性，以减少非目标物种的误捕，并保护海洋生态平衡。

除传统渔业外，海洋生物技术也在快速发展，它利用海洋生物的独特性质来开发新药物、健康产品以及环境修复技术。例如，海洋生物医药领域正在研究利用海洋生物中发现的化合物来治疗人类疾病，如癌症和抗生素抗性问题。蓝色生物技术，即使用海洋生物进行生物技术研究和产业化，不仅开辟了对海洋生物资源的新用途，还促进了可持续生物经济的发展。

在海洋开发技术的进步中，环境保护与可持续发展的重要性日益凸显。随着全球对生态系统保护意识的提高，海洋技术领域也在不断调整其方法和策略，以防止资源开发活动对海洋生态造成不可逆损害。

首先，海洋保护区的建设和管理是保护海洋生物多样性的重要手段。通过划定特定区域限制或禁止人类活动，海洋保护区旨在保护重要的海洋生态系统和濒危物种。这些保护区不仅有助于维持生物多样性，还能提供科学研究的场所，帮助科学家更好地理解海洋生态系统的功能及其对环境变化的响应。随着遥感技术和数据分析技术的发展，保护区的监测和管理变得更为高效和精准，能够实时监控保护效果并及时调整保护策略。

此外，针对海洋污染的防治技术在不断发展。海洋污染，特别是塑料废物、油污和重金属污染，对海洋生态系统构成严重威胁。现代海洋技术在这方面取得了显著进展，如开发了能够在海水中有效吸附油污和重金属的材料。同时，生物修复技术可利用微生物或植物去除或降解环境中的污染物，正在成为一种越来越受欢迎的环保方法。这些技术不仅提高了清除效率，而且通常更为环保，可减少了对海洋环境的二次污染。

最后，可持续发展理念已成为海洋开发的核心原则之一。随着对海洋资源利用的深入，各种技术的开发和应用都必须考虑长期的环境影响和社会责任。例如，在开发海洋能源时，除了考虑技术的经济可行性，还需评估其对海洋生态的潜在影响，确保不破坏海洋生物的栖息地。

通过这种综合的、多方位的方法，海洋开发技术旨在实现资源开发与环境保护的平衡，推动真正的可持续发展。未来，随着更多创新技术的引入和国际合作的加强，我们有望见证一个更加绿色、更加可持续的海洋开发新时代。

二、海洋探测技术

水下探测技术是海洋科学研究和资源开发的基石，能够在极端和不可预测的海洋环境中进行精确的测量和观察。水下探测技术的发展不仅推动了科学界对海洋深处未知世界的探索，还为海洋工程和资源管理提供了关键的技术支持。

声呐技术是水下探测中最为核心的技术之一，它利用声波在水中的传播特性来探测水下物体和地形。侧扫声呐系统通过发送向水平方向发散的声波，接收反射回来的声波，生成水下地形或物体的图像。这种技术在海底地形测绘、沉船探测和海底管道检查中尤为重要。多波束声呐技术则通过发射和接收多条声波束，能够提供更高分辨率的海底地形数据，这对于复杂地形的详细研究至关重要。

水下无人潜水器的应用是现代海洋探测技术的另一突破。这些自主或远程控制的装置装备有高精度传感器、摄像头和采样设备，能够在极端深度和复杂环境中进行科研或工程任务。水下机器人通常通过与母船连接的缆绳进行操作，适用于需要高度操作的精确性任务，如海底设施的安装和维护。自治式潜水器则能够独立执行预设任务，广泛应用于海洋数据收集、环境监测和科学研究。

水下探测技术的有效性在很大程度上依赖于后端的数据处理能力。通过先进的数据分析方法，如机器学习和人工智能，研究人员能够从海量的海洋探测数据中提取有价值的信息。此外，海洋探测数据的集成，即将来自不同来源和技术的数据合并，是近年来的一个重要发展方向。数据集成不仅增强了数据的应用价值，还促进了不同研究领域间的协同和知识分享。

通过这些高度专业化的技术，水下探测不仅为科学研究提供了窗口，也为海洋资源的可持续利用和环境保护策略的制定提供了基础。随着技术的进一步发展，我们有望深入揭示海洋最深处的秘密，为人类的海洋活动提供更为坚实的科学和技术支持。

海底地形测绘技术主要依赖多波束声呐和侧扫声呐这两种技术。多波束声呐能够提供高分辨率的海底地形图，这对于识别海底地貌特征（如海山、海沟和断层）极为重要。这些地形图不仅有助于科学家们理解地壳运动和海洋地质过程，还可以指导深海矿产资源的勘探和开发。侧扫声呐则通过发射声波并捕捉其回音来描绘海底的物理特征。它特别适用于搜索和映射广阔地区的海底物体，如沉船和飞机残骸，以及其他人造结构。侧扫声呐由于其高效性和广覆盖范围，在海洋考古和环境监测中也非常有用。

海底地质采样是一个复杂但至关重要的过程，它允许科学家直接获取海底岩石、沉积物和生物样本进行详细分析。这种采样通常依赖专门的装置如钻取装置和抓斗采样器。这些技术设备能够在深水操作，收集不同深度和类型的样本，从而提供地质年代、地层连续性、古生物和古环境的直接证据。

对于沉积物采样，常用的设备包括活塞取样器和多管取样器，这些设备能够在扰动最小的情况下获取原状沉积样本。这些样本为研究海底过程，如沉积作用、化学反应和生物活动，提供了宝贵信息。此外，钻探技术如深海钻探（deep sea drilling）可以获取更深层次的地层数据，这对理解地球历史和构造活动尤为重要。

所有这些技术收集的数据需要通过复杂的数据处理和分析来解读。使用地理信息系统（geographic information system，GIS）和其他高级数据可视化工具，科学家可以创建详细的海底地图和三维模型，这些工具可进行数据可视化并理解海底地形和地质结构的复杂性。此外，数据集成对揭示更广泛的地质和生态过程至关重要。

综上所述，海底地形与地质探测技术不仅推动了科学界对地球最深处的理解，也为海洋资源的合理开发和环境保护提供了支持。随着技术的进步，这些探测技术的精度和效率预计将持续提高，为海洋科学研究和相关应用领域带来更多的可能性。

海洋生物多样性的调查依赖一系列的传统和现代技术。传统技术如拖网捕捞和潜水调查仍然是生物样本收集的主要手段，它们允许科学家直接观察和采集生物标本。然而，这些方法往往劳力和时间密集，并可能对生物造成干扰。

近年来，遥感技术和非侵入性的采样方法逐渐成为主流。例如，环境DNA（eDNA）分析技术通过分析水样中的DNA碎片来识别水域中存在的生物种类，这种方法无须直接接触目标生物，可以迅速有效地评估生物多样性。此外，声学探测技术也被广泛应用于监测鱼类和其他海洋生物的分布和数量，这些技术提供了一种持续监测大范围区域的能力。

监测海洋生态系统的健康状态是保护和管理海洋资源的基础。这涉及对生物群落的生产力、生物多样性以及环境压力因素（如温度、盐度、污染物浓度等）的测量。生态监测通常需要长期的数据收集，以便科学家们能够跟踪生态系统的变化趋势和潜在的环境影响。在这方面，卫星遥感技术为海洋大面积监测提供了强大工具。它可以提供关于海表温度、藻类繁殖情况和海洋色素浓度等关键生态指标的数据。这些数据有助于科学家远程监测海洋环境的健康状况，并及时发现生态异常，如大规模的赤潮事件。

海洋生物与生态探测的效果依赖于多种数据和技术的集成。通过集成地面调查数据、卫星遥感数据、声学数据和eDNA分析结果等，科学家可以获得更全面的海洋生态视图。数据集成不仅增加了监测的精确性，也提高了数据的空间和时间分辨率。

随着技术的发展，未来的生物与生态探测技术将越来越依赖自动化和机器学习算法来处理和解析大规模数据集。这些进步将使海洋生物多样性的监测更加高效，对生态变化的响应更为敏感，从而更好地保护我们宝贵的海洋资源。

海洋探测活动通常生成大量的数据，包括声学数据、生物样本数据、化学数据及物理数据等。这些数据的有效处理需要使用高级的数据分析技术和强大的计算能力。例如，声学数据的处理需要通过信号处理技术来区分和识别各种海洋生物和地质结构的声音特征。此外，图像识别技术在处理由水下摄像机和遥感设备收集来的视觉数据中也扮演了重要角色，它可以自动识别和分类海底地质特征和生物实体。

随着不同类型和来源的数据量的增加，信息集成变得尤为重要。信息集成涉及将来自多个源和平台的数据合并在一起，以便进行综合分析和解释。这不仅可以提高数据的解释力，还可以揭示更复杂的模式和关系，这些在单一数据源中可能不明显。

海洋数据的共享也是一个关键领域，这有助于不同的研究团队和政策制定者利用这些数据进行科学研究和决策制定。例如，全球海洋观测系统（global ocean observation system，GOOS）和其他类似的平台提供了一个中心化的点，让科学家和研究机构可以访问和共享海量的海洋科学数据。这种数据的开放性不仅促进了国际的协作，还加速了海洋科学的研究进程。

随着人工智能和机器学习技术的进步，这些高级技术已被应用于海洋科学数据的分析中，提供了从复杂数据中识别模式和趋势的能力。机器学习算法，特别是在图像和声音识别领域的应用，使自动处理和解释大规模海洋数据成为可能。此外，预测模型和模拟技术在海洋科学中的应用也越来越广泛，它们可以帮助科学家预测未来的海洋条件和生态变化，从而为环境管理和保护提供科学依据。

三、海洋通用技术

通信与导航技术是海洋科学与技术中的基础组成部分，它们确保海上操作的安全性、效率和精确性。随着技术的发展，这些系统变得更加复杂和高效，能够在复杂和恶劣的海洋环境中提供稳定可靠的服务。

卫星通信是海洋通信中的主要方式，它允许船只、海洋平台和岸上设施之间进行即时通信。通过利用地球同步卫星和其他类型的通信卫星，海洋操作者可以实现数据、声音和视频的高速传输。这对于遥远地区的科研船队或油气平台尤为重要，它们依赖卫星通信来维持与外界的联系，进行日常操作和紧急响应。

卫星通信技术也支持全球定位系统（global positioning system，GPS），这是现代海洋导航的核心。GPS 提供精确的地理位置信息，帮助船舶在广阔的海洋中导航，确保它们能够准确地到达目的地，或者在科学测量中精确标定位置。

除了卫星通信，海洋无线电通信在海上仍然非常重要，特别是在视线范围内的通信中，这包括使用 VHF（甚高频）、HF（高频）和 UHF（超高频）波段的无线电。VHF 无线电通信特别适用于船舶之间以及船舶与海岸站之间的日常通信，包括航行安全信息和气象更新的交换。HF 通信可以覆盖更长距离，常用于跨海洋的通信。

自动识别系统（automatic identification system，AIS）是一个自动跟踪系统，用于船舶在海上的识别和进行位置信息的交换。AIS 发射器可以发送船舶的身份、位置、航向和速度等信息，这对于提高海上交通的安全性极为重要，特别是在繁忙的航道和有限的视线环境中。AIS 数据也被用于海洋监测和管理，帮助海事部门监控海域中的船舶活动。

现代海洋导航和定位技术的进步还包括多传感器集成系统，如将 GPS 与惯性导航系统（inertial navigation system，INS）、多普勒雷达和其他传感器结合，提高了导航的精度和可靠性。这种技术的整合对于深海勘探、自动驾驶船舶和其他复杂海洋操作尤为重要。

救生设备是海上安全的第一道防线，包括救生衣、救生筏、安全舱等。这些设备的设计越来越注重用户的舒适性和使用简便性，以确保在紧急情况下能够迅速部署使用。例如，现代救生筏配备有自动充气装置，一旦投放到水中即可自动展开，提供即时的生存空间。

在遇到海上紧急情况时，快速准确的定位是成功救援的关键。全球海上遇险与安全系统（global maritime distress and safety system，GMDSS）是一个国际性的自动救援网络系统，通过使用多种通信技术，如卫星和陆基无线电通信系统，确保船舶在遇险时能够发送求救信号并被快速定位。此外，个人定位标（personel locator beacon，PLB）和应急无线电示位标定位识别器（emergency position-indicating radio beacon，EPIRB）也广泛用于个人和船只，它们可以在被激活后通过卫星系统发送求救信号及其精确位置，极大增强了救援效率。

现代搜救行动的技术支持包括无人机（unmanned aerial vehicle，UAV）、红外热成像设备和先进的监控系统。尤其在广阔或难以接近的海域进行搜救时，无人机显示出其独特优势，它可以快速覆盖大片区域，并通过搭载的摄像头提供实时视频反馈。红外热成像技术则能够在恶劣天气或低可见性条件下识别海面上的热源，如人体或船只，这对于夜间或低能见度条件下的搜索行动至关重要。

除技术设备外，救援协调和培训也是保证海上安全的重要方面。海事救援协调中心（Maritime Rescue Coordination Centre，MRCC）在全球范围内运作，负责协调各种资源进行救援行动，确保各项救援资源得到最优化利用。同时，定期的安全演习和培训也能够确保所有海上人员都能熟练掌握紧急应对技能和设备的使用，这对提高生存率和应对突发情况能力至关重要。

现代航运技术的核心是提升航运效率和安全性，包括使用先进的船舶设计、自动化系统和环保技术。例如，新一代的货船采用更加流线型的船体设计，以减少水阻，节约燃料消耗。同时，船舶引擎的技术改进，如使用液化天然气（liquefied natural gas，LNG）作为燃料，有助于减少温室气体的排放。

此外，航运公司也在积极采用信息技术，如船舶管理系统和自动化货物跟踪系统，这些系统能够实时监控船舶的位置、速度、货物状态等信息，提高航运的透明度和可追踪性。航道管理技术，如电子航道图和自动识别系统（AIS），则确保船舶能在繁忙或复杂的航道中安全航行。

在海洋运输中，正确处理和保护货物至关重要，可以防止损失和保证货物安全到达目的地。这涉及一系列的装卸和保护技术，包括先进的起重和搬运设备，以及专门的包装和固定技术。例如，集装箱的使用极大地简化了货物的装卸过程，同时提供了坚固的物理保护，防止货物在运输过程中移动或损坏。

防腐蚀技术也是海洋运输中的一个重要方面，尤其是对于那些敏感的机械部件或金属产品。采用适当的包装材料和涂层可以有效防止海水引起的腐蚀问题，延长货物的使用寿命。

未来的海洋运输将更多依赖智能船舶和自动化技术。智能船舶利用集成的传感器、导航系统和自动控制系统，可以在最小的人为干预下执行复杂的航行和操作任务。这些技术的应用不仅可以减少对人力的依赖，降低人为错误，还可以提高航运效率和安全性。

海洋开发技术通过高效的资源提取和生态友好的操作方法，不仅提高了资源的开发效率，还致力于最小化对环境的影响。探测技术的进步，如高精度的声呐系统和自主水下无人潜水器，为我们提供了前所未有的海底世界图景，增加了我们对海洋深处的认知与理解。同时，海洋通用技术，包括先进的通信、导航、安全与救援技术，确保海上活动的高效与安全，为海洋运输和物流行业的现代化奠定了基础。

这些技术的综合运用不仅对科研和商业活动至关重要，也是应对全球性挑战，如气候变化和海洋污染等问题的关键。未来，随着技术的不断创新与发展，以及跨学科研究的深入，我们有望解锁更多关于海洋的秘密，提高对海洋资源的开发利用效率，同时确保这些活动的可持续性和环境友好性。

因此，持续的技术创新和全球合作对于充分利用海洋技术的潜力至关重要。我们需要不断推动科技前沿，加强国际的交流与协作，共同努力，以科学和技术的力量保护我们共有的海洋财富。只有这样，我们才能确保海洋科技的发展成果惠及全人类，实现全球海洋环境的长期健康与繁荣。

思 考 题

1. 海洋科学兴起的历史背景是什么？

2. 如何理解海洋命运共同体？

3. 海洋科学的发展历程是怎样的？

4. 新时期下的海洋科学发展前沿有哪些？

5. 海洋开发技术主要包括哪些领域？

6. 深海采矿技术面临的挑战有哪些？

7. 海洋探测技术如何帮助科学家更深入地了解海洋生态系统？

8. 自治式潜水器（AUV）和遥控潜水器（ROV）在海洋探测中扮演了重要角色？请比较这两种潜水器的优缺点。

9. 海洋通用技术通常涉及哪些方面的技术支持？

参 考 文 献

[1] 冯士筰, 李凤起, 李少菁. 海洋科学导论[M]. 北京: 高等教育出版社, 1999.

[2] 中国科学院. 海洋科学[M]. 北京: 科学出版社, 2016.

[3] 吴立新, 荆钊, 陈显尧, 等. 我国海洋科学发展现状与未来展望[J]. 地学前缘, 2022, 29(5): 1-12.

[4] 张灿影, 张斌, 冯志纲, 等. 人工智能海洋学研究的计量分析[J/OL]. 海洋与湖沼, 1-24[2024-12-01]. http://kns.cnki.net/kcms/detail/37.1149.P.20241011.1448.002. html.

[5] 赵龙飞, 姜晓轶, 洪宇, 等. 智慧海洋数字孪生技术及其应用[J]. 科技导报, 2024, 42(4): 91-101.

[6] 孙松. 对海洋科学的认识与实践[J]. 海洋与湖沼, 2017, 48(6): 1488-1492.

[7] 高峰, 王辉, 王凡, 等. 国际海洋科学技术未来战略部署[J]. 世界科技研究与发展, 2018, 40(2): 113-125.

第八章　空间科学与技术

第一节　概　　述

一、空间和空间资源开发的原因

自古以来，筑梦天宫、探索宇宙是中华民族矢志不渝的梦想和追求。1970 年，中国发射了第一颗人造卫星"东方红一号"（图 8-1）[1]。2003 年，杨利伟乘坐"神舟五号"载人飞船完成了中国首次载人航天飞行。2024 年，"嫦娥六号"完成世界首次月球背面采样和起飞。至此，广大航天科技工作者成功逐梦太空，圆满完成了"东方红一号"人造卫星、载人航天工程和探月工程三个里程碑式的挑战和任务[1-7]。上述我国航天事业伟大成就的取得，得益于中国空间科学与技术持续、健康的发展。

图 8-1　"东方红一号"人造卫星

发展空间科学与技术，进行空间资源探测与开发体现国家意志和时代使命，是保障我国战略安全的必要举措，这是因为国家边疆的概念不仅仅包含传统的领海、领土和领空，在战略上已经延伸到深空。对地球而言，空间本身就是一种资源，随着空间高度的扩展延伸，将会形成高真空、高洁净、深冷、微重力及强辐射等极端环境条件。上述特殊环境资源的开发可为材料科学、生物医药和流体力学等基础科学的发展提供场所。此外，空间资源还包括轨道资源和天体矿物资源。其中，在太空轨道上运行的导航卫星、遥感卫星、侦察预警卫星及通信卫星等是抢占空天信息战略制高点的关键航天器，对保障我国海洋专属经济区安全、实现国土资源动态监测和主导制空权、制海权、制陆权、制天权等主动权的争夺至关重要。目前，已探明的天体矿物资源非常丰富，以太阳系为例，月球、火星、小行星等天体上具有丰富的硅、铝、钙、钠、铁等矿产资源及镍、铜、铂等稀有金属资源。此外，月球表面储存大量的氦-3（^3He），能够为核聚变提供燃料，其优势在于与氘进行热核聚变反应时产生的是没有放射性的质子，即不会产生辐射，可提供清洁能源。

综上所述，空间资源的开发和利用对保障国防安全、破解地球矿产资源枯竭的难题和缓解能源危机至关重要，而高质量发展空间科学与技术是前提。

二、空间科学与技术的发展现状

空间科学是一门以航天技术为基础，以航天器为载体，研究发生于日地空间、行星际空间、宇宙空间的天文、物理、化学及生命等自然现象及其规律的新兴学科，具有综合性、交叉性特征。空间技术指通过设计、制造、试验、发射、运行、返回、控制、管理、使用航天器及航天运输工具来探索、开发和利用太空及地球以外天体资源的综合性工程技术，也称为航天技术。空间应用指将空间科学和技术开发成果应用于信息通信传递、遥感、生物医学、材料及天文物理等科技领域的总称。空间科学、空间技术与空间应用三者之间呈相互促进、支撑及交叉的关系。其中，空间科学面向科技前沿战略需求，采用人造卫星和空间探测平台开展基础科学实验，可为空间技术及其应用提供理论参考；空间应用主要基于航天器技术开展通信、导航、观测及侦察等工作，服务于科研、经济及国防等重大战略需求；空间技术是空间科学和空间技术实施的基础，为航天器运载、在轨运行及回收等工作的开展提供技术支撑[1-2]。

空间的研究工作早期起源于对低层大气的探究，后来逐渐探索扩展至高层大气领域，包括高空大气科学和电离层研究。1957 年 10 月，苏联成功发射人类第一颗人造地球卫星"斯普特尼克 1 号"（图 8-2[3]），标志着人类社会正式进入航天时代。美国研究人员基于人造卫星技术（"探险者 1 号"，如图 8-3 所示[3]），发现了地球辐射带，推动空间研究的持续发展，逐步建立磁层物理学，该学科为空间科学研究领域的第一个分支学科。随着人造卫星技术、载人航天器技术的发展，并应用于天文观察、地球监测及生物、生命科学实验等领域，航天技术与天文学、地球科学、生命科学等分别形成了空间天文学、地球与空间科学、空间生命科学等交叉学科[2-3]。

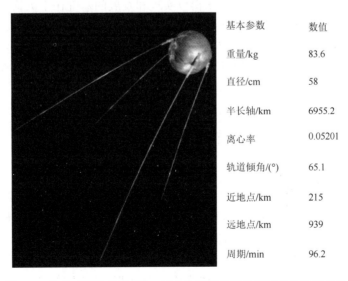

基本参数	数值
重量/kg	83.6
直径/cm	58
半长轴/km	6955.2
离心率	0.05201
轨道倾角/(°)	65.1
近地点/km	215
远地点/km	939
周期/min	96.2

图 8-2　苏联"斯普特尼克"1 号人造卫星模型及该卫星的实际参数

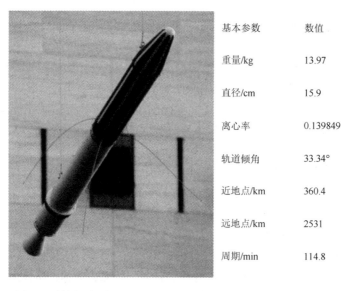

基本参数	数值
重量/kg	13.97
直径/cm	15.9
离心率	0.139849
轨道倾角	33.34°
近地点/km	360.4
远地点/km	2531
周期/min	114.8

图 8-3　美国"探险者 1 号"人造卫星模型及该卫星的实际参数

目前，空间科学已获得长足的发展，特别是在空间等离子体物理学、地球与空间科学、空间天文学、微重力物理学及空间生命科学等领域取得了突破性研究成果，具体如下：构建了比较精确的地球磁层和电离层数学模型，并与太阳活动之间建立起联系；系统研究了黑洞、星系、暗物质、暗能量及天体演化规律，并已确认宇宙大爆炸的起源；基于空间站平台，开展微重力或零重力条件下的生物、生命运动发展规律探究，为生命科学的发展提供参考。国外团队侧重于宇宙起源、天体高能演化、太阳系及外星生命、资源探索等方向的研究。我国科研团队则在高能粒子探测、量子卫星通信、大气 CO_2 监测及月球和火星探测等领域取得了实质性的进展，但在空间生命科学、太阳系探测方面与国际领先团队相比存在一定的差距，未来还有较大的发展提升空间[2]。这就需要中国航天科技研究团队高质量推动空间科学、空间技术和空间应用全面发展，开启航天强国建设。

值得注意的是，现代空间科学与技术得以实现和发展的基础在于火箭克服地球引力，将航天器运载至目标空间轨道或天体。运载火箭技术是航天器实现快速部署、重构、扩充和维护的根本保障，也为航天器技术的快速发展奠定了基础。而航天器是开展空间科学研究、规模化开发及利用空间资源的载体。因此，本章第二节、第三节将分别详细介绍现代运载火箭和航天器的发展历程、原理、类型及典型应用。

第二节　运 载 火 箭

一、现代运载火箭技术

火箭作为一种基于其尾部发动机高速喷射工作介质产生反作用力进而向前推进的飞行器，依靠其自身携带的燃烧剂和氧化剂，既能在大气层内，也能在大气层外飞行。火箭按用途可分为探空火箭和运载火箭。其中，运载火箭是人类进行太空探索与开发的重要输送工具，可将人造卫星、航天飞船、空间站及太空探测器等航天器运送至太空目标轨道。

（一）运载火箭的类型

运载火箭按使用能源可分为化学火箭和非化学火箭。化学火箭按燃料形态分为固态推进剂型、液态推进剂型和固液混合推进剂型。非化学火箭包括核火箭、电火箭和光子火箭。按照箭体外形结构可分为单级火箭、多级火箭。其中，多级火箭的结构包括串联式、并联式和串并联式三种，如图 8-4[6]所示。串联式火箭即为多枚火箭同轴连接；并联式火箭将主体尺寸较大的火箭作为芯级，周围捆绑多枚小尺寸的助推级火箭；串并联式火箭即将上述并联式火箭的单一芯级置换为多级串联式火箭[6-7]。多级火箭可运载飞行器至太空预定轨道中，确保火箭产生的推力大于或等于其重力，以克服地球的

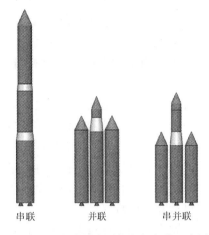

串联　　并联　　串并联

图 8-4　不同结构类型的多级火箭示意图

引力，当前一级助推器燃料耗尽时，下一级发动机启动工作，获得持续推力输出。

（二）运载火箭的结构组成

运载火箭由箭体结构、推进系统和控制系统等构成的主系统及遥测系统、外弹道测量系统、安全系统、逃逸系统和瞄准系统等构成的附属分系统组成。箭体结构也称为火箭的结构系统，如图 8-5 所示[6]，其作用在于安装动力装置、飞行控制系统及有效载荷。

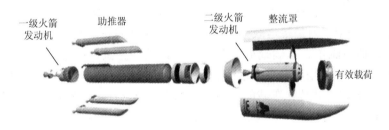

一级火箭发动机　　助推器　　二级火箭发动机　　整流罩

有效载荷

图 8-5　火箭箭体结构示意图

推进系统为火箭按目标速度飞行提供动力的装置。液体火箭的动力推进系统包括发动机、增压和推进剂储存输运系统。固体火箭的动力推进系统主要由具备推进剂存储功能的发动机构成，其发动机由燃烧室、点火器和喷管组成。液体火箭发动机具有能效高、工作时间长、启停可控、推力的方向和大小可调等优点，但其构造较复杂、推进剂不易长期存储。固体火箭发动机结构相对简单、工作稳定性好、推进剂易长期存储，但其工作效能较低、工作时间短及不易调控推力的方向和大小[6-7]。基于此，研究人员开发出固液混合推进剂型发动机。通常评价火箭发动机的性能指标包括推力、总冲和比冲。其中：总冲是指火箭发动机在产生的总动量，由推力大小和工作时长决定；比冲是指火箭发动机消耗单位质量的燃料所产生的动量，在燃料质量额定的情况下，发动机的比冲越高，其总冲越大，进而运载火箭的航程越远、载荷越大。

控制系统是火箭实现沿预定轨道飞行至目标空间位置的核心部件，其由导航系统、电

源配电和时序控制系统、姿态稳定系统三部分组成。导航系统的作用是精确控制火箭的运行轨迹，将目标载荷运送至指定空间轨道；电源配电和时序控制系统的作用是按火箭工作程序下发时序指令，完成各系统仪器的配电、供电任务。姿态稳定系统也称为姿态控制系统，其作用是对火箭飞行中的偏航、俯仰及滚动误差进行纠正，使运载装置的飞行姿态保持正常。

遥测系统是地面与火箭之间实施通信、数据传输的部件，主要功能是将火箭运行过程工作参数、各系统仪器工作环境条件参数及故障参数等通过无线电传输至地面控制中心，为火箭的优化设计、升级提供数据支撑和参考。

外弹道测量系统是基于地面的光学监测和无线电系统，并协同火箭自携的天线和雷达应答系统，对飞行中的火箭运动参数进行观测、跟踪和预测，同时可用于评价导航系统精度和提供故障分析数据。

安全系统是针对火箭飞行过程中不可逆、不可控的故障，进行火箭空中销毁的装置，目的是避免火箭高空坠落对地面造成灾害性威胁。安全系统由火箭自毁系统和地面无线电安全控制系统构成。火箭自毁系统由测量仪器、计算机及爆炸装置组成。逃逸系统也称为逃逸塔，主要针对完成载人航天任务的火箭，其作用在于应对火箭出现危及航天员安全的故障，在火箭启动自毁系统前帮助航天员逃离危险区，返回地球。

瞄准系统主要作用是给发射前的运载火箭进行初始方向定位，其由火箭瞄准装置和地面瞄准装置构成。

（三）运载火箭的发射方式和过程

运载火箭的发射方式包括陆上发射、空中发射和海上发射等。其中，火箭主流发射方式为陆上塔架发射。塔架发射是指运载火箭依托地面上活动或固定的发射架完成发射任务，发射塔架的功能包括整流罩、有效载荷、箭体地面组装、测试、推进剂加注和箭体支撑等。图 8-6 所示为美国"德尔塔-4"重型运载火箭的塔架发射状态。陆上发射的另一种形式为车载机动发射，该发射方式依托车载的惯性大地测量系统进行定位和采用陀螺罗盘进行定向。空中发射是指利用航空飞机将运载火箭运送到指定空域后，火箭脱离载机，完成投放、点火、发射至预定轨道，美国"飞马座"系列运载火箭是世界上唯一正式应用的空中发射火箭，如图 8-7 所示。根据火箭在载机上的组装方式，空中发射运载火箭分为腹挂式、背驮式和内装式等，其优势如下：具有良好的机动性，无须建设发射场；反应快速；单位质量有效载荷发射

图 8-6 美国"德尔塔-4"重型运载火箭的塔架发射状态

的成本相对较低。海上发射是指采用海上浮
动或者固定的平台发射运载火箭，俄罗斯联
合其他国家研制的"天顶-3SL"运载火箭实
现海上发射，该发射方式的优点在于发射地
点可灵活选择，例如在赤道附近的海域发射
火箭，能够充分利用地球的自转速度，进而
有效提高火箭运载能力。此外，火箭海上发
射的方式还包括潜艇发射，俄罗斯采用该方
式完成了"静海号"小型火箭的发射。

图 8-7　美国"飞马座"系列运载火箭及其载机

　　运载火箭的发射过程主要包括发射设备
平台准备、火箭起竖、航天器装配、箭体垂直
度调整、方向瞄准、全箭检查测试、推进剂加注、爆炸螺栓（火工品）安装、发动机启动点
火、火箭起飞和沿预定轨道飞行等环节。火箭的发射轨道指的是其从发射点至入轨点的飞行
路线，其间经历垂直起飞、程序转弯和入轨阶段。

二、典型的运载火箭介绍

　　苏联通过运载火箭将人造卫星送入太空，拉开了人类探索太空的序幕，从此火箭作为航
天器的运载工具正式进入航天工程领域。在航天器运载火箭的研制方面，各国运载火箭的开
发基本经历了两个阶段：导弹改装和新型火箭研制。在运载火箭开发初期，各国航天科研人
员均基于导弹改装来完成人造卫星的发射任务。最具代表性的是苏联航天总设计师卡拉廖夫
提出将洲际导弹的弹头替换成人造卫星的方案，而后以此类导弹改装的箭体结构为芯级，在
其周围捆绑 4 个小尺寸助推器，发展成"卫星号"和"宇宙号"两种运载火箭系列。在此基
础上，再对芯级火箭进行升级，串联一个不同推力的三级火箭，发展为"东方号"运载火箭，
采用该型号火箭完成世界第一颗人造卫星、第一颗月球探测器、第一颗金星探测器、第一颗
火星探测器、第一艘载人飞船和第一艘无人载货飞船的发射。20 世纪 60 年代，苏联专家通过
优化调整火箭发动机布局、结构和系统开发出新型具有高可靠性、多种发射功能的航天器运
载工具"质子号"，该系列运载火箭的发射成功率约 93%，已实现商业化运营，标志着运载
火箭开发进入第二阶段——新型运载火箭[8]。

　　此外，面向各类航天器的发射需求，中国、美国、日本及欧盟等国家、地区同时期也大
力发展运载火箭技术，开发出若干系列、不同型号的运载火箭。以下将详细介绍各国典型的
运载火箭情况。

（一）中国典型的运载火箭

　　中国自主研制的运载火箭为"长征"系列。1970 年，"东方红一号"人造卫星通过"长征
一号"运载火箭成功发射升空、入轨，标志着我国正式开启航天时代，具备自主探索太空的
能力。2020 年，"天问一号"探测器由"长征五号"运载火箭成功发射，2021 年登陆火星，
标志着我国航天领域突破了第二宇宙速度发射、行星际飞行及地外行星软着陆等关键技术。
中国航天运载技术经过 60 余年的发展、沉淀和积累，实现了从常温推进到低温推进、从一箭
单星到一箭多星、从串联到多级串并联、从载物到载人、从一次启动到多次启动、从发射地

球近轨卫星到突破第二宇宙速度发射行星际探测器、从卫星直接入轨到大范围变轨的技术跨越[6,9]。中国航天人基于上述技术开发出"长征二号"、"长征三号"和"长征四号"等系列常规运载火箭（图 8-8），并成功研制出以"长征五号"系列为代表的新型运载火箭（图 8-9[6,9]），表明中国已具备将不同航天器送入高、中、低不同地球轨道的能力，总体技术水平显著提高，具体表现如下：航天运输系统的总体设计能力提升；箭体结构设计、试验和制造水平提高；液体推进技术取得突破性进展；测试发射模式和发射支持技术显著增强；遥测和飞控系统实现数字化、集成化[9]。

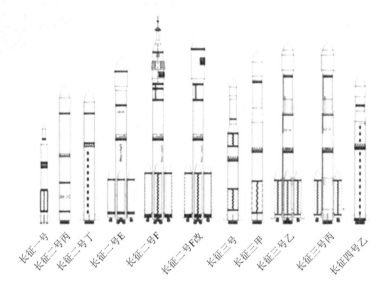

图 8-8　中国常规长征系列运载火箭

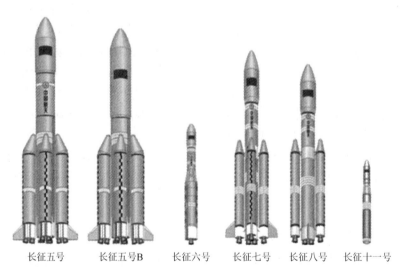

图 8-9　中国新一代长征系列运载火箭

（二）美国典型的运载火箭

冯·布劳恩通过改装"丘比特"导弹得到运载火箭，将"探险者 1 号"人造卫星发射至太空，开创了美国航天时代新纪元。此后，"雷神"、"宇宙神"、"大力神"和"德尔塔"等系列运载火箭均基于美国当时的中程导弹和洲际导弹改进、研制。其中，"雷神"系列早期用于小型卫星发射；"宇宙神"系列已完成 500 余次发射任务，是美国应用最广泛的运载火箭；"大力神"系列又称"泰坦"系列，是主要用于发射人造卫星和星际科学探测器的重型火箭；"德尔塔"系列运载火箭累计发射 300 余次，2024 年 4 月"德尔塔-4"重型火箭成功执行最后一次发射任务，至此，全球唯一现役的全氢氧动力火箭全面告别世界航天舞台。此外，针对"登月计划"，美国专门研制了"土星"系列运载火箭，该系列运载火箭是阿波罗计划和天空实验室计划中使用的核心运载工具。图 8-10 所示为美国典型的运载火箭照片[6]。

| (a)"宇宙神"系列 | (b)"大力神"系列 | (c)"德尔塔"系列 | (d)"土星"系列 |

图 8-10　美国典型的运载火箭

在新型运载火箭研制方面，美国联合发射联盟公司研制了"火神"系列运载火箭，该火箭实际为"宇宙神"系列的升级版。2024 年 1 月，"火神"VC2S 型运载火箭执行首飞任务，其近地轨道的最大运载能力为 25.8 t，地球同步转移轨道的最大运载能力约为 14.5 t，地球静止轨道的最大运载能力为 6.5 t。

（三）苏联/俄罗斯典型的运载火箭

苏联/俄罗斯在弹道导弹的基础上，按照系列化、标准化的开发原则研制出 20 余个系列的运载火箭，包括"东方号"、"联盟号"、"能源号"、"质子号"、"天顶号"及"安加拉号"等，如图 8-11 所示[6]。"东方号"系列运载火箭是一种三级火箭，是全球首次实现载人航天任务的运载工具。"联盟号"系列运载火箭根据"东方号"火箭改进研制，于 1966 年完成首次发射，至今已完成 1600 余次发射任务。"能源号"运载火箭是苏联研制的世界上有效载荷和起飞推力最大的运载火箭，其近地轨道运载能力为 105 t，其将"暴风雪号"航天飞机载入太空飞行。"质子号"系列为苏联第一型非导弹衍生类重型运载火箭，其完成了国际空间站第一个舱段的发射任务。"天顶号"系列为一种中型运载火箭，曾作为"能源号"运载火箭的助推器。"安加拉号"系列运载火箭是俄罗斯全新开发的新型宇宙火箭，该系列火箭可捆绑多个通用火箭模组，实现不同推力发射需求，有望成为俄罗斯未来运载火箭的主力。

（四）其他国家（地区）典型的运载火箭

日本、印度及欧洲等国家（地区）在运载火箭的开发上也取得了一定的成果，具有代表性的运载火箭型号为日本"H"系列、印度"PSLV"系列和欧洲"阿丽亚娜"系列，如图 8-12 所示[6, 8]。

（a）"东方号"　　　（b）"联盟号"　　　（c）"能源号"　　　（d）"质子号"

（e）"天顶号"　　　　　　　　　（f）"安加拉号"

图 8-11　苏联/俄罗斯典型的运载火箭

（a）日本"H"系列　　　（b）印度"PSLV"系列　　　（c）欧洲"阿丽亚娜"系列

图 8-12　其他国家地区典型的运载火箭

日本航天技术的发展经历了从自主研发到引进消化再到自主研发的阶段，该国从 20 世纪 60 年代开始研制运载火箭，先后开发出"L"系列、"M"系列、"N"系列和"H"系列等十余种火箭类型，其中仍在服役的典型运载火箭有"H-II"系列。另外，"H-III"系列作为日本宇宙航空研究开发机构和三菱重工业公司共同投资、研制的新型运载火箭，在 2023 年 2 月经历了首飞失败后，于 2024 年 2 月将一颗人造卫星成功送入太空预定轨道。

印度"PSLV"系列为极轨卫星运载火箭，属于中型运载火箭，其取得的成绩包括将"月船1号""曼加里安号"火星探测器成功发射升空和完成"1箭104星"的发射。2023年9月，印度使用"PSLV"系列运载火箭成功将该国首个太阳探测器"太阳神-L1号"送入太空预定轨道。此外，印度还拥有"GSLV"系列和"LVM3"系列地球同步卫星运载火箭，而"LVM3"系列运载火箭的本质是"GSLV"系列中的"MKIII"型。

欧洲"阿丽亚娜"系列运载火箭由欧洲空间局主导研制，其中最具代表性的为"阿丽亚娜5"型，由其发射升空的著名载荷包括"罗塞塔号"彗星探测器、"ATV"自动货运飞船、"赫歇尔"太空望远镜、"普朗克"空间望远镜和"詹姆斯·韦伯"太空望远镜等。当前处于研制、待首发的"阿丽亚娜6"型运载火箭旨在接替"阿丽亚娜5"型运载火箭。

三、中国运载火箭的研究历程及发展

中国运载火箭的发展、研究历程主要集中在"长征"系列上。中国运载火箭为什么命名为"长征"？中国运载火箭技术研究院第一总体设计部总体设计室的研究人员，根据毛泽东主席著名诗词《七律·长征》中体现出的红军长征精神，提议并经上级批准将火箭命名为"长征"，其包含的寓意是中国运载火箭事业一定会像红军长征一样克服任何艰难险阻，勇往直前到达胜利的彼岸[7]。

（一）探空火箭

"长征一号"的研制主要基于早期探空火箭的开发成果进行设计、论证和执行。探空火箭是指在近地空间内，用于环境探测和科学实验的火箭，其工作高度低于低轨运行的人造地球卫星、高于探空气球，主要类型包括气象火箭、生物火箭及地球物理火箭等。"T-7"系列火箭是中国现代航天史上第一型火箭，该系列火箭包括"T-7M"探空火箭、"T-7A/S1"生物火箭及"T-7A（Y）"新技术试验火箭[7-9]三种型号。1959年10月，在上海机电设计院杨南生副院长和王希季总工程师的组织领导下，开始"T-7M"型无控制探空火箭的研制工作。1960年2月，完成"T-7M"试验型液体探空火箭的发射与回收。

在"T-7M"型火箭的研制期间，研制专家为了确保火箭发动机启动系统的可靠性，提出气动阀采用爆破薄膜方案，而薄膜的铣削深度公差要求小于0.005 mm，当时传统的机械加工方法精确无法满足上述参数指标。于是，研制人员为了解决上述加工技术问题，经过验证决定采用化学腐蚀加工法，并手工磨制微型刻刀，在印刷纸上先刻制高精确的图案，再将图案转移到丝绢上，并经过多次加工实验，最终制作出的薄膜，达到设计需求。图8-13为中国第一枚液体火箭"T-7M001号"发射前加注推进剂时的工作照片。当时发射设施非常简陋，发射指令依靠手势和呼叫下达，推进剂加注采用自行车打气筒作为压力源，在无自动遥测定向天线的条件下采用人工转动天线实现火箭跟踪。在如此艰苦

图8-13　中国第一枚液体火箭"T-7M001号"发射前加注推进剂时的工作照片

的研究环境中，以王希季院士为代表的中国航天人战胜艰难险阻，勇攀航天科技高峰，开发出液体推进式探空火箭，为运载火箭的研制奠定了良好的基础。

（二）"长征一号"

1968 年 11 月，国防科学技术委员会提出，中国运载火箭技术研究院负责"长征一号"火箭的设计、研制，任命任新民为总体设计室主任。在接到任务后，任新民院士带领科研人员，基于当时我国探空火箭的研制经验和参照国外的相关报道、文献资料，开展"长征一号"运载火箭总体设计的论证工作，并最终决定采用三级火箭式结构。在"长征一号"运载火箭研制过程中，研制人员突破了以下关键技术难题：解决发动机的不稳定燃烧难题；设计出高转速高性能涡轮泵；提出四机并联技术、推力室真空钎焊技术、波纹板成型技术和等离子喷涂技术等。通过上述科技攻关，1970 年 4 月 24 日 21 点 35 分，在酒泉卫星发射中心，随着点火口令的下达，"长征一号"火箭腾空而起，将"东方红一号"卫星送入太空、成功入轨。图 8-14[7] 为"长征一号"运载火箭及其结构示意图。2016 年 3 月，国务院批复同意将每年 4 月 24 日设立为"中国航天日"，首个中国航天日的主题为"中国梦，航天梦"。

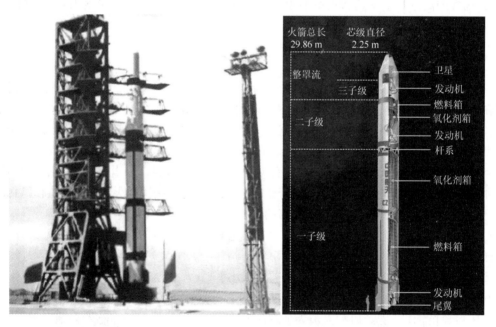

图 8-14　"长征一号"运载火箭实物图及其结构示意图

（三）"长征二号"

1975 年 11 月，"长征二号"运载火箭搭载中国第一颗返回式人造卫星，在酒泉卫星发射基地首发成功，图 8-15[7] 为"长征二号"运载火箭首次发射状态照片。该型运载火箭主要用于低轨重型卫星的发射，它的成功发射标志着中国已掌握航天返回技术、航天遥感技术，成为全球第三个拥有上述技术的国家[7-9]。"长征二号"系列运载火箭的型号包括"长征二号甲"（CZ-2A）、"长征二号丙"（CZ-2C）、"长征二号丁"（CZ-2D）、"长征二号 E"（CZ-2E，简称为"长二捆"）和"长征二号 F"（CZ-2F）等。其中，"长征二号 F"主要用于载人航天器的发射，发射成功率100%，可靠性指标高达0.98，拥有"神箭"的美誉。2024年4月25日，"长征二号F遥十八"运载火箭在酒泉卫星发射中心将"神舟十八号"载人飞船成功运送至预定轨道。"长征二号F"运载火箭的主要型号为"长征二号F"基本型、"长征二号F"改进型G型和"长征二号F"改进型T1型。其中，"长征二号F"基本型成功完成了"神舟一号"至"神舟七号"的发射任务，于2008年9月完成最后一次发射任务后退役。

图8-15　"长征二号"运载火箭首次发射状态照片

（四）"长征三号"

1984年3月，"长征三号"运载火箭完成首次发射，成功将"东方红二号"试验通信卫星送至目标轨道，标志着中国成为全球第四个掌握地球同步卫星发射技术的国家。"长征三号"运载火箭在"长征二号丙"运载火箭的基础上加入注有液氢液氧推进剂的第三级，构成三级运载火箭结构，其主要用途是发射中高轨道航天器，其发射的航天器包括"亚太一号"卫星、"亚太一号甲"卫星、"风云二号"卫星、"天链一号"卫星、"北斗导航"卫星和"嫦娥三号"月球探测器等，图8-16为"长征三号"系列运载火箭发射照片。

图8-16　"长征三号"系列运载火箭发射照片

（五）"长征四号"

"长征四号"系列运载火箭的研制，与我国通信卫星和气象卫星的发展密切相关。1988年9月，在太原卫星发射中心，"长征四号甲"运载火箭成功将"风云一号"气象卫星送至太空预定轨道，标志着中国成为全球第三个掌握太阳同步轨道卫星发射技术的国家。此外，"长征四号"系列运载火箭还实现了国内首次多星串联发射，实现一箭多星发射，相关技术达到国际先进水平；"长征四号"系列运载火箭成功完成我国探月工程"嫦娥四号"中继星"鹊桥"的发射任务。该系列运载火箭主要承担我国太阳同步轨道和极轨道大型载荷的发射任务,图8-17为"长征四号"系列运载火箭发射照片。

图 8-17　"长征四号"系列运载火箭发射照片

（六）"长征五号"

2016年11月,"长征五号"系列运载火箭在海南文昌航天发射基地首次发射,并取得成功。"长征五号"系列为我国研制的新一代大型运载火箭,运载能力与国际主流火箭相当,其大幅提高了我国空间探索与开发的能力,标志着我国由航天大国向航天强国迈进。"长征五号"系列运载火箭主要用于近地轨道卫星、太阳同步轨道卫星、地球同步轨道卫星、空间站和天体探测器等航天器的发射,图8-18为"长征五号"系列运载火箭发射照片[7]。

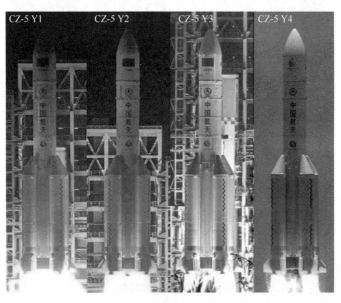

图 8-18　"长征五号"系列运载火箭发射照片

（七）"长征六号"

"长征六号"系列为我国新一代无毒无污染的小型运载火箭，具有可靠、安全、低成本等优点。2015年9月，"长征六号"运载火箭成功将20颗微小卫星送至太空预定轨道，刷新中国航天一箭多星发射的纪录，图8-19为"长征六号"系列运载火箭照片。

图8-19　"长征六号"系列运载火箭照片

（八）"长征七号"

"长征七号"系列是为我国载人航天工程发射航天器而研制的中型运载火箭，该系列火箭开发依托"长征二号F"火箭的成熟技术和"长征五号"火箭的创新技术。2016年6月，"长征七号"运载火箭在海南文昌航天发射场完成首次发射任务；2017年4月，"长征七号"运载火箭将"天舟一号"货运飞船成功送至预定轨道，首次实现我国低温火箭的"零窗口"发射。图8-20为"长征七号"系列运载火箭照片。

图8-20　"长征七号"系列运载火箭照片

图 8-21　"长征八号"运载火箭照片

（九）"长征八号"

"长征八号"系列为新一代中型两级捆绑式运载火箭，主要面向国际商业发射市场，用于近地轨道或太阳同步轨道航天器的发射，发射基地可选择海南文昌航天发射场或酒泉卫星发射中心。2020 年 12 月，"长征八号"运载火箭完成首飞。图 8-21 为"长征八号"运载火箭照片。

（十）"长征九号"和"长征十号"

"长征九号"和"长征十号"运载火箭为我国正在进行关键技术深化论证或研制的新一代重型火箭，主要用于载人登月、深空探测及空间基础设施建设（如空间太阳能电站）等任务。其中，用于执行载人登月任务的"长征十号"系列火箭为三级半火箭，其于 2024 年 6 月 14 日成功完成一子级火箭动力系统试车。新一代重型运载火箭的研制是中国建设航天强国的重要支撑，将助推中国运载火箭技术迈入世界先进梯队。图 8-22 为中国新型运载火箭概念图。

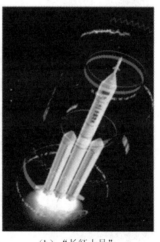

（a）"长征九号"　　　　　（b）"长征十号"

图 8-22　中国新型运载火箭概念图

（十一）"长征十一号"

"长征十一号"系列属于小型四级固体运载火箭，是"长征"系列运载火箭中唯一一型固体火箭，主要用于自然灾害、突发事件情形下应急卫星的发射，具有快速机动性特征和具备"日发射"能力，拥有"快响利箭"的美誉。2015 年 9 月，"长征十一号"运载火箭实现"一箭四星"的发射。此外，"长征十一号"运载火箭已经在酒泉卫星发射中心、海南文昌航天发射场、黄海和东海海域执行过发射任务，其中 2019 年 6 月，在我国黄海海域采用"长征十一号"运载火箭，将多颗技术试验卫星和商业卫星成功送入预定轨道，标志着我国已掌握运载火箭的海上发射技术。图 8-23 为"长征十一号"运载火箭的照片。

图 8-23 "长征十一号"运载火箭照片

综上所述，自 1958 年开启运载火箭研制工作，中国航天人不畏艰难、不懈奋斗开出发"长征"系列运载火箭逐梦太空，并开启"航天强国"新征程。

第三节 航 天 器

一、现代航天器技术

现代航天器是在地球大气层以外的太空，按天体力学基本规律运动的飞行器，包括人造卫星、航天飞机、太空飞船、空间站和宇宙探测器等。航天器在空间航行运动的轨迹称为轨道。航天器在预定轨道运行期间可对来自宇宙天体的电磁辐射进行探测、对空间环境进行探测、宇宙天体的逼近观测或登陆取样观察。航天器的出现提升了人类探索宇宙、认识宇宙和开发空间资源的能力，对基础科学技术、经济社会活动发展产生了深远的影响。

（一）航天器飞行基本原理

航天器离开地球、飞越大气层、进入太空轨道和返回地球等阶段需遵照航天器的飞行原理。在轨运行的航天器飞行规律遵循的轨道动力学由古典天体力学发展而来。本质上，航天器的空间运动规律与月球、行星等自然天体的空间运动规律一致，因此，航天器的运动规律研究可采用天体力学的方法[6]。天体力学领域的相关规律包括万有引力定律、开普勒第一定律（也称椭圆定律）、开普勒第二定律（也称面积定律）和开普勒第三定律（也称调和定律）。根据万有引力定律，地球对其表面未发射的航天器存在自然引力作用，航天器离开地球进入太空的前提就需要克服地球引力作用。航天器进入太空轨道做圆周运动，就需要向心力来平衡离心力。对绕地球做圆周运动飞行的航天器而言，就必须达到地球引力与其圆周运动离心力平衡的条件，该运动状态下的航天器需要达到一定的速度，称为环绕速度，也称为第一宇宙速度（约 7.9 km/s）。第二宇宙速度（约 11.2 km/s）是指航天器离开地球束缚飞往行星际空间的逃逸速度。第三宇宙速度（约 16.7 km/s）是指航天器离开太阳系束缚飞往恒星际空间的逃逸速度。

（二）航天器的运行轨道

航天器的运行轨道是太空重要资源之一，是人造卫星、飞船和空间站等航天器进行飞行活动的特殊空间。为了区别航天飞行与航空飞行，存在一条人为定义的界线，即"卡门线"。在"卡门线"以上，由于大气稀薄，无法托举飞机正常飞行，飞行器就需要离心力支撑重量，同时飞行速度接近第一宇宙速度。一般情况下，飞行器的高度高于"卡门线"，飞行速度达到第一宇宙速度，即为航天活动，相关飞行活动称为"轨道飞行"。航天器轨道主要包括以下几种类型：低地球轨道、中地球轨道和高地球轨道等。

低地球轨道是距离地表 160～2000 km 的近圆形轨道，也称为近地轨道。空间站、遥感卫星及部分通信卫星在该类轨道上运行，其中"天宫二号"实验室在约 380 km 高度的近地轨道上运行。近地轨道包括极地轨道和太阳同步轨道。中地球轨道是距地面 2000～35 786 km 的圆轨道，中国的"北斗"、美国的 GPS、欧洲的"伽利略"和俄罗斯的"格洛纳斯"等导航卫星位于该类轨道上。高地球轨道是距地面 35 786 km 以上的椭圆形轨道，也称为高椭圆轨道，太空观测卫星、通信卫星和侦察卫星等在该类轨道上运行，包括地球同步轨道、地球静止轨道、垃圾轨道、跨月轨道和地火转移轨道等。

（三）航天器的姿态调控

航天器执行任务期间，需要进行轨道调整或者仪器需面向特定天体探测，为满足上述要求需要对航天器状态进行调整，该过程称为姿态控制，主要类型包括主动式姿态调整和被动式姿态调整。主动式姿态调整以消耗航天器能源为基础、通过喷气式控制、偏置动量轮控制、零动量轮控制和陀螺力矩器控制等方式实现。被动式姿态调整方式包括重力梯度稳定和自旋稳定等，不消耗航天器自有能源。

（四）航天器的回收技术

航天器的回收方式包括陆地降落、海面溅落和空中钩取等，如图 8-24 所示。航天器经减速后安全着陆的过程称为软着陆；航天器未经减速而直接撞击着陆的过程称为硬着陆。常见的软着陆系统也称为回收系统，包括伞系减速/气囊缓冲着陆系统、可控翼伞定点无损着陆系统、充气附着式减速着陆系统、动力减速/软着陆支架缓冲系统、起落架/阻力伞系统。对载人飞船、生物卫星和成像侦察卫星等返回型航天器而言，回收系统不仅关系航天任务的成败，还对航天器的重复使用技术开发至关重要。

二、典型的航天器介绍

1957 年 10 月，苏联发射全球第一个航天器"斯普特尼克 1 号"人造卫星。世界航天器的发展分为探索实验阶段、完善实用性系统阶段、战术应用阶段[3]三个阶段。在航天器研制方面，中国、美国、俄罗斯及欧洲等国家和地区处于领先水平。

| （a）陆地降落 | （b）海面溅落 | （c）空中钩取 |

图 8-24　航天器的回收方式

（一）中国典型的航天器

"东方红一号"人造卫星（图 8-1）由钱学森担任首任院长的中国空间技术研究院自主研制，该卫星于 1970 年 4 月成功发射，标志着中国成为继苏联、美国、法国及日本之后，采用自制运载火箭发射人造卫星的国家。2003 年 10 月，"神舟五号"飞船将中国第一位航天员送至太空，中国至此成为全球第三个掌握载人航天技术的国家。2004 年 1 月，国务院批准立项绕月探测工程，命名为"嫦娥工程"。"嫦娥工程"分为无人月球探测、载人登月和建立月球基地三个阶段。目前，中国已开发出"嫦娥一号"、"嫦娥二号"、"嫦娥三号"、"嫦娥四号"、"嫦娥五号"和"嫦娥六号"等多种航天探测器。2020 年 7 月，"天问一号"火星探测器成功升空，2021 年 6 月，"祝融号"火星车公布其拍摄的首批科学影像图。2021～2022 年，中国通过组织 11 次发射，完成空间站的"天和核心舱"、"问天实验舱"和"梦天实验舱"三舱"T"字在轨构建，标志着中国载人航天工程步入空间站时代。图 8-25 为中国典型的航天器照片。

（二）美国典型的航天器

GPS 始于 1958 年美国国防部主导研制的卫星导航系统，具有全方位、全时段、全天候和高精度特征，由空间卫星星座、地面监控设施和用户设备构成。其中，GPS 空间卫星星座由分布在 6 个轨道平面的 24 颗人造卫星构成。1961 年 5 月，美国第一艘"水星号"载人飞船进入亚轨道飞行，揭开该国载人航天活动的序幕。1969 年 7 月，"阿波罗 11 号"载人飞船成功发射，完成人类首次载人登月任务。1973 年 5 月，"天空实验室"空间站发射升空。1990 年 4 月，"哈勃"空间望远镜成功发射，成为天文史上最重要的观测仪表之一。2018 年 8 月，"帕克"太阳探测器成功发射，其主要任务是飞入太阳的外层大气层进行探测，2021 年底"帕克"探测器进入太阳的日冕层，成为人类历史上最接近太阳的航天器。1981 年 4 月，"哥伦比亚号"航天飞机经过 10 年时间建造成功；2011 年 7 月，"亚特兰蒂斯号"航天飞机完成它的第 33 次飞行后退役；2024 年，"追梦者号"航天飞机由"火神号"运载火箭发射至国际空间站。迄今为止，只有美国和俄罗斯能够完成航天飞机制造、成功发射和回收，而美国是唯一一个曾利用航天飞机进行载人飞行的国家，该航天器的开发应用是航天技术发展史上的一个里程碑。图 8-26 为美国典型的航天器照片或示意图[3, 6]。

图 8-25　中国典型的航天器照片或示意图

（a）"神舟五号"飞船返回舱；（b）"祝融号"火星车；（c）"嫦娥五号"返回器；（d）中国空间站示意图

图 8-26　美国典型的航天器

（a）"GPS"星座；（b）"水星号"载人飞船；（c）"哈勃"空间望远镜；（d）"阿波罗 11 号"登月舱及其月球表面活动状态；
（e）"天空实验室"空间站；（f）"帕克"太阳探测器；（g）"追梦者号"航天飞机

（三）苏联/俄罗斯典型的航天器

1961 年 4 月 12 日，苏联宇航员尤里·加加林乘坐"东方 1 号"载人飞船，完成全球首次太空飞行。1970 年 12 月，苏联完成"金星 7 号"探测器软着陆，1975 年 6 月成功发射"金星 9 号"探测器，该探测器是苏联第一台从金星表面传回科研数据的行星探测器。1988 年 11 月，"暴风雪号"航天飞机首飞。1971 年 4 月，"礼炮-1 号"空间站作为人类历史上首个太空站发射升空。1986 年 2 月，"和平号"空间站由"质子号"运载火箭发射升空，是苏联/俄罗斯第三代空间站，也是全球第一个长久性空间站，于 2001 年退役坠落在南太平洋海域。图 8-27 为苏联/俄罗斯典型的航天器照片（示意图）[3,6]。

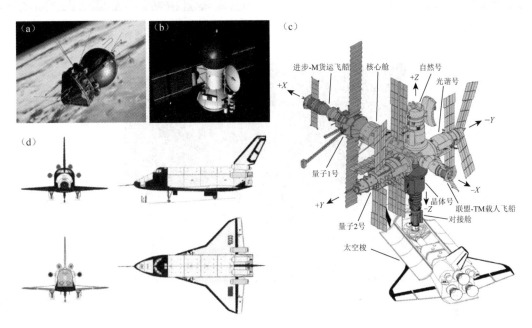

图 8-27　苏联/俄罗斯典型的航天器照片或示意图

（a）"东方号"载人飞船；（b）"金星 9 号"探测器；（c）"和平号"空间站；（d）"暴风雪号"航天飞机

（四）其他国家和地区典型的航天器

2003 年 6 月，欧洲航天局第一个前往火星进行探测的航天器"火星快车"号搭载"联盟"号运载火箭成功发射。2003 年 12 月，"火星快车"号进入火星轨道，标志着火星探测活动逐步被广大航天科研人员关注[3-5]。图 8-28 为"火星快车"号航天器。

2011 年 6 月，由美国、俄罗斯、日本、法国、英国、德国及加拿大等 16 个国家共同建造的国际空间站完成全部的组装工作，该空间站主要由美国国家航空航天局、俄罗斯联邦航天局、欧洲空间局、日本宇宙航空研究开发机构、加拿大国家航天局共同运营，是目前在轨运行最大的空间航天器[6]，图 8-29 为国际空间站。

2023 年 12 月，日本月球探测器"SLIM"（smart lander for investigating moon）成功进入月球轨道。2024 年 1 月，"SLIM"月球探测器实现月球软着陆，日本成为世界第 5 个实现月球软着陆的国家，图 8-30 为"SLIM"月球探测器示意图。

图 8-28　"火星快车"号航天器

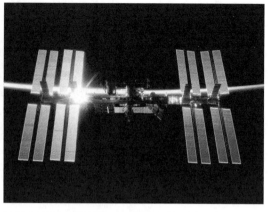

图 8-29　国际空间站

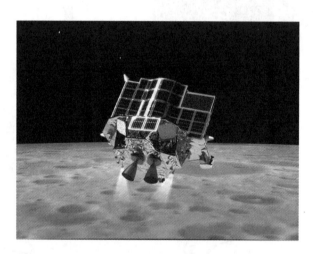

图 8-30　"SLIM"月球探测器示意图

三、中国航天器的研究历程及发展

中国航天器的研究历程、发展路线与载人航天工程"三步走"战略的实施高度契合，具体实施阶段如下：第一步，发射载人飞船，建成初步配套的试验性载人飞船工程，开展空间应用实验；第二步，突破航天员出舱活动技术、空间飞行器的交会对接技术，发射空间实验室，解决有一定规模、短期有人照料的空间应用问题；第三步，建造空间站，解决大规模的、长期有人照料的空间应用问题。此外，在深空探测领域，"嫦娥"奔月、"祝融"探火和"夸父"逐日成为现实，中国航天器向着浩瀚宇宙不断探索[5-7]。

1970 年 4 月 24 日，"东方红一号"人造卫星搭载"长征一号"运载火箭准确进入预定太空轨道。1975 年 11 月 26 日，"尖兵一号"返回式遥感卫星搭载"长征二号"运载火箭发射升空至预定轨道，其返回舱于 1975 年 11 月 29 日成功降落回收。1984 年 4 月 8 日，"东方红二号"试验通信卫星搭载"长征三号"运载火箭成功发射，标志着中国掌握了静止轨道卫星发射技术。1986 年 2 月 1 日，"东方红二号"实用通信卫星成功发射，中国卫星通信进入实用阶段。1988 年 9 月 7 日，中国首颗气象卫星"风云一号"搭载"长征四号甲"运载火箭成功进入预定轨道。1992 年 9 月 21 日，中央审议批准"中国载人航天工程"，代号"921 工程"。1997 年

5 月 12 日，"东方红三号"通信广播卫星搭载"长征三号甲"运载火箭成功发射，加快了中国信息化建设的进程。1999 年 11 月 20 日，"神舟一号"飞船成功发射回收，此后"神舟二号"、"神舟三号"和"神舟四号"试验飞船均完成预定任务。2003 年 10 月 15 日，中国航天员杨利伟搭乘"神舟五号"载人飞船进入太空并安全返回，标志着中国掌握载人航天技术。2003 年 12 月 30 日和 2004 年 7 月 25 日，两颗地球空间探测卫星分别成功发射，"双星探测计划"顺利执行。2005 年 10 月 12 日，"神舟六号"载人飞船搭载"长征二号 F"运载火箭发射入轨，完成"多人多天"航天飞行任务。2007 年 10 月 24 日，"嫦娥一号"探测卫星搭载"长征三号甲"运载火箭进入预定轨道，并完成月球三维影像图拍摄。2008 年 4 月 25 日，中国首颗中继卫星"天链一号"搭载"长征三号丙"运载火箭成功发射进入预定轨道。2008 年 9 月 25 日，"神舟七号"载人飞船成功发射，航天员翟志刚完成中国首次空间出舱任务。2010 年 5 月 12 日，"高分辨率对地观测系统"重大专项全面启动，"高分一号"、"高分二号"和"高分三号"等多颗卫星成功发射，实现全天时、全天候和全球对地观测。2010 年 10 月 1 日，"嫦娥二号"探测卫星搭载"长征三号丙"运载火箭成功进入地月转移轨道。2011 年 9 月 29 日，"天宫一号"飞行器成功发射，此后与"神舟八号"、"神舟九号"和"神舟十号"飞船完成空间交会对接。2013 年 12 月 2 日，"嫦娥三号"探测器搭载"长征三号乙"运载火箭发射升空，该探测器于 2013 年 12 月 14 日在月球安全软着陆。2013 年 12 月 15 日"玉兔号"月球车与着陆器分离，进行月面巡视勘测。2016 年 8 月 16 日，世界上首颗量子科学实验卫星"墨子号"成功发射。2018 年 12 月 8 日，"嫦娥四号"探测器成功奔赴月球，实现全球首次探测器在月球背面软着陆和巡视。2020 年 12 月 17 日，"嫦娥五号"返回器携带月球样品成功在预定区域着陆。2021 年 4 月 29 日，"天和"核心舱成功入轨，中国空间站建设进入全面实施阶段。2021 年 5 月 15 日，"天问一号"探测器成功登陆火星，中国星际探测实现从地月系到行星际的跨越。2021 年 11 月 7 日，中国航天员翟志刚和王亚平从"天和"核心舱节点舱成功出舱，王亚平成为中国首位在太空进行出舱活动的女性航天员。2022 年 11 月 30 日，"神舟十四号"与"神舟十五号"两个乘组成功会师太空，实现中国空间站首次三船三舱构型。2023 年我国运载火箭发射次数和入轨航天器数量创历史新高，共计完成 67 次发射，"长征"系列运载火箭完成第 500 次发射，完成 2 次载人发射和 2 次"太空会师"，载人航天工程进入空间站应用与发展新阶段[5-9]。

中国自 1970 年成功发射、应用航天器至今，经过不断的发展，相继突破超重载荷发射、天地往返、空间交会对接和太空出舱等航天领域的关键技术瓶颈。当前，全球仅中国、美国和俄罗斯掌握了独立自主的载人航天技术。此外，中国在天体探测器、气象卫星、遥感卫星及科学卫星等航天器的研制方面也处于领先水平，中国在新型航天器领域的技术发展和成果突破，彰显出我国的科技实力和国家形象，反映出民族自信心与认同感。

第四节　太空探索与航天未来

空间科学是人类进行航天活动的基础，空间技术创新是未来空间科学持续、健康发展的核心因素，运载火箭、人造卫星、载人飞船及天体探测器等是技术创新的载体。其中，不同类型有效载荷运送的新型航天运输系统研制和精确的空间探测技术开发是空间科学与技术领域发展面临的首要问题。

一、未来航天运输系统

航天运输系统是指往返于地球表面与太空轨道之间、轨道与轨道之间运输各种有效载荷的工具总称，包括运载火箭、载人或货运飞船、航天飞机、空天飞机、安全逃逸飞行器及其各种辅助系统等。中国运载火箭技术研究院院长王小军根据世界一次性运载火箭和可重复使用运载器的研制应用现状与趋势分析发现，航天大国当前聚焦于高可靠性、高效率和低成本的航天运输系统的开发[9]，具体表现如下：通过研制下一代运载火箭，加速更新换代、优化型谱及突出研制应用的经济性；全力发展重型运载火箭技术，以提升空间进入能力，进而实施深空探测任务；发展重复回收、使用技术，降低空间进入成本，增强市场竞争力；完善轨道转移技术、开发长期在轨技术和发展上面级技术及拓展其应用领域；对发动机进行智能化、轻质化和高性能优化设计，以提高运载火箭的可靠性、效率[9-12]。在新型航天运输系统的研制方面，美国 SpaceX 公司星舰系统极具代表性，其采用"器箭一体化"设计，目的是将卫星、有效载荷、人员和货物等运送至太空轨道、月球和火星，终极目标是将有效载荷和人类送至火星并建立基地。图 8-31 为 SpaceX "星舰"系统第四次试验性发射状态图。

图 8-31　"星舰"系统第四次试验性发射状态

面向航天强国建设需求，立足当前中国航天科技基础，实现世界领先水平的航天运输系统开发与应用是我国在该领域未来的发展方向，具体如下。

（1）建立谱型合理完整和性能优异的航天运输系统产品体系。持续推动新型载人、载货运载火箭和重型运载火箭的研制；持续推进可回收重复使用的航天运输系统技术开发，针对载人航天工程常态化发射任务需求，建立航班化航天运输系统；加快研制以大功率电推进、核动力为代表的新型动力空间运输工具，提升空间转移运载器的转移运输能力。

（2）建立具有世界领先水平的航天运输系统技术体系。优化设计理念和思路，构建先进设计标准体系，解决航天运输系统领域的共性基础科学问题，攻克瓶颈技术。

（3）建立具有世界领先水平的航天运输系统管理体系。面向商业航天发射市场的需求，按照市场经济规律，以发展新质生产力为着力点推动商业航天产业高质量发展；构建航天运输系统研制、生产和应用运营数字化协同管理体系[9]。

二、空间探测与资源开发

探索宇宙起源、发展与演变，开展空间资源探测开发、拓展人类生存发展空间是世界主要航天国家的核心目标和各国博弈的新疆域，是抢占科技竞争制高点的桥头堡。面向大规模空间资源开发与利用的现实需求，发展高水平空间探测技术是前提。

目前，世界空间探测技术的发展具有以下特点。①空间探测趋于多元化：一是参与成员国家多元化，空间探测领域不再是美国和俄罗斯独霸天下，中国、印度、日本及欧洲等国家和地区均成功实施月球、火星等天体的探测工作；二是探测目标多元化，目标天体不仅只局限在月球、火星和太阳上，还包括其他小行星和彗星。②空间探测领域国际合作持续深化：截至 2023 年，已有 33 个国家签署《阿尔忒弥斯协定》，包括美国、英国、加拿大、日本、巴西、韩国和阿拉伯联合酋长国等国的航天机构。③空间探测智能化：拓展人工智能、云计算及自动驾驶等前沿技术手段在空间探测领域的应用[6]。

在空间探测与资源开发计划方面，根据俄罗斯能源火箭航天公司提出的月球探测路线图草案，该国计划在 2031～2040 年将航天员送上月球实施载人登月任务，在 2041～2050 年建设月球基地。美国国家航空航天局提出"阿尔忒弥斯计划"，将于 2024 年前后再次实施载人登月，并于 2028～2030 年进行月球基地建设[12]。根据"欧罗巴快船计划"，美国木星探测器将于 2030 年抵达绕木星运行轨道，预计用约 4 年的时间对木卫二进行多次近距离飞越。2023 年 10 月，中国在第 74 届国际宇航大会上公布多项深空探测任务计划："天问二号"小行星采样返回任务拟于 2025 年发射；"嫦娥七号"探测器拟于 2026 年左右发射；"嫦娥八号"探测器拟于 2028 年发射，"天问三号"火星采样返回任务拟于 2028 年完成；"天问四号"木星探测任务、载人登月任务拟于 2030 年左右实施[10-12]。图 8-32 为中国空间探测任务计划与月球科研站示意图[10, 11]。月球作为地球唯一的天然卫星，蕴藏着丰富的能源、矿产资源和环境资源，空间位

图 8-32　中国空间探测任务计划与月球科研站示意图

置优势显著。月球探测与资源开发对于空间科学与技术的发展研究具有战略意义，特别是可为基础科学实验、对地监测、天文观测、生物医药研制和新型功能材料开发等提供天然的场所，月球未来有望成为深空探测与空间资源开发的前哨站[12]。

当前全球科技、经济和社会处于快速发展、变革的时期，世界航天大国进行空间探测有利于揭示自然和宇宙的奥秘，将极大地提高人类对宇宙起源与演化、行星宜居性等前沿科学问题的认知，促进空间资源的合理开发与利用，拓展人类生存和活动的空间[10]。我国依靠自主创新有序开展空间探测活动，不仅承载着实现中国梦的历史使命，也是在履行一个负责任大国的担当，为构建人类命运共同体而贡献中国智慧、中国方案和中国力量[12]。

思 考 题

1. 请简述空间科学、空间技术与空间应用之间的关系。
2. 请简述中国运载火箭的发展历程及启示。
3. 请简述航天器的基本飞行原理。
4. 请简述中国载人航天工程已取得的重大成果及启示。
5. 请简述当前空间探测技术发展的特点及方向。

参 考 文 献

[1] 兰宁远. 逐梦太空: 中国载人航天之路(青少年图文版)[M]. 沈阳: 万卷出版公司, 2022.

[2] 吴季. 空间科学概论[M]. 北京: 科学出版社, 2020.

[3] 经纬智库. 全球航天器大图解[M]. 北京: 电子工业出版社, 2018.

[4] 王赤, 宋婷婷, 时蓬, 等. 关于中国空间科技现代化发展的初步思考[J]. 科技导报, 2024, 42(6): 6-15.

[5] 中国航天博物馆. 大国航天: 卫星·探月[M]. 北京: 中信出版集团股份有限公司, 2024.

[6] 万志强, 易楠, 章异赢. 问天神器: 航天器、火箭与导弹的奥妙[M]. 北京: 化学工业出版社, 2018.

[7] 中国航天博物馆. 大国航天: 载人·火箭[M]. 北京: 中信出版集团股份有限公司, 2024.

[8] 金诚致. 科学名家讲座: 世界航天科技知识百科·火箭与卫星卷[M]. 哈尔滨: 哈尔滨出版社, 2010.

[9] 王小军. 中国航天运输系统未来发展展望[J]. 导弹与航天运载技术, 2021(1): 1-6.

[10] 吴伟仁, 王赤, 刘洋, 等. 深空探测之前沿科学问题探析[J]. 科学通报, 2023, 68(6): 606-627.

[11] 刘继忠, 胡朝斌, 庞涪川, 等. 深空探测发展战略研究[J]. 中国科学: 技术科学, 2020, 50(9): 1126-1139.

[12] 吴伟仁, 张正峰, 张哲, 等. 星耀中国: 我们的嫦娥探月卫星[M]. 北京: 人民邮电出版社, 2023.

第九章　激光技术

第一节　概　述

一、激光概念及历史起源

激光的发展历史可以追溯到 20 世纪。1917 年，爱因斯坦在量子理论的基础上提出了光的受激辐射概念，预见了受激辐射光放大器（light amplification by stimulated emission of radiation，laser）产生的可能性[1]。20 世纪 50 年代，美国科学家汤斯以及苏联科学家普罗霍罗夫等分别独立发明一种低噪声微波放大器，即一种微波激射器（microwave amplification by stimulated emission of radiation, Maser）。1958 年美国科学家汤斯和肖洛提出可将这种微波激射器的原理推广到光波波段，制成受激辐射光放大器。1960 年 7 月，梅曼（图 9-1）宣布制成了第一台红宝石激光器（图 9-2）。1961 年我国科学家邓锡铭、王之江制成我国第一台红宝石激光器，并在《科学通报》1961 年第 11 期上发表相关论文，称为"光学量子放大器"。其后在我国科学家钱学森的建议下，统一将 laser 翻译成"激光"或"激光器"。与普通光源相比，激光具有方向性好、相干性好、亮度高以及单色性好等特点[2]。

图 9-1　科学家梅曼

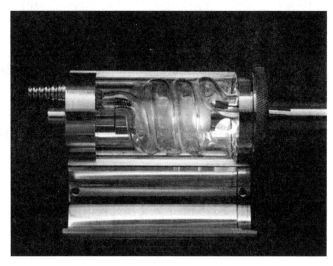

图 9-2　红宝石激光器

二、激光的发展历程

激光的发展历程可以概括为以下几个关键阶段。

（一）理论奠基阶段（1916 年～1958 年）

1917 年，爱因斯坦提出了受激辐射理论，为激光的产生奠定了理论基础。

1954 年，微波激射器器（Maser）的发明为激光的产生提供了技术参考。

1958 年，激光的概念被正式引入。

（二）初步实现与早期发展阶段（1960 年～1970 年）

1960 年，世界上第一台红宝石激光器成功运行，标志着激光技术的诞生。

随后几年内，研究人员发明了多种类型的激光器，如 He-Ne 激光器、染料饱和调 Q 激光器、锁模激光器和 CO_2 激光器等。

1964 年，汤斯、巴索夫和普罗霍罗夫因发明微波激射器和激光器而获得诺贝尔物理学奖。

（三）技术进步与应用探索阶段（1970 年～1980 年）

激光技术逐渐进入实际应用阶段，包括在军事领域的应用。激光测距、激光雷达等技术在此时开始得到发展。

（四）广泛应用与产业化阶段（1980 年至今）

激光技术得到广泛应用，形成了较大规模的激光光电子产业。激光在工业、医疗、商业、科研、信息和军事等多个领域得到广泛应用。激光加工技术、激光检测技术、激光全息技术等交叉技术与新的学科的出现，推动了传统产业和新兴产业的发展。此外，激光技术的发展还经历了几个重要的技术突破：

1967 年，激光频率测定技术为激光的精确控制提供了手段；

1969 年，亚皮秒脉冲为激光在超快光学领域的应用奠定了基础；

1972 年，波导激光器的发展提高了激光的传输效率；

1976 年，自由电子激光器的发明为激光的产生提供了新的途径；

1980 年，光孤子的发现为激光在光纤通信中的应用提供了可能；

1991 年，二极管泵浦固体激光器的连续功率达到 1 kW，进一步提高了激光器的功率和效率。

第二节　激光产生的原理

一、光子及原子的能级

光子：光子是光量子，是光传播过程中的能量量子。它们是电磁辐射的基本粒子，具有特定的能量和动量。光子的能量与其频率或波长直接相关。根据普朗克关系式 $E = h\nu$，其中 E 是光子的能量，h 是普朗克常数，ν 是光子的频率。频率越高，光子的能量越大。

原子能级：原子能级是原子系统能量量子化的形象化表示。按照量子力学理论，原子系统的能量是量子化的，能量取一系列分立值。基态能级是指原子中电子所处的最低能量状态。

在基态能级下，电子处于最稳定的状态，距原子核最近，能量最低。激发态能级是指电子被外部能量激发后所处的能量状态。当原子受到外部能量的作用，电子会吸收能量，从基态能级跃迁到激发态能级。

通过研究原子的能级结构，科学家们可以深入了解物质的内部构成和性质，为材料科学、化学和物理学等领域的发展提供重要的理论基础。原子结构的示意图如图 9-3 所示。

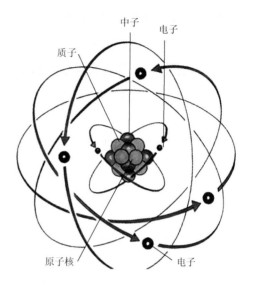

图 9-3　原子结构示意图

二、光的受激辐射

光的受激辐射是量子力学和激光科学中的一个重要概念[3-4]。要理解这一概念，我们需要先回顾一下原子结构以及光的发射与吸收的基本原理。

原子结构：原子由原子核和围绕其运动的电子组成。电子位于不同的能级上，这些能级是离散的，电子不能处于两个能级之间的任何位置。

自发辐射：当原子中的电子从一个高能级跃迁到一个低能级时，它会释放出一个光子。这种辐射是自发的，不需要外部刺激。

受激吸收：当原子吸收一个光子的能量时，电子可以从一个低能级跃迁到一个高能级。这种吸收过程需要光子的能量等于两个能级之间的能量差。

受激辐射：受激辐射是光与物质相互作用的一种特殊形式。当一个原子中的电子已经处于高能级时，如果它受到一个与跃迁能量相匹配的光子的"刺激"或"诱导"，它会释放出一个与这个光子完全相同（即相同的频率、相位和偏振）的光子，并跃迁到低能级。这个新产生的光子与原始光子高度相干，这就是激光产生的关键。图 9-4 为受激吸收、自发辐射以及受激辐射的示意图。

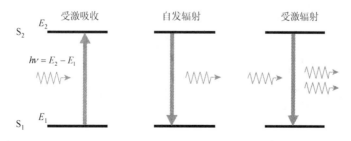

图 9-4　受激吸收、自发辐射以及受激辐射示意图

在激光产生的过程中，通常会使用一种称为"泵浦"的外部能量源（如电能、化学能或光能）将大量原子中的电子激发到高能级。然后，这些高能级的电子通过受激辐射过程释放出光子，这些光子又会刺激他高能级电子发生受激辐射，从而产生更多的光子。这个过程在激光介质中持续进行，形成一个高度相干的光束（即激光）。总之，光的受激辐射是激光产生

的基础，它描述了高能级上的电子在受到与跃迁能量相匹配的光子刺激时，释放出一个与原始光子完全相同的光子的过程。

三、激光形成条件及组成结构

激光工作介质也称为增益介质，是实现粒子数反转的关键部分。它可以是气体、液体、固体或半导体等材料。

激励能源主要为激光工作介质提供能量，使其中的粒子发生跃迁，实现粒子数反转。

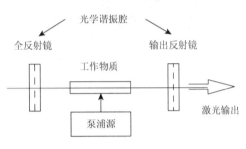

图 9-5　激光器的组成结构

谐振腔是由两块反射率很高的镜子组成，其中一块几乎全反射，另外一块大部分反射、少量透射。它起到放大受激辐射的作用，使激光在谐振腔中来回振荡，从而获得强烈的激光输出。

激光的形成需要满足激励能源、光学谐振腔和增益介质 3 个基本条件，这些条件和结构共同确保了激光的产生和放大[5]，激光器的组成结构如图 9-5 所示。

四、激光器的种类

激光器的种类繁多，根据不同的分类标准，可以分为不同的类型。以下是根据工作介质来划分的激光器种类。

（一）气体激光器

气体激光器是采用一定工作气体为激光介质，通过放电产生激光的激光器。其单色性和相干性较好，激光波长可达数千种，应用广泛，一种典型的气体激光器如图 9-6 所示。

（二）固体激光器

固体激光器是一种利用外部能量源激发，实现固体材料能级发射出激光的激光器，一般体积小而坚固，脉冲辐射功率较高，应用范围较广泛。例如，Nd：YAG 激光器，其中 Nd 代表钕，YAG 代表钇铝石榴石，晶体结构与红宝石相似。一种典型的固体激光器如图 9-7 所示。

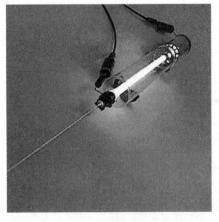

图 9-6　气体激光器

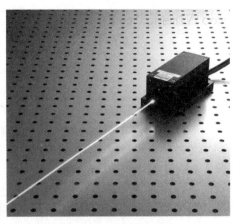

图 9-7　固体激光器

（三）半导体激光器

半导体激光器是利用半导体材料在电子注入或电子空穴复合时释放光能而发射激光的激光器，它的体积小、重量轻、寿命长、结构简单，特别适于在飞机、军舰、车辆和宇宙飞船上使用。半导体激光器可以通过外加的电场、磁场、温度、压力等改变激光的波长，能将电能直接转换为光能，因此发展迅速。一种典型的半导体激光器如图9-8所示。

图9-8 半导体激光器

（四）液体激光器（染料激光器）

液体激光器是在溶液中添加某些特殊发光材料，利用外部光源激发液体中的发光物质从而得到激光辐射的激光器。染料激光器的突出特点是波长连续可调。现已发现的能产生激光的染料大约500种，广泛应用于各种科学研究领域。一种典型的染料激光器如图9-9所示。

（五）光纤激光器

光纤激光器是一种特殊的固体激光器，其增益介质为光纤，光纤激光器可以通过光纤传输，一种典型的光纤激光器如图9-10所示。

图9-9 染料激光器

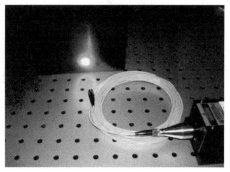

图9-10 光纤激光器

（六）自由电子激光器

自由电子激光器是一种利用高速电子束在周期磁场中运动产生激光的装置。它产生的激光波长可调谐范围宽，适用于各种科学研究领域。

第三节 激光的应用

一、激光的医学应用

激光在医学中的应用广泛且深入，为医学领域带来了革命性的进步。以下是对激光在医学中应用的简要归纳。

（一）激光手术

原理：利用激光束的高能量密度和精确性，对组织进行切割、止血或凝固等操作。

应用领域：激光手术已广泛应用于眼科、皮肤科、耳鼻喉科、口腔科、神经外科、心血管外科等多个领域。

优点：非侵入性、出血少、手术时间短、恢复快，且对周围组织损伤小。

实例：激光手术已成功应用于白内障摘除、近视矫正、皮肤肿瘤切除、血管修复等手术。

（二）激光治疗

原理：利用激光的生物效应，如热效应、光化学效应等，对疾病进行治疗。

应用领域：适用于多种疾病的治疗，包括皮肤病、血管病、肿瘤等。

优点：精确、无疼痛、恢复快，且能够针对特定组织进行靶向治疗。

实例：激光治疗已成功用于治疗痤疮、瘢痕、血管瘤、恶性肿瘤等疾病。

（三）激光美容

原理：利用激光的光热效应和光化学效应，改善皮肤状况，达到美容效果。

应用领域：包括去除纹身、消除皱纹、祛斑、嫩肤等。

优点：非侵入性、效果显著、恢复快，且能够改善多种皮肤问题。

实例：激光美容技术已成为现代美容行业的重要手段之一。

（四）激光诊断

原理：利用激光成像技术，对人体内部组织和器官进行高分辨率成像。

应用领域：广泛应用于各种疾病的诊断，如肿瘤、心血管疾病等。

优点：准确度高、无创伤、操作简便，为医生提供了更准确的诊断信息。

实例：激光共聚焦显微镜、激光血管造影等技术已成为医学诊断的重要工具。

（五）激光理疗

原理：利用低功率激光照射人体组织，产生生物效应，达到治疗目的。

应用领域：适用于多种疾病的辅助治疗，如疼痛缓解、伤口愈合等。

优点：无副作用、操作简便、效果显著。

实例：激光理疗技术已广泛应用于疼痛科、康复科等领域。

综上所述，激光在医学领域的应用广泛且深入，为医学研究和临床治疗提供了有力的支持。随着技术的不断进步和研究的深入，激光在医学领域的应用将会更加广泛和深入。

二、激光的信息技术应用

激光在信息技术领域的应用非常广泛，其独特的光学特性和高精度处理能力为信息技术带来了显著的优势。以下是激光在信息技术中的主要应用。

（一）光通信技术

原理：利用激光束作为信息传输的载体，通过光纤或无线方式传输数据。

应用场景：光纤通信已成为现代通信的基础，广泛应用于电话、互联网、电视等领域。无线激光通信则适用于地面、水下、大气等环境。

技术特点：光纤通信具有传输速度快、容量大、抗干扰能力强等优点。光纤通信的传输速度可以达到数十太比特每秒，无线激光通信则具有更高的安全性和灵活性。

（二）激光存储技术

原理：利用激光束对光存储介质进行读写操作，实现数据的长期存储。

应用场景：光盘、蓝光光盘等是激光存储技术的典型应用，可用于电影、音乐、软件等数据的存储和分发。

技术特点：激光存储技术具有存储容量大、读取速度快、耐用性好等优点。随着技术的进步，激光存储的密度和速度不断提高。

（三）激光显示技术

原理：利用激光束激发荧光材料发光，实现图像和文字的显示。

应用场景：激光显示技术被广泛应用于大屏幕显示、投影电视等领域。

技术特点：激光显示技术具有色彩鲜艳、亮度高、对比度高、视角广等优点。此外，激光显示技术还具有能耗低、寿命长等特性。

（四）激光测量与检测技术

原理：利用激光束的特性（如方向性、相干性等）进行精确的测量和检测。

应用场景：激光测距仪、激光雷达、激光扫描仪等设备广泛应用于地形测绘、建筑物测量、工业自动化等领域。

技术特点：激光测量与检测技术具有高精度、高效率、非接触性等优点。这些技术可以实现对物体形状、位置、速度等参数的精确测量和检测。

（五）激光打印与刻蚀技术

原理：利用激光束的能量对材料进行加热、熔化或汽化，实现打印或刻蚀操作。

应用场景：激光打印技术用于打印高精度图像和文字，如激光打印机；激光刻蚀技术则用于制造微电子器件、集成电路等。

技术特点：激光打印与刻蚀技术具有高精度、高效率、无污染等优点。这些技术可以实现微米级甚至纳米级的加工精度，为微电子技术的发展提供了有力支持。

激光在信息技术领域的应用涵盖了通信、存储、显示、测量与检测以及打印与刻蚀等多个方面。随着技术的不断进步和市场的不断拓展，激光在信息技术领域的应用将会更加广泛和深入。

三、激光的工业加工应用

激光技术在工业加工领域的应用十分广泛，主要的应用举例如下。

（一）激光打孔

应用领域：主要应用在航空航天、汽车制造、电子仪表、化工等行业。

成熟应用：人造金刚石和天然金刚石、仪表、轴承、飞机叶片、多层印制线路板等行业的生产中。

（二）激光焊接

应用对象：汽车车身厚薄板、汽车零件、锂电池、心脏起搏器、密封继电器等密封器件以及各种不允许焊接污染和变形的器件。

（三）激光切割

应用领域：汽车行业、计算机、电气机壳、各种金属零件和特殊材料的切割等。

特殊应用材料：如圆形锯片、亚克力、弹簧垫片、铜板、金属网板、钢管、铁板、钢板、薄铝合金、石英玻璃、硅橡胶、氧化铝陶瓷片、航天工业使用的钛合金等。

（四）激光清洗

清洗类型：主要包括除锈、除油、除漆、除涂层等工艺。

应用领域：金属类清洗、文物类清洗、建筑类清洗等。

技术特点：功能全面、加工精准灵活、高效节能、绿色环保、对基材无损伤、智能化、清洗质量好、安全、应用范围广。

（五）激光热处理

应用领域：汽车工业中如缸套、曲轴、活塞环、换向器、齿轮等零部件的热处理，同时在航空航天、机床行业和他机械行业也应用广泛。

（六）激光快速成型

技术结合：将激光加工技术和计算机数控技术及柔性制造技术相结合。

应用领域：多用于模具和模型行业。

（七）激光涂敷

应用领域：在航空航天、模具及机电行业应用广泛。

（八）激光雕刻加工

加工分类：根据激光束与材料相互作用的机理，可分为激光热加工和光化学反应加工两类。

实际应用：包括激光焊接、激光雕刻切割、表面改性、激光打标、激光钻孔和微加工等。

激光技术在工业领域的应用凭借其高精度、高效率和高灵活性的优势，极大地推动了现代制造业的发展。随着激光技术的不断进步和创新，其在工业领域的应用将更加广泛和深入。

四、激光的农业应用

激光在农业领域的应用广泛且多样，以下是关于激光在农业领域应用的归纳。

（一）激光除草

原理：利用激光的高能量特性，对农田中的杂草进行精确定位并照射，以杀死杂草而不损害作物。

优势：相比传统除草方法，激光除草更加精确、高效，且对作物无损伤，有助于提高农作物的产量和质量。

（二）激光育种

原理：通过激光照射作物种子，改变种子的遗传特性，从而培育出更优良的品种。

应用：在育种过程中，激光技术可以帮助筛选出具有优良性状的种子，提高育种效率。

（三）激光测量

原理：利用激光的高精度和高速度，对农田进行快速、准确的测量，如测量土地的面积、坡度等。

应用：在土地规划和农田管理中，激光测量技术可以提供准确的数据支持，有助于优化土地利用和提高农业生产效率。

（四）激光土壤分析

原理：利用激光的光谱分析技术，对土壤中的成分进行分析，帮助农民更好地了解土壤的肥力和水分情况。

重要性：土壤分析是农业生产的重要环节，激光土壤分析技术为农民提供了便捷、准确的土壤检测手段，有助于科学施肥和精准农业的实施。

（五）激光植物保护

应用：利用激光的杀菌和防虫作用，对作物进行保护，防止病虫害的发生。

优势：激光植物保护技术具有环保、高效的特点，可以减少化学农药的使用，降低对环境的污染。

（六）激光平地技术

应用：激光平地机主要用于荒地、坡地的平整作业，减少灌溉沟渠，提高土地利用率。

成效：激光平地技术可以显著提高土地平整度，降低灌溉用水量和肥料流失，从而提高作物产量和降低生产成本。

（七）激光种植机

原理：采用激光定位技术进行预定位，然后根据预定位结果进行种植作业。

优势：激光种植机可以实现精确定位和精确种植，提高种子的生长效率和作物的产量。

（八）激光喷雾和激光蚁防

应用：激光喷雾技术可以精准地将农药和农膜喷到植物上，改善土壤和环境，保护植物并防止害虫侵扰。激光蚁防技术则能有效地将蚂蚁等害虫从农作物上赶走，保护农作物免受害虫侵害。

综上所述，激光在农业领域的应用涵盖了除草、育种、测量、土壤分析、植物保护、平地技术、种植、喷雾和防虫等多个方面。这些应用不仅提高了农业生产的效率和质量，还有助于实现农业的可持续发展。

五、激光的军事应用

激光在军事领域的应用广泛且多样化，以下是对其军事应用的归纳。

（一）激光通信

原理：利用激光作为信号载波，将语音和数据等信息调制到激光上进行传输。

优势：传输速度快，满足军队快速增长的数据传输需求，且不易被干扰。

分类：星间激光通信（真空环境）和星地激光通信（大气环境）。

（二）激光制导

原理：用激光控制并引导导弹飞行，直至摧毁目标。

优势：制导精度高，抗干扰能力强，可全天候使用（特定波段的激光）。

应用：已用于空对地、地对空导弹，航空炸弹，反坦克导弹等众多技术中。

（三）激光测距

原理：以激光器作为光源进行测距，通过测定激光束从发射到接收的时间来计算距离。

精度：脉冲法测量距离的精度一般在 $\pm 10\ cm$ 左右。

应用：地形测量，战场测量，坦克、飞机、舰艇和火炮对目标的测距等。

（四）激光武器

分类：战术激光武器与战略激光武器。

优势：快速、灵活、精确和抗电磁干扰等优异性能。

缺点：不能全天候作战，受限于大雾、大雪、大雨等天气条件。

（五）激光成像探测技术

原理：基于激光相干探测技术，能同时完整获得探测目标的强度像、距离像等各种图像。

优势：图像信息量丰富、可靠，目标区分能力突出。

应用：军事测绘中，为国防建设和军队指挥提供地理、地形资料和信息。

综上所述，激光在军事领域的应用涵盖了通信、制导、测距、武器、成像探测等多个方面，其独特的优势和性能为现代军事发展提供了重要支持。

六、激光的前沿科技应用

（一）激光核聚变

激光在核聚变中的应用主要体现在实现可控核聚变反应上，以下是关于激光核聚变应用的归纳。

1. 基本原理

激光核聚变，也被称为惯性约束核聚变，是通过高功率激光作为驱动器来实现核聚变反应的。激光束照射在含有氘、氚等聚变燃料的靶丸上，使靶丸表面的物质迅速蒸发并产生高温高压等离子体，进而引发聚变反应。

2. 主要装置和方法

主要装置：以美国劳伦斯利弗莫尔国家实验室的国家点火装置为代表，它利用 192 束激光同时射向靶心，实现高温高压环境，进而触发聚变反应。

激光核聚变的主要方法有直接驱动法和间接驱动法，具体如下。

直接驱动法：将激光束直接照射在靶丸表面上，驱动器大多是钕玻璃激光器。这种方法对激光束的能量利用效率高，运行可靠，且可进行时空控制。

间接驱动法：通过激光照射在腔室内壁产生 X 射线，再由 X 射线加热靶丸，实现聚变反应。这种方法能够减少激光直接照射对靶丸造成的不均匀加热。

3. 研究进展

在 2022 年 12 月 13 日，美国劳伦斯利弗莫尔国家实验室宣布，其国家点火装置首次成功实现了能量输出大于激光能量输入的可控核聚变反应。驱动核聚变的激光输入能量大约 2.05 MJ，而聚变输出的能量大约 3.15 MJ，实现了大于 1 的能量增益。

激光核聚变要实现聚变反应，需要将直径为 1 毫米的聚变燃料小球均匀加热到 1 亿摄氏度，这对激光器的能量要求极高。利用向心爆聚原理，使激光束的能量主要用于产生向心爆聚和加热靶心的热斑燃料上，不需将整个靶丸均匀加热到热核聚变温度，从而降低了对激光器功率的要求。

4. 总结

激光在核聚变中的应用为人类实现可控核聚变反应提供了重要的技术手段。随着激光技术的不断发展和完善，激光核聚变有望在未来成为解决能源危机的重要途径之一。

（二）激光量子通信

激光量子通信是一种利用激光和量子技术进行信息传递的先进通信方式。以下是关于激光量子通信的简要归纳。

1. 基本原理

激光量子通信的基本原理根植于量子力学的几个核心观念：不确定性原理、量子态测量导致的波函数坍缩，以及量子信息不可克隆定理。这些原理共同支持了利用量子叠加态和量子纠缠效应进行信息传递的可能性。该通信方式主要涵盖两大类别：量子隐形传态与量子密钥分发。

在量子隐形传态中，信息的传递依赖于量子纠缠对的分发以及随后的贝尔态联合测量。通过这一过程，一个量子系统的状态可以被"传送"到另一个与之纠缠的量子系统上，从而实现量子态信息的远程传输。

相比之下，量子密钥分发则侧重于利用量子叠加态在传输过程中的测量特性，来确保通信双方能够安全地共享一个密钥。由于任何对量子态的测量都会不可避免地改变其状态，因此任何试图窃听的行为都会被立即察觉，从而保证了密钥的安全性。

2. 技术特点

绝对安全性：激光量子通信提供了无法被窃听和计算破解的绝对安全性保证。这是因为量子加密的密钥是随机的,即使被窃取者截获,也无法得到正确的密钥,从而无法破解信息。此外,量子态的变化会引起其他纠缠态的量子瞬间变化,且任何宏观的观察和干扰都会改变量子态,导致窃取者得到的信息被破坏。

高效性:由于量子态可以同时表示多个状态,例如一个量子态可以同时表示 0 和 1 两个数字,因此激光量子通信具有高效性。这种通信方式的一次传输,就相当于经典通信方式的多倍速率。

3. 应用领域

激光量子通信在军事、金融等需要高安全性的领域具有广泛应用前景。随着技术的不断发展,未来还有可能应用于更广泛的民用领域,如电子商务、电子医疗等。

4. 发展前景

近年来,得益于政策利好及量子技术的革新,激光量子通信行业发展迅速。随着量子通信技术的产业化和实用化的实现,激光量子通信有望进入千家万户,保障信息社会通信安全,服务于大众。

综上所述,激光量子通信是一种具有绝对安全性和高效性的新型通信方式,具有广阔的应用前景和发展空间。

(三)激光量子计算

激光量子计算是一种利用激光技术结合量子计算原理的先进计算方式。以下是关于激光量子计算的简要归纳。

1. 基本概念

激光量子计算是量子计算的一个分支,它利用激光技术操控和传输量子信息,达到量子计算的目的。在激光量子计算中,激光被用作量子比特的载体,通过操控激光的量子态来实现信息的存储、处理和传输。

2. 主要特点

高速并行计算能力:激光量子计算利用光子的量子叠加态和量子纠缠等特性,可以实现高速的并行计算能力。相比传统计算机,激光量子计算机在处理复杂问题时具有更高的效率和速度。

高度稳定性:光子在传输过程中受到干扰的可能性较小,因此激光量子计算具有较高的稳定性和可靠性。这使得激光量子计算机在处理大规模数据时能够保持较高的精度和稳定性。

低能耗:激光量子计算机利用光子进行计算,相比传统计算机的电子传输,能耗更低。这有助于实现更高效的能源利用和更环保的计算方式。

3. 关键技术

单光子源:在激光量子计算中,需要产生高品质的单光子源。通过在低温环境中使用激光激发量子点来实现,产生的单光子品质比国际同类产品要高 10 到 100 倍。

超低损耗光量子线路:单光子通过开关分成多路,通过光纤导入主体设备光学量子网络。这个过程中需要保证光子的传输损耗尽可能低,以确保信息的准确传输。

单光子探测器:用于探测矩阵中得到的量子计算结果。单光子探测器需要具有高灵敏度和高准确性,以确保能够准确读取量子计算结果。

4. 应用前景

激光量子计算具有广阔的应用前景,包括但不限于以下几个方面。

优化问题：激光量子计算机可用于解决复杂的优化问题，如旅行商问题、供应链优化等。这些问题在传统计算机上需要消耗大量的计算资源和时间，而激光量子计算机可以在更短的时间内得出更准确的解决方案。

材料科学：激光量子计算可以用于模拟和预测材料的性质和行为，为材料科学的研究提供有力的支持。

生物信息学：激光量子计算可以用于处理和分析生物信息数据，如基因组测序、蛋白质结构预测等。这些问题的解决对于生物医学和生物技术的发展具有重要意义。

综上所述，激光量子计算是一种结合了激光技术和量子计算原理的先进计算方式，具有高速并行计算能力、高度稳定性和低能耗等特点。随着技术的不断发展和完善，激光量子计算将在未来发挥越来越重要的作用。

（四）激光光镊

激光光镊也称为光镊，是一种基于激光技术的先进工具，用于在微观尺度上操纵和捕获粒子。以下是关于激光光镊的简要归纳。

1. 定义与原理

激光光镊是一种采用以芯片为基础的光子共振捕获技术的光阱，能对纳米至微米级的粒子进行操纵和捕获。其原理基于光辐射压力和单光束梯度力光阱。当激光照射到物体表面时，由于电磁波具有能量和动量，会在物体表面形成反射和吸收，同时产生光压（光辐射压力）。这种光压效应在激光光镊中被用于对微小物体进行捕获和操纵。

2. 技术特点

高精度操控：激光光镊能够精确操控纳米至微米级的粒子，使其在特定路径上移动或旋转。这种高精度操控能力使得激光光镊在生物医学、材料科学等领域具有广泛的应用前景。

无机械接触：激光光镊利用光场与物体之间的相互作用来实现操控，无须机械接触，从而避免了机械损伤和污染。

低损伤性：选择合适的吸收较低的波长，特别是近红外波段，激光光镊对生物组织的热损伤几乎可以忽略不计。这使得激光光镊特别适合于生命科学领域的研究。

高度稳定性：激光光镊中的激光束可以通过高精度的光学系统保持稳定，从而确保对微小物体的稳定操控。

3. 应用领域

生物医学：激光光镊可用于细胞内手术操作，如细胞器的移动、细胞分裂的调控等。此外，它还可以用于研究生物分子间的相互作用和生物过程的动力学。

材料科学：激光光镊可用于研究材料的微观结构和性质，如纳米颗粒的组装、纳米线的拉伸等。通过精确操控纳米级粒子，可以揭示材料在微观尺度上的特殊性能。

环境科学：激光光镊可用于研究大气中的微小颗粒、水中的微生物等，为环境监测和治理提供有力支持。

4. 技术进展

自 1986 年激光光镊技术被发明以来，已经取得了显著的进展。例如，NanoTweezer 显微镜纳米光镊转换装置的出现，使得研究人员可以使用现有显微镜捕获和操纵纳米级微粒。此外，随着超分辨光学显微成像技术的发展，激光光镊的分辨率已经达到了纳米级别，为微观尺度的研究提供了更强大的工具。

5. 总结

激光光镊作为一种基于激光技术的先进工具，在微观尺度的操控和捕获方面显示出巨大的潜力。其高精度操控、无机械接触、低损伤性和高度稳定性等特点使得它在生物医学、材料科学和环境科学等领域具有广泛的应用前景。随着技术的不断进步和发展，激光光镊将在未来发挥更加重要的作用。

（五）激光超分辨荧光

激光超分辨荧光技术是一种突破传统光学显微成像衍射极限的技术，它使得我们能够以前所未有的视角观察生物微观世界。以下是关于激光超分辨荧光技术的简要归纳：

1. 定义与原理

激光超分辨荧光技术是一种远场条件下基于荧光的"突破"衍射极限的光学显微成像技术。传统的荧光显微镜受到瑞利准则的限制，即其分辨率受到光学波长和透镜的限制。而激光超分辨荧光技术则通过一系列物理原理、化学机制和算法"突破"了光学衍射极限，把光学显微镜的分辨率提高了几十倍。

2. 主要技术手段

非线性显微技术：传统的荧光显微技术采用的是线性成像原理，而激光超分辨荧光技术则采用非线性成像原理，利用荧光物质的非线性光学效应，提高了分辨率。例如，通过激光器的脉冲激发，可以使荧光物质在非线性荧光效应下发射高阶谐波信号，从而得到更高分辨率的图像。

相干显微技术：传统的荧光显微技术采用的是非相干光源，无法获取相干光的相位信息。而激光超分辨荧光技术采用相干光源，如激光光源或可调谐激光器，可以获取到样品的相位信息，从而提高了分辨率。

显微镜改进：通过改进显微镜的设计和构造，如采用高数值孔径物镜、自适应光学元件和高速探测器等，激光超分辨荧光技术可以克服传统荧光显微镜在透镜、光路和探测器等方面的限制，提高分辨率。

数据分析和算法：激光超分辨荧光技术的数据量较大，需要进行大量的图像处理和分析。通过使用算法，如拟合和重建点扩散函数等，可以将大量数据进行处理和重建，得到超分辨率的图像。

3. 分类

通过调制照明光斑缩小系统的点扩散函数：在激发光斑点扩散函数周围套上一个环形点扩散函数，以"擦除"激发光斑的外围，从而使得激发光斑"变小"。这种技术包括受激发射损耗显微术（stimulated emission depletion microscopy，STED microscopy）、可逆饱和线性荧光跃迁显微术（reversible saturated linear fluorescence transition microscopy，RSLFT microscopy）和饱和结构照明显微术（saturated structured-illumination microscopy，SSIM）等。

基于单个荧光分子的定位：虽然 Abbe 衍射极限指出无法区分相距约 200 nm 的两个荧光分子，但是通过提取单个荧光分子的艾里斑信息却可以实现对这个荧光分子的精确定位。

4. 应用前景

激光超分辨荧光技术的应用非常广泛，涵盖了生物医学、材料科学和纳米技术等领域。

例如，在生物医学领域，它可以用于观察和研究细胞结构、分子过程和疾病发展等；在材料科学领域，它可以用于材料表征和纳米结构研究。随着技术的不断发展，激光超分辨荧光技术将在未来发挥更加重要的作用。

5. 市场前景

激光超分辨荧光技术作为激光荧光显示技术的一个分支，随着全球激光荧光显示技术市场的快速增长，其市场规模也在不断扩大。根据市场预测，全球激光荧光显示技术市场规模将在未来几年内持续保持高速增长。同时，随着技术的不断进步和应用领域的不断拓展，激光超分辨荧光技术将在更多领域得到应用，为科学研究和技术创新提供有力支持。

（六）激光冷却

激光冷却是一种利用激光与物质（主要是原子）相互作用来减缓物质运动以达到超低温状态的高新技术。以下是关于激光冷却的简要归纳。

1. 定义

激光冷却技术基于激光束对物质的光压作用，当激光与物质相互作用时，光子会将动量传递给物质，产生微小的力，即光压力。这种光压力能够影响物质的运动状态，进而实现物质的冷却。

2. 主要原理

多普勒效应：当原子在频率略低于原子跃迁能级差且相向传播的一对激光束中运动时，由于多普勒效应，原子倾向于吸收与原子运动方向相反的光子，而对与其相同方向行进的光子吸收概率较小。从平均效果来分析，两束激光的净作用是产生一个与原子运动方向相反的阻尼力，从而使原子的运动减缓（即冷却下来）。

光压力：激光束中的光子在与物质相互作用时，会将物质的动量改变，从而产生光压力。对于一个处于高温区域的物质，其分子的热运动速度较快，因此其受到的光压力较大，会被推向低温区域。当物质到达低温区域时，由于分子的热运动速度减慢，其受到的光压力也随之减小，从而实现了冷却的过程。

3. 技术发展与应用

技术起源：早在 20 世纪初，科学家们就注意到了光对原子产生的辐射压力作用。然而，直到激光器的发明，人类才真正掌握了利用光压来改变原子速度的技术。

重要实验：1985 年，朱棣文及其同事开创性地实现了激光冷却原子的实验，成功地将钠原子气体冷却至极低温度。他们巧妙地利用三维激光束构建了磁光阱，将原子囚禁在一个微小的空间区域内，并进一步实现了冷却，从而获得了被称为"光学黏团"的、温度更低的原子集合。

后续发展：许多激光冷却的新方法不断涌现，如"速度选择相干布居囚禁"和"拉曼冷却"等，通过这些技术获得了低于光子反冲极限的极低温度。此后，人们还发展了磁场和激光相结合的一系列冷却技术，其中包括偏振梯度冷却、磁感应冷却等。

应用领域：激光冷却技术在物理学、材料科学、生物医学等领域都有广泛的应用。例如，在物理学中，它可以用于精确测量各种原子参数、高分辨率激光光谱和超高精度的量子频标（原子钟）等。

思 考 题

1. 激光光源的主要特点有哪些?

2. 自发辐射与受激辐射的主要区别是什么?

3. 激光器的三个组成部分是什么?

4. 举例说明激光在哪些领域有较为广泛的应用。

参 考 文 献

[1]　陈家璧, 彭润玲. 激光原理及应用[M]. 4 版. 北京: 电子工业出版社, 2019

[2]　丁俊华, 崔砚生, 吴美娟. 激光原理及应用[M]. 北京: 清华大学出版社, 1987

[3]　周炳琨, 高以智, 陈倜嵘, 等. 激光原理[M]. 7 版. 北京: 国防工业出版社, 2014

[4]　陈钰清, 王静环. 激光原理[M]. 2 版. 杭州: 浙江大学出版社, 2010

[5]　蓝信钜, 等. 激光技术[M]. 3 版. 北京: 科学出版社, 2009

第十章 新　能　源

第一节　新能源概述

一、能量与能源

物质、能量与信息是构成客观世界的三大要素。物质是客观世界的基础。运动是物质存在的形式，而能量正是物质运动的度量。宇宙间一切运动着的物体都有能量的存在和转化。人类活动都与能量及其使用密切相关。能量是产生某种效果或变化的度量。也就是说，产生某种效果或变化的过程必然伴随着能量的消耗或转化。目前，人类所认识的能量形式主要有以下 6 种。

（1）热能：热能是构成物质的微观分子运动的动能。热能的宏观表现是温度的高低，它反映了分子运动的强度。热能是能量的一种基本形式，其他形式的能量都可以完全转换为热能。

（2）机械能：机械能是与物体宏观机械运动或空间状态有关的能量，前者称为动能，而后者称为势能。机械能是人类最早认识的能量形式，具体包括物体的动能、重力势能、弹性势能、表面能等。

（3）电能：电能是指使用电以各种形式做功的能力，是与电子流动积累有关的一种能量。电能通常由电池的化学能转换而来，或者通过发电机由机械能转换得到；反之，电能也可以通过电动机转换为机械能，因而表现出电做功的本领。

（4）化学能：化学能是指物质或物系在化学反应过程中以热能形式释放的内能。化学能是物质结构能的一种，即原子核外进行化学变化时放出的热量。人类最普遍应用的化学能就是燃烧碳和氢，这两种元素正是煤、石油和天然气等燃料中最主要的可燃元素。

（5）辐射能：辐射能也称为电磁波的能量，是指物体以电磁波形式发射的能量。物体会因为各种原因发出辐射能，其中，从能量利用的角度而言，因热的原因而发出的热辐射能最具意义。例如，地球表面所接收的太阳能就是最重要的热辐射能。

（6）核能：核能是由于原子核内部结构发生变化而释放出的能量。轻质量的原子核和重质量的原子核之间的结合力比中等质量原子核的结合力小，这两类原子核在一定的条件下通过核裂变和核聚变转换为在自然界更稳定的中等质量原子核，同时伴随释放巨大的结合能，这种结合能就是核能。其中，释放核能的核反应包括核裂变反应和核聚变反应两种。

能源的存在形式多种多样，因此有很多不同的分类方法。其中，按照获得的方法分，能源可分为一次能源（primary energy）和二次能源（secondary energy）。一次能源（也称为天然能源），是指自然界现实存在的可提供直接利用的能源，例如煤、石油、天然气、太阳能、风能和水能等。二次能源（也称为人工能源）是指由一次能源直接或间接加工、转换而来的能源，例如煤气、焦炭、电力、氢能和蒸汽等，相较于一次能源，二次能源使用方便、利于应用，是高品质的能源。

二、新能源的概念

新能源也称为非常规能源或替代能源，是指高新科学技术系统地研究开发，但尚未大规模使用的能源。新能源随着时代和科技的发展，其内涵在不断变化和更新。例如许多国家建立了核能发电站，核能已基本实现大规模利用，能够替代传统化石能源，属于新能源。新能源主要包括太阳能、氢能、核能、化学能、潮汐能、风能、地热能、生物质能和海洋能等[1]。

三、新能源的特点

不同于常规能源，新能源普遍具有储量大、分布广、清洁环保等特点，对解决当今世界严重的环境污染问题和资源枯竭问题具有重要的意义。随着全球化石能源的日渐枯竭，以及近年来温室气体排放引起的极端气候问题日益严重，世界各国都将未来能源战略瞄准了新能源。尽管短期内新能源暂时无法替代传统化石能源，但世界范围内的资源供给紧张及应对气候变化为新能源的发展提供了广阔空间。新能源具有以下三大特点。

（1）环保性。该特点是相较于常规能源而言的，尤其是化石能源在使用过程中会排放出大量的温室气体和细微颗粒，会造成温室效应和环境污染。而新能源，如太阳能、风能、地热能和海洋能等，是国际公认的清洁能源，能较好地避免上述现象的发生，温室气体和细微颗粒的排放量可以大幅降低或者为零。

（2）可持续性。相较于传统化石能源和不可再生资源的有限使用，新能源作为一种可长期使用的能源，其资源丰富、分布范围广，具备了替代化石能源的良好条件，能有效解决传统能源枯竭的问题。

（3）技术未知性。新能源大多正处于刚开始开发利用阶段或是积极研究、有待推广阶段，很多技术本身具有一定的未知性，有待进一步研究，因此，新能源表现出较强的技术未知性。近年来，新能源技术逐渐趋于成熟，其技术可靠性也在不断完善中。新能源系统的稳定性和连续性也不断得到提高，新能源的产品化快速发展，已涌现出一批商业化技术。

第二节　天然新能源

我们将来自自然界的新能源如太阳能、风能、地热能、海洋能和潮汐能等归属为天然新能源，将氢能、生物质能和核能等需要人工技术干预转化的能源称为人工新能源。

一、太阳能

太阳是距离地球最近的恒星，与地球的平均距离约为 1.5×10^8 km。其赤道直径约为 1.4×10^6 km，是地球直径的 109 倍，体积约为地球的 130 万倍。依据万有引力定律，可推算出太阳的质量约为 1.99×10^{30} kg，平均密度为 1.4×10^3 kg/m^3，是地球平均密度的四分之一。

太阳是一个炽热的气态球体，其内部由三个区组成。最里面的是核心区，往外是辐射区，再外是对流区。对流区以外是大气层，且大气层可分为三层，由里到外分别是光球层、色球层和日冕层。太阳大气层的主要成分为氢（71%）和氦（27%），其余的 2% 是由种类繁多的金属和其他元素组成。

太阳表面温度高达 6000 K，内部不断进行核聚变反应，并且以辐射方式向宇宙空间发射巨大的能量。太阳的能源主要来自两种核聚变过程：一种是质子与质子之间的循环；另一种则是碳与氮之间的循环。太阳的辐射功率为 3.8×10^{26} W，每秒钟消耗 4×10^8 kg 氢核燃料，实际质量损失为 4.2×10^9 kg/s。太阳的能量以电磁波的形式向外辐射，其辐射波长范围从 0.1 nm 以下的伽马射线直至无线电波，其中可见光只占整个电磁辐射总量的很小部分。可以说，太阳是地球上维持生命和气候系统的根本动力。

（一）太阳能的特点

狭义上的太阳能指太阳光的辐射能量。而广义上的太阳能，不仅包括直接投射到地球表面上的太阳辐射能，还包括水能、风能、海洋能等间接的太阳能资源，以及通过绿色植物的光合作用所固定下来的能量（即生物质能）。严格意义上来说，除地热能和核能以外，地球上的所有其他能源全部来自太阳能，也称为广义太阳能。本章主要介绍的是狭义上的太阳能。

1. 太阳能的优点

太阳能具有常规能源无法比拟的优点，具体包括以下四个方面。

（1）数量巨大：太阳辐射到地球大气层的能量高达 1.73×10^{17} W，相当于太阳每秒钟向地球输送 500 万吨标准煤的热能。经大气层反射、吸收之后，还有约 70% 能量投射到地面，一年中仍高达 1.05×10^{18} kW·h，相当于 1.3×10^{15} 吨标准煤。

（2）时间长久：太阳上氢的储量极为丰富，依据目前太阳产生的核能速率和其辐射水平估算，太阳的氢储量足够维持几十亿年，因此相对于人类发展历史的有限年代而言，太阳能可以说是取之不尽、用之不竭的能源。

（3）分布广泛：地球上太阳能资源的分布与各地的纬度、海拔高度、地理状况和气候条件等有关。太阳能资源的丰富程度常以全年总辐射量和全年日照总时数表示。总体来说，太阳能在全球范围内分布广泛。其中，我国西藏、美国南部、非洲、澳大利亚、中东等地区的全年总辐射量最大，是世界上太阳能资源最丰富的地区。我国国土辽阔，有着十分丰富的太阳能资源。据估算，我国陆地表面每年接收的太阳能辐射约为 5.4×10^{20} kJ，平均辐射强度为 $110 \sim 220$ kW·h/(m²·a)，全国约三分之二地区年日照时数大于 2000 h。

（4）清洁安全：太阳能素有"干净能源"和"安全能源"的美称，同时也被认为是未来人类社会最安全、绿色且理想的替代能源。太阳能不仅毫无污染，远比常规能源清洁，同时，还毫无危险，安全性远高于核能。

2. 太阳能的缺点

尽管太阳能有着常规能源所无法比拟的优点，但也存在以下三方面的缺点。

（1）分散性：到达地球表面的太阳能辐射总量很大，但是能流密度很低。北回归线附近夏天晴天中午的太阳能辐射平均强度最大，投射到地球表面 1 m² 面积的太阳能功率仅为 1 kW 左右；冬季大致只有一半，而阴天则只有五分之一左右。因此，若想获得一定的辐射功率，就只有两种可行的办法：一是增大采光面积；二是增大采光面的集光比（即提高聚焦程度）。但是前者会占用较大的地面，而后者则会大大提高成本。

（2）间断性和不稳定性：受到昼夜、季节、地理纬度和海拔高度等自然条件的限制及天气随机因素的影响，太阳辐射既是间断的，又是不稳定的。为了使太阳能成为连续、稳定的能源，从而成为能够与常规能源相竞争的独立能源，就必须解决蓄能问题，即将晴朗白天的太阳辐射能尽量储存起来以供夜间或阴雨天使用。

（3）效率低且成本高：从目前太阳能利用的发展水平来看，太阳能的利用效率仍然偏低，成本也较高，因此其经济性较差，尚不能与常规能源竞争。在今后相当长的一段时间内，太阳能的大规模开发利用仍将受到经济性的制约。

（二）太阳能的利用方式

在众多新能源中，太阳能具有十分广泛的应用前景。据测算，到 2050 年，可再生能源占总一次能源 50%～60%，其中太阳能发电占比约为 15%～20%；到 2100 年，可再生能源将占比 75%～85%，太阳能发电占比 35%～45%，目前，太阳能应用技术主要有以下 6 种方式。

1. 太阳能发电

未来太阳能的大规模利用是发电。利用太阳能发电的方式多种多样，依据使用方式的不同，可分为光直接发电（光伏发电、光偶极子发电）和光间接发电，后者主要包括光热动力发电、光热离子发电、热光伏发电、光热温差发电、光化学发电、光生物发电和太阳热气流发电等。

目前，用于制造太阳能电池的半导体材料种类很多，根据材料种类的不同，可将太阳能电池分为晶体硅电池、硫化镉电池、硫化锑电池、砷化镓电池、非晶电池、硒铟铜电池和叠层串联电池等。技术上最成熟且具有商业价值的太阳能电池是硅太阳能电池[2]。

光间接发电实际上是利用光-热-电转换，建成的发电站通常称为太阳能热发电站。其中，最具代表性的太阳能光伏发电通常是利用半导体器件的光伏效应进行的发电。太阳能光伏发电系统一般是由太阳能电池组、控制器、蓄电池（组）、直流-交流逆变器、测试仪表和计算机监控等电力设备或者其他辅助发电设备组成。

2. 热利用

太阳能的热利用原理是将太阳辐射能收集起来，通过与工质（主要是水或者空气）的相互作用转换成热能加以利用。通常依据所能达到的温度和用途的不同，将太阳能光热利用分为：低温利用（低于 200 ℃）、中温利用（200～800 ℃）和高温利用（高于 800 ℃）。目前，低温利用主要有太阳能热水器、太阳能干燥器、太阳房、太阳能温室、太阳能空调制冷系统等。中温利用主要有太阳灶、太阳能热发电聚光集热装置等，高温利用主要为高温太阳炉。

3. 动力利用

太阳能的动力利用，主要包括热气机-斯特林发动机（抽水或发电）、光压转轮等。

4. 光化学利用

利用太阳辐射能分解水制氢的光-化学转换方式，包括光聚合、光分解、光解制氢等。

5. 生物利用

通过植物的光合作用来实现将太阳能转换为生物质的过程，包括速生植物（薪材林）、油料植物、巨型海藻等。光合作用包括光反应和暗反应两个步骤。其中，光反应是在叶绿体的囊状结构上进行光参与的反应。而暗反应则是在有关酶催化下叶绿体基体内反应，不需要光参与。

在光合作用中，暗反应是将活跃的化学能转变为稳定的化学能，最终形成葡萄糖等将能量储存起来，而光反应是先将光能转变为电能，再将电能转变为活跃的化学能。光合作用利用生化反应进行能量转化将是未来新能源开发的重要组成部分。

6. 光–光利用

光–光利用包括太空反光镜、太阳能激光器、光导照明等。

当前，太阳能的利用主要有两大方向：一是将太阳能转化为热能（光热利用）；二是将太阳能转化为电能（光电利用）。光热利用和光电利用是太阳能应用最为广泛的领域，而太阳能热利用则是可再生能源技术领域商业化程度最高、推广应用最普遍的技术之一。

二、风能

（一）风能概述

风能是空气流动所具有的能量。从广义太阳能的角度看，风能是由太阳能转化而来的。来自太阳的辐射能不断地传送到地球表面周围，因太阳照射而受热的情况不同，地球表面各处产生温差，从而引起大气的对流运动形成风。据估算，尽管到达地球的太阳能中只有约 2% 转化为风能，但其总量却十分可观[3]。

风能作为一种可再生能源，不能直接储存起来，只有转化成其他形式的可以储存的能量才能储存。

按照不同的需求，风能可以转换为其他不同形式的能量，包括电能、机械能和热能等，进而实现发电、泵水灌溉、供热和风帆助航等功能。图 10-1 所示为风能转换及利用情况。风能的利用已有几千年的历史，中国是世界上最早利用风能的国家之一。然而，风能直到 20 世纪 70 年代才开始重新受到重视和开发利用。

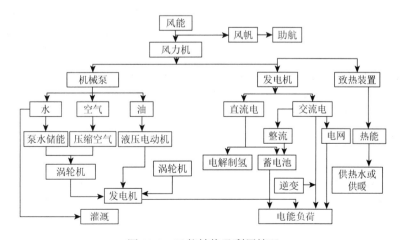

图 10-1　风能转换及利用情况

（二）风能的特点

与其他能源相比，风能具有诸多优势，但同时也存在一些局限性。

1. 风能的优点

风能蕴藏量巨大，可以再生，且分布广泛，无须运输，可以就地取材，在许多交通不便、缺乏煤炭、石油和天然气的边远地区，风能体现出无可比拟的优越性。风能是太阳能的一种转化形式，只要有太阳存在，就可以不断地、有规律地形成风，周而复始地产生风能。因此，风能是取之不尽、用之不竭的可再生能源。风力发电没有燃料问题，也不会产生辐射或任何有毒气体和废物，不会造成环境污染；而且从经济的角度来看，风力仪器比太阳能仪器造价和成本低得多。

2. 风能的缺点

风能具有随机性，利用风能必须考虑储能或与其他能源相互配合，才能获得稳定的能源供应，进而提高技术的复杂性。另外，风能的能量密度偏低，空气的密度仅为水的八百分之一，因此，风能利用装置的体积大、耗用的材料多、投资高，会极大限制风能的发展与应用。

目前，相较于其他新能源技术，风能技术的开发较为成熟。风能的利用主要有风力发电、风力提水，还有风力致热、风帆助航等，世界可再生能源中增长最快的是风能发电。风能发电作为一种低成本的能源，有望解决全球气候变暖问题，提高国家能源的安全性，助力碳达峰和碳中和的战略目标。

（三）风能的利用方式

现代利用风能主要有 4 种方式：第一种是风力发电；第二种是风力提水；第三种是风力热能利用；第四种是风帆助航。其中，最主要的利用方式是风力发电。

1. 风力发电

风力发电已成为风能利用的主要形式，当前发展速度最快。风力发电通常有三种运行模式：一是独立运行方式，通常是在电网未通达的偏远地区，用一台小型风力发电机向一户或几户人家提供电力，单机容量一般为 100 W～10 kW，用蓄电池蓄能，以保证无风时的用电；二是风力发电与其他发电方式相结合的混合供电系统，采用中型风电机与柴油发电机或光伏太阳电池组成混合供电系统，目标系统容量为 10～100 kW，向一个村庄或一个海岛供电；三是风力发电并入常规电网运行，向大电网提供电力，这是风力发电的主要发展方向。目前，商业化机组单机容量为 150～5000 kW，既可单独并网，也可由多台甚至成百上千台组成风力发电场，简称风场。风电场与常规火电厂和水电站相比，由于电机容量小，可分散建设，基建周期短。近年来，风电技术进步很快，高科技含量高，机组可靠性提高，单机容量 6000 kW 以下的技术已成熟，虽然目前风电机成本较高，随着规模化生产和技术改进，成本将继续下降。

鉴于我国农村地区风能资源分布广泛且丰富，可充分利用农村地区零散土地，推动风电的开发与利用。国家能源局、国家发展和改革委员会与农业农村部共同发布了《关于组织开展"千乡万村驭风行动"的通知》，提出"十四五"期间在具备条件的县（市、区、旗）域农村地区，以村为单位，建成一批就地就近开发的风电项目，原则上每个行政村不超过 20 MW，探索形成"村企合作"的风电投资建设新模式和"共建共享"的收益分配新机制,推动构建"村里有风电、集体增收益、村民得实惠"的风电开发利用新格局。

2. 风力提水

风力提水从古至今都得到普遍的应用,至20世纪下半叶,为解决农村、牧场的生活、灌溉和牲畜用水问题,以及节约能源,风力提水机有了很快的发展。现代风力提水机依据不同用途可分为两类:一类是高扬程小流量的风力提水机,它与活塞泵相配汲取深井地下水,主要用于草原和牧区,为人畜提供饮水;另一类是低扬程大流量的风力提水机,它与水泵相配汲取湖水、河水或海水,主要用于农田灌溉、水产养殖或制盐。

风力提水机在世界各地有着十分广泛的用途,尤其是在发展中国家得到广泛的应用,主要基于以下原因:一是风力提水机结构可靠,制造简单、成本低且操作简单。二是储能问题能够得到有效解决。当水被提上来后,只要注入水罐或水池中就可以储存,在无风或小风时,可放水使用。三是风力提水机在低风速下工作性能好,对风速要求不严格,通常只要风轮转动起来就能进行提水作业;四是风力提水机效益显著,风力提水不仅节约常规能源,无污染,而且经济效益高。

3. 风力热能利用

风力热能利用是将风能转换成热能。目前主要有三种转换方法:一是风力发电机发电,再将电能通过电阻丝转换为热能;二是由风力机将风能转换成空气压缩,再转换为热能;三是将风力直接转换成热能,该方法制热效率最高。风力直接转换成热能有多种方法,其中最简单的是搅拌液体制热,即风力机带动搅拌机转动,从而使液体(水或油)变热。液体挤压制热则是利用风力机带动液压泵,使液体受压后从小孔中高速喷出而使液体加热。此外,还有固体摩擦制热和电涡流制热等方法。

4. 风帆助航

风帆是人类利用风能的开端,也是风能最早的利用方式。即使在机动船舶蓬勃发展的今天,为节约燃油和提高航速,古老的风帆助航也得到了发展。现如今,有的万吨级货船上已采用电能控制的风帆助航,节油率可高达15%。

三、地热能

(一)地热能概述

地热能属于一种可再生能源,特点是储存量大、分布范围较大、绿色清洁、环保低碳、稳定性强和可靠性好。当前,与风能、太阳能相比,地热能仍然是小众能源。未来一段时间,更广泛地因地制宜、科学开发、按需供能将成为地热能大规模发展的必然选择。地热能"家族庞大",通常说的地热能是指赋存于地球内部岩土体、流体和岩浆体中且能够被人类开发和利用的热能,包括土壤源、地下水源和地表水源三类浅层地热能,以及水热型中深层地热能和干热岩地热资源。人们熟知的温泉和用于取暖的地源热泵,都属于典型的地热能利用方式。地热能与风光资源一样无处不在,具有储量大、利用效率高、运行成本低和节能减排等优势[4]。地热能资源的利用有多种形式,如发电、供热、制冷,甚至制取高于自身温度的低压蒸汽,尾水可以提取稀有矿物元素,并且可以通过梯级利用实现多种功能,大幅提高利用率。同时,地热能不受季节、气候、昼夜变化等外界因素干扰,稳定性极强。内蒙古大型地热田如图10-2所示。

图 10-2　内蒙古大型地热田

（二）地热能的特点

1. 地热能的优点

与煤炭、石油和天然气等其他传统能源相比，地热能主要有以下一些优点。

（1）温室气体排放量低：与化石燃料不同，地热能不会向大气中释放任何温室气体，是清洁且可持续的能源。

（2）土地使用少：与太阳能或风能等其他类型的发电厂相比，地热发电厂占用的土地很少。

（3）无空气污染：地热能不会产生任何空气污染物，如硫、二氧化碳、氮氧化物或颗粒物，是比化石燃料更清洁的能源。

（4）无废弃物产生：与产生大量废物的化石燃料不同，地热能不会产生任何废物。

（5）无水污染：地热能不会产生任何水污染，这是因为地热能发电过程中使用的水通常会回灌到地下。

2. 地热能的缺点

地热能的开发和使用也存在以下一些潜在的环境影响。

（1）地热流体：地热流体用于将热量从地球内部传递到地表，可能含有大量溶解的矿物质及气体，如硫化氢和二氧化碳。如果管理不当，这些液体可能会对环境产生负面影响。

（2）地表改变：地热发电厂的开发可能会导致地表改变，例如使当地景观发生变化，从而对环境产生影响。

（3）致地震性：地热能的产生可能会诱发地震，或者小规模的地震活动。

尽管存在这些潜在的环境影响，地热能仍然被认为是一种可持续且环保的能源。最大限度地减少任何潜在环境影响的关键是确保仔细规划和管理地热项目，并减轻负面影响。

（三）地热能的应用方式

地热能的应用方式可以分为两种，分别是发电和直接利用（图 10-3）。两种应用方式以地热能资源的温度区分，温度较高的地热能主要用来发电，而中低温的地热能则可直接利用，主要用来供暖，当浅层地热能的温度低于 25 ℃时，可以直接利用地热源泵处理，用来提供供暖或制冷服务。

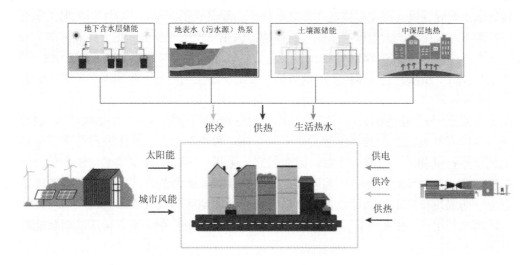

图 10-3 地热能的综合利用

1. 地热能用于发电

与其他可再生能源发电相比，地热能发电的能源利用率高，不受天气和季节气候变化影响，同时发电成本具有竞争性，二氧化碳减排优势明显，因而逐渐被各国政府所重视。

地热资源相对复杂，不同地热井的储热介质及热流参数各不相同，相对于燃煤机组或者燃气机组等传统能源电站，地热电站很难模块化。为了实现能源的高效利用，未来地热能发电的研究方向之一是地热资源与其他可再生能源互补综合利用，包括太阳能-地热能联合发电、地热能-地下式水电站联合发电、地热能-生物质能联合发电、地热能-海洋温差能联合发电等多种组合方式。

2. 地热能用于取暖

浅层地热能供暖利用的原理就是通过直接抽取地下水或利用换热介质等方式，把地底的热量抽取出来，用于地表供暖，整个系统最关键的是地下取热技术。国内浅层地热能供暖使用较多的技术是地下水源换热技术和地源热泵技术，目前也出现了地热能高效换热井技术。目前，地热能利用系统运行状况良好，可以推动形成中心城区以集中供热为主、地热能取暖为辅，农村城镇地区大力开发利用浅层地热能的供暖新格局。高效换热井技术占地少、效率高，在技术上是可行的。相对于传统取热模式，地热能取暖可为用户节约大量用热成本，在经济上是可行的。同时，地热能取暖可减少燃煤使用量，减少 CO_2 等排放量，在环保上是可行的。因此，地热能取暖可在建筑领域"双碳"目标实现中担当重任，具有广阔的市场前景。

3. 地热用于洗浴和旅游业

地热水资源还可以被用来发展洗浴产业和旅游度假产业，在我国大多数地区，地热水都被用来洗浴。利用地热水发展旅游度假，有利于提升地区经济。

4. 地热用于渔业和养殖业

地热水因其独特的温度特性，在渔业和农业养殖中得到了越来越广泛的应用。目前，全国范围内已有多个地区的地热田被投入养殖业的发展中，具体数字可能因统计口径和地域范围的不同而有所差异。这些地热资源为渔业和农业养殖提供了稳定的热源，促进了养殖业的可持续发展。渔业养殖主要有罗非鱼、鳗鱼、观赏鱼等，在鱼苗越冬阶段，地热水也发挥了很大的作用。地热水在农业养殖方面主要体现在为温室种植和灌溉提供水源，不仅可以为温室供暖，还可以用来灌溉，其所含的大量矿物质能为农作物提供生长所需的养分。由于南北方的差异，地热水在北方主要被用来种植比较高档的瓜果蔬菜等，在南方主要被用来育苗。在工业生产方面，地热水主要被用于纺织、造纸及粮食的烘干等，在纺织和化工等行业都体现出了经济价值。

5. "地热能+"

随着"互联网+"概念的提出与广泛传播，地热能领域也提出了"地热能+"，表现了地热能领域多能互补的特性，其特色就是"多能互补、智能耦合"，其出发点是基于地热能资源所处的地质特征和周围资源的禀赋，因地制宜，采用一定的手段和技术，使多种清洁能源与地热能联合，这种联合并非简单地联合，而是采用智能耦合的方式，使温度高的地热能被用于发电，而温度低的地热能可以直接被用来供热，即地热梯级利用工艺，采用这种工艺可以提高地热的利用率。由此可见，"地热能+"发展前景十分广阔，给未来新能源智能耦合指明了方向。

地热能的未来看起来很乐观，随着世界转向更清洁、更可持续的能源，地热能在满足日益增长的清洁能源需求方面发挥着重要作用。

四、海洋能

（一）海洋能概述

海洋能是一种具有开发潜力大、可持续利用、绿色清洁等优势的可再生能源，但因其分布不均匀、稳定性较差、能量密度不高等诸多风险和不确定性，所以在开发利用上难度较大[5]。海洋中所蕴藏的可再生的自然能源主要为潮汐能、波浪能、潮流能、温差能、盐差能、海洋生物质能，以及海洋上空的风能和海洋表面的太阳能等，其中潮汐能和潮流能是来源于太阳和月亮对地球的引力变化，其他则多数来源于太阳辐射。开发利用海洋可再生能源可替代化石能源，从而有效减少 CO_2 的排放，对实现节能减排和应对全球气候变化具有重要意义。

（二）海洋能分类

1. 潮汐能

潮汐现象是指海水在天体引潮力作用下所产生的周期性运动，习惯上把海面铅直向涨落称为潮汐。潮汐能发电的机组型式主要采用贯流式水轮机，贯流式水轮机可以分为全贯流式水轮机和半贯流式水轮机，其中半贯流式水轮机又分为灯泡式水轮机、轴伸式水轮机和竖井式水轮机。潮汐发电的原理是在适当的地点建造一个大坝，利用海水潮涨潮落的势能，推动水轮机旋转而发电。

我国自 1955 年开始建设小型潮汐电站，已成为世界上建成现代潮汐电站最多的国家。但多处潮汐电站在建设过程中受时代影响，存在设备简陋、选址不当、与通航矛盾、淤积严重等问题。目前我国正在运行发电的潮汐电站数量可观，其中包括位于浙江乐清湾的江厦潮汐试验电站、海山潮汐电站、沙山潮汐电站，山东乳山市的白沙口潮汐电站，浙江象山县岳浦潮汐电站，江苏太仓市浏河潮汐电站，以及福建平潭县幸福洋潮汐电站等。这些潮汐电站分布在全国各地，利用潮汐能进行发电，为当地及周边地区提供了可再生能源。

2. 波浪能

波浪能具有能量密度较高、分布面广等优点，是在风、气压和水的重力下形成的起伏运动，具有一定的动能和势能，其发电原理是利用海面波浪的垂直运动、水平运动和海浪中水的压力来作为推动空气流动的动力，进而推动空气涡轮机叶片旋转而带动发电机发电。目前波浪能技术分为振荡水柱技术、振荡体技术和越浪技术三种。

我国通过对振荡体形式探索，研发出了各种以振荡体为基本形式的发电装置，例如鸭式波浪能发电装置、哪吒波浪能发电装置、鹰式波浪能发电装置、浮力摆式波浪能发电装置、摆式振荡浮子波浪能发电装置、"海龙I号"筏式液压波浪能发电装置、自保护浮子式波浪能发电装置、"集大1号"浮摆式波浪能发电装置、漂浮式液压发电装置、振荡浮子式波浪能发电装置等。

3. 潮流能

潮流能是起因于潮汐现象中的海水在水平方向的流动，其规律性较强，能量稳定，易于电网的发配电管理，因此是优秀的可再生清洁能源。潮流能水轮机开发的主流方式为水平轴和垂直轴形式，此外，还有振荡水翼式、涡激振动式等新型技术。

近年来我国开发的主要潮流能发电装置有"海能Ⅰ"潮流能发电装置、"海能Ⅱ"潮流能发电装置、"海能Ⅲ"潮流能发电装置、"海明Ⅰ"潮流能发电装置、柔性叶片水轮机潮流能发电装置、"海远号"百千瓦级潮流能发电机组、"海川号"轴流式潮流能发电装置、1 kW 水下漂浮式水平轴及直驱式潮流能发电装置、水平轴自变距潮流能发电装置、5 kW 固定式水平轴及 25 kW 水平轴半直驱潮流能发电装置、60 kW 水平轴半直驱潮流能发电装置、竖轴直驱式潮流能发电装置、10 kW 永磁直驱式潮流能发电装置等。

4. 温差能

温差能是指海洋表层海水和深层海水之间水温差的热能，其利用的最大困难是温差太小，能量密度太低。温差能发电方式主要有开式循环、闭式循环和混合式循环三类，自 20 世纪 80 年代初，我国开始在广州、青岛和天津等地开展温差能发电研究，1986 年在广州研制完成开式温差能转换试验模拟装置，实现电能转换；1989 年又完成了雾滴提升循环试验研究；2005 年天津大学研制出用于混合式海洋温差能利用的 200 W 氨饱和蒸汽试验用透平。

5. 盐差能

盐差能是指海水和淡水之间或两种含盐浓度不同的海水之间的化学电位差能，是以化学能形态出现的海洋能。盐差能发电是将不同盐浓度的海水之间或海水与淡水之间的化学电位差能转换成水的势能，再利用水轮机发电。1989 年，中国科学院广州能源研究所对开式循环过程进行了实验室研究，标志着我国在盐差能利用领域的初步探索。然而，当时中国的盐差能利用技术主要还处于原理研究阶段，尚未能开展能量转换技术的实验。近些年来，随着对可再生能源研究的不断深入和技术进步，我国在盐差能利用领域也取得了新的进展。虽然具体的能量转换技术实验可能仍在初步阶段，但相关的理论研究、数值模拟以及实验室小规模测试等工作已经逐步展开，为未来的实际应用奠定了坚实基础。

海洋被认为是地球上最后的资源宝库，尽管海洋可再生能源在我国的能源构成中所占的比例极小，但这仍是一种不可忽视的新能源，因此，需要制定相应的激励政策，加强对海洋可再生能源开发利用的支持力度，努力解决海洋能开发利用中的问题，促进海洋可再生能源发电技术的发展。

第三节　人工新能源

一、氢能概述

氢气能源作为一种来源丰富、燃烧热值高、利用形式多样的，可再生的二次能源，与传统化石燃料相比，具有清洁无污染、利用率高、危险系数小、储量充足等诸多优点，被认为是人类最理想、最长远的能源，是实现能源转型与碳中和的重要能源[6]。发展氢能有利于实现终端难减排领域的碳中和，氢能能够将气、电、热等网络有机联系起来，构建清洁、低碳、安全、高效的能源体系，可以为解决能源危机、全球气候变暖和环境污染问题提供巨大的帮助。

（一）氢能的制备

制备氢气的主要技术有化石能源制氢、电解水制氢、工业副产氢、生物质制氢等。氢气的制备是氢能产业的基础，在氢能产业发展初期，我国主要依托化工生产过程的氢气或副产氢作为主供氢源，以节省制氢投资，助力氢能产业起步，为扩大制氢规模、降低成本和减少CO_2排放，制氢逐步向可再生能源制氢方向发展。

1. 化石能源制氢

利用煤炭、石油和天然气等化石燃料，通过化学热解或者气化生成氢气。主要包括甲烷制氢、煤制氢、甲醇制氢、化石燃料结合 CCS（carbon capture and storage，碳捕集与封存）制氢等。甲烷制氢主要包括蒸汽重整法（SRM）、部分氧化法（POM）、自热重整法（MATR）、催化裂解法（MCD）。煤制氢是将煤与氧气或蒸汽混合，在高温下转化为以 H_2 和 CO 为主的混合气，后经水煤气变换（WGS）、脱除酸气、氢气提纯等流程，获得具有高纯度的氢气产品。

2. 电解水制氢

在直流电作用下，水被分解而产生氢气和氧气的化学反应过程，其中阴极反应为析氢反应，阳极反应为析氧反应。主要包括碱性电解水制氢（ALK）、质子交换膜（PEM）电解水制氢、固态氧化物电解水制氢（SOEC）和固体聚合物阴离子交换膜（AEM）电解水制氢等。

3. 工业副产氢

工业副产氢是指在生产化工产品的同时得到的氢气，但氢气纯度不高、提纯工艺对设备与资金要求高。主要包括焦炉气副产氢、氯碱工业副产氢、丙烷脱氢等。变压吸附提纯技术是当前提纯工业副产氢的主流工艺，该技术发展成熟、自动化程度高、适用范围广，既适用于化石原料制氢的净化提纯，也适用于对焦炉煤气、氯碱等工业副产氢提纯。

4. 生物质制氢

在生物化学过程中，生物质制氢分为生物质化学法制氢技术和生物质生物法制氢技术，主要是通过光合作用和发酵，利用有机物产生沼气或酸、醇和气体的混合物，对自然环境资源没有伤害，而且耗能低，发展前景非常可观，主要用于造纸、生物炼制和农业生产当中。生物质化学法制氢就是利用热化学作用把生物质变成富氢可燃气，最后分离获得纯氢，其中包括气化制氢、热解重整制氢、超临界水转化制氢等方法。生物质生物法制氢就是通过微生物代谢制得氢气，包括光解水、光发酵、暗发酵和光暗耦合发酵等方法，具有可再生、不耗用矿物资源等优点[7]。

（二）氢能的应用

氢能是一种理想的清洁能源，氢气可以通过氢燃料电池或燃气轮机从而转化为电能和热能，是高能量密度的能源载体；同时氢气也是重要的化工原料和还原气体，具有储运方便、利用率高的特点，被广泛应用于各个领域[8]。在交通行业，传统车用燃料面临紧缺，而且产生的汽车尾气也加剧了全球变暖和环境污染程度，为实现车辆使用的零碳排放，以氢燃料为动力（图10-4），通过将氢气的化学能直接转化为电能的装置原理，促进了以燃料电池为核心的新兴产业的快速发展，相比于传统的燃油技术，氢燃料的新型技术在能耗方面具有显著的降低。燃料电池包括质子交换膜燃料电池（PEMFC）、固体氧化物燃料电池（SOFC）、熔融碳酸盐燃料电池（MCFC）、磷酸燃料电池（PAFC）和碱性燃料电池（AFC）等。

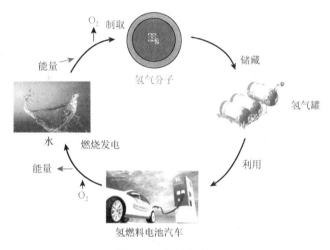

图 10-4　氢能的利用

在工业领域，氢气是合成氨、合成甲醇、原油提炼的重要的化工原料。在炼油过程中，氢能应用于加氢裂化和加氢精制工艺，氢气是炼油企业提高轻油产率、改善产品质量不可或缺的原料。在电子工业中，芯片生产的过程中需要用高纯氢气作为保护气，多晶硅的生产也需要氢气作为生长气。在钢铁行业，可以用氢气直接还原法代替碳还原法，对减少炼钢行业中的碳排放具有显著成效。在电力行业中，氢能发电，可以用作备用电源、分布式电源、为电网调峰。在建筑行业，在天然气中掺杂氢气用作家用燃料，可以减少燃气使用的碳排放。在医疗领域，氢气在选择性抗氧化作用、缓解氧化损伤等方面具有疗效。在食品工业，常常使用氢气来使油脂氢化，以提高油脂的使用价值。

二、生物质能

（一）生物质能概述

生物质能是绿色植物通过叶绿素将太阳能以化学能形式储存在生物质中的能量，是继煤炭、石油、天然气之后的全球第四大能源，在整个能源系统中占有重要的地位。生物质中的氮、硫含量低，作为燃料时，产生的硫化物和氮化物较少，而且绿色植物在生长时吸收的二氧化碳量相当于其燃烧时排放的二氧化碳量，因而二氧化碳净排放量近似于零，从而具有可再生性、低污染性、广泛分布性、易燃烧、灰分低等特点。生物质能资源的原料主要包括木材及森林工业废弃物、农业废弃物、水生植物、油料植物、城市和工业有机废弃物、动物粪便等[9]。

（二）生物质能的转化利用

随着经济发展和人民生活水平的提高，对优质燃料的需求日益迫切，传统的能源利用方式已经难以满足现代化发展的需求，生物质能转换利用势在必行。生物质能利用形式多样，主要包括直接燃烧技术、液体燃料技术、发电技术等。

直接燃烧技术：包括炉灶燃烧技术、锅炉燃烧技术、固体成型技术、垃圾焚烧技术等。其中的固体成型技术是新推广的技术，它把生物质固体化成型或将生物质、煤炭及固硫剂混合成型后使用，其优点是充分利用生物质能源替代煤炭，可以减少大气二氧化碳和二氧化硫排放量。

液体燃料技术：主要包含生物航煤、生物柴油、燃料乙醇三种技术。生物航空煤油原料主要有小桐子油、亚麻油、海藻油、棕榈油、餐饮废油等。生物柴油是以植物果实、种子、植物导管乳汁或动物脂肪油、废弃的食用油等为原料，与醇类经交酯化反应获得的可供内燃机使用的一种燃料。目前生产生物柴油的方法有酸催化技术和碱催化技术、高压醇解技术、酶催化技术、超临界或亚临界技术。燃料乙醇主要包括木薯乙醇、甜高粱乙醇和纤维素乙醇。其中木薯乙醇与甜高粱乙醇均属于淀粉基乙醇，即将原料中的可发酵糖直接发酵制取乙醇。然而，淀粉基乙醇以粮食、油料种子为原料，须占用大量耕地，与国家粮食安全保障之间存在矛盾，无法在我国进行大规模生产，因此，燃料乙醇的原料开始从粮食作物向非粮作物及农林废弃物转变。纤维素乙醇是将纤维素原料经预处理后，通过高转化率的纤维素酶，将原料中的纤维素转化为可发酵的糖类物质，然后经特殊的发酵法制造燃料乙醇。

发电技术：目前生物质能在电力生产中的技术主要有直接燃烧、共燃、气化、沼气发电。直接燃烧是把生物质作为电厂火炉中的唯一燃料。共燃是在已存在的电厂火炉中用生物质代替部分煤。气化是对生物质加热直到它生成可燃气体。沼气发电技术主要应用在禽畜厂沼气、工业废水处理沼气及垃圾填埋场沼气。

我国的生物质能现代技术研究和应用起步较晚，为了加快发展我国生物质能应用技术，可以加强生物质研究领域的国际交流与合作，引进国外先进的生物质利用技术和设备，在引进时需要根据我国原料的特点、设备管理水平和消化吸收能力全面考虑，有目的、有选择地引进，建立符合中国国情的生物质能开发利用结构体系。

三、核能

（一）核能的概述

物质都是由分子构成的，分子又由原子构成，而原子是由带正电荷的质子、不带电的中子和带负电荷的电子三种粒子组成，原子核又由质子和中子组成，两者统称为核子。核能是通过核反应过程，使原子核发生分裂（核裂变）或重新组合（核聚变），从而改变其原有的核结构。在这一过程中，一种原子核会转变为另一种或两种新的原子核，即可能由一种元素转变为另一种元素或者其同位素。这种转变释放了核子之间原本紧密结合所蕴含的巨大能量。核裂变通常涉及重原子核的分裂，而核聚变则涉及轻原子核的结合。这两种过程都能释放出惊人的能量，是核能发电和核武器等技术的基础。

（二）核能的开发利用

核科学技术是人类 20 世纪最伟大的科技成就之一，以核能为主要标志的核能和平利用，在保障能源供应、促进经济发展、应对气候变化、造福国计民生等方面发挥了不可替代的作用。核能作为一次能源，其主要利用方式是发电。核能发电与普通的火力发电类似，都是产生高温高压蒸汽，在蒸汽轮机中做功，然后驱动发电机发电[10]。相较于传统化石能源发电，核能发电需要的能量来源是核反应堆，而非化石燃料，核能发电过程中不会产生二氧化碳，也不会排放大量的污染物质到大气中，不会加剧大气污染；而且核燃料能量密度比化石燃料高上几百万倍，燃料的开发、运输及储存成本都较低；除此之外，核能发电所使用的铀原料在原料的供应上有充足的保障。

核电站是利用核裂变或核聚变反应所释放的巨大能量产生电能的发电厂，而目前用于发电的核能主要是核裂变能，核裂变能电站可分为轻水堆型、重水堆型、石墨冷气堆型和快中子增殖堆等。

轻水堆是核电站中广泛采用的堆型，它利用普通水作为慢化剂和冷却剂。在轻水堆中，压水堆因其高效性和安全性而占据重要地位，与此同时，沸水堆也是不可忽视的一部分。尽管具体比例可能随时间有所变动，但轻水堆在全球核电站中的主导地位是显而易见的。

重水堆型则采用重水作为中子慢化剂，重水或轻水作冷却剂。重水对中子慢化性能较好，吸收中子少，因此以天然铀作为燃料，不需要浓缩，燃料循环简单，但建造成本比轻水堆高。

石墨冷气堆型采用石墨作为中子慢化剂，用气体作冷却剂。一般采用低浓缩铀作燃料的气冷堆用二氧化碳作冷却剂；而采用高浓缩铀为燃料的，则用氦气作冷却剂。气体在反应堆中被加热后流入蒸发器加热水使之产生蒸汽推动汽轮发电机组发电，由于气冷堆的冷却温度较高，可以提高热力循环的热效率。

对于前几种堆型，核燃料的裂变主要依靠经慢化剂慢化后的中子，对核燃料资源无法做到充分利用，利用率仅为 1%～2%。快中子增殖堆的最大特点是不用慢化剂，主要使用快中子引发核裂变反应，因此堆芯体积小、功率大，从而对核燃料利用率高达 60%～70%。由于快中子引发核裂变时新生成的中子数较多，除去维持自持链式反应之外，还有多余的中子可用于再生材料转换和核燃料的增殖，特别是采用氦冷却的快堆，其增殖比更大。

思 考 题

1. 新能源有哪些特点？
2. 太阳能资源有哪些优势和不足？
3. 简述太阳能的利用形式。
4. 简述风能的特点。
5. 什么是核能？
6. 当前我国生物质能在发展利用的过程中存在哪些不足？

参 考 文 献

[1] 蔡振兴, 李一龙, 王玲维. 新能源技术概论[M]. 北京: 北京邮电大学出版社, 2017.

[2] 梁启超, 乔芬, 杨健, 等. 太阳能电池的研究现状与进展[J]. 中国材料进展, 2019, 38(5): 505-511.

[3] 贺志勇. 风能发电技术的可持续发展策略分析[J]. 电子技术, 2023, 52(7): 172-173.

[4]   汪集暘, 庞忠和, 程远志, 等. 全球地热能的开发利用现状与展望[J]. 科技导报, 2023, 41(12): 5-11.

[5]   史宏达, 王传崑. 我国海洋能技术的进展与展望[J]. 太阳能, 2017(3): 30-37.

[6]   邹才能, 李建明, 张茜. 氢能工业现状、技术进展、挑战及前景[J]. 天然气工业, 2022, 42(4): 1-20.

[7]   肖振华. 生物质制氢技术及其研究进展[J]. 化学工程与装备, 2023(4): 192-193.

[8]   程一步. 氢燃料电池技术应用现状及发展趋势分析[J]. 石油石化绿色低碳, 2018, 3(02): 5-13.

[9]   雷学军, 罗梅健. 生物质能转化技术及资源综合开发利用研究[J]. 中国能源, 2010, 32(1): 22-28.

[10]   陈小砖, 李硕, 任晓利. 中国核能利用现状及未来展望[J]. 能源与节能, 2018, 08: 52-55.

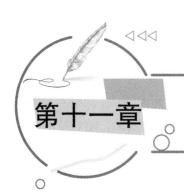

第十一章　现代运输技术

第一节　公路交通技术

一、汽车的诞生和发展

汽车作为一种重要的交通工具,在现代社会中发挥着不可或缺的作用。自从19世纪末汽车被发明以来,经过一个多世纪的发展,汽车技术和生产工艺不断进步,极大地改变了人类的出行方式和生活方式。

(一)汽车的起源

汽车的概念最早可以追溯到15世纪。著名的意大利画家和科学家达·芬奇在他的笔记中绘制了一种类似于汽车的设计。然而,真正意义上的汽车直到18世纪才开始出现。

1769年,法国工程师屈尼奥制造了世界上第一辆蒸汽动力汽车。这辆汽车主要用于牵引军用火炮,虽然速度缓慢且操作不便,但它标志着人类开始尝试利用机械动力进行陆上运输。

19世纪初,随着电力技术的发展,一些发明家开始尝试制造电动汽车。1830年,苏格兰人安德森发明了世界上第一辆电动马车。尽管这些早期的电动汽车未能广泛普及,但它们为后来的电动汽车发展奠定了基础。

(二)内燃机的发明

汽车的真正突破性进展出现在内燃机的发明和应用上。内燃机的出现不仅提高了汽车的性能,也为汽车的大规模生产创造了条件。

1876年,德国工程师奥托发明了四冲程内燃机,这种发动机比之前的蒸汽机和电动机更为高效和可靠。奥托的内燃机使用汽油作为燃料,为后来汽车的普及奠定了基础。

1885年,本茨基于四冲程内燃机制造了世界上第一辆真正意义上的汽车(图11-1)。这辆汽车拥有三轮设计,时速可以达到约15 km。本茨的汽车不仅展示了内燃机的潜力,还标志着现代汽车工业的开端。

图11-1　世界第一辆汽车

（三）20 世纪汽车工业的发展

20 世纪是汽车工业飞速发展的时期。内燃机的改进、生产技术的革新及新的材料和设计理念，使汽车变得更加普及和多样化。

1908 年，福特推出了 Model T 汽车（图 11-2），并采用流水线生产方式。这种生产方式极大地提高了生产效率，降低了汽车的成本，使汽车从奢侈品变为大众消费品。随着技术的进步，汽车开始向更高效、更安全、更舒适的方向发展。涡轮增压技术、电子燃油喷射系统、自动变速器等技术的应用，使汽车的性能不断提升。

图 11-2　福特 Model T 汽车

20 世纪下半叶，随着人们对安全和环境保护的重视，汽车安全技术和环保技术也得到了显著发展。安全气囊、防抱死系统（ABS）、电子稳定控制系统（ESP）等安全技术大大提高了汽车的安全性。同时，排放控制技术和混合动力技术的应用，显著减少了汽车对环境的污染。

（四）现代汽车与未来展望

进入 21 世纪，汽车工业继续向智能化和新能源方向发展。

智能技术的进步使自动驾驶成为可能。通过雷达、摄像头、传感器等设备，结合先进的算法和数据处理技术，自动驾驶汽车在某些特定条件下已经能够实现完全自主驾驶。

由于传统燃油汽车带来的环境问题，新能源汽车成为未来发展的重要方向。电动汽车和氢燃料电池汽车是目前的主要类型。特斯拉、蔚来等公司在电动汽车领域取得了显著的成就，推动了新能源汽车的普及。

共享经济的发展也对汽车行业产生了重要影响。Uber、Lyft 等共享出行平台的兴起，改变了人们的出行方式，也为未来智能出行提供了新的思路。

从最初的蒸汽动力汽车到现代的智能电动汽车，汽车的发展史展示了科技进步对人类社会的巨大影响。汽车不仅改变了人们的出行方式，还推动了经济发展和城市化进程。未来，随着技术的不断进步，汽车将继续向智能化、新能源化方向发展，为人类带来更加便捷、安全和环保的出行体验。

二、中国新能源汽车技术

随着全球环境问题日益严峻和能源资源的日趋紧张，发展新能源汽车成为解决能源和环境问题的重要途径。中国作为全球最大的汽车市场和制造基地，在新能源汽车领域的技术发展和市场推广方面取得了显著成就。

（一）新能源汽车的发展背景

新能源汽车是指采用非常规的车载燃料作为动力来源（或使用常规的车载燃料，但采用新型车载动力装置），综合使用新技术和新结构的汽车。主要包括电动汽车（EV）、插电式混合动力汽车（PHEV）和氢燃料电池汽车（FCEV）等[1]。

　　传统燃油汽车在排放大量温室气体和污染物的同时，也加剧了对石油资源的依赖。中国作为世界上最大的汽车市场，面临着严重的空气污染和能源安全问题，发展新能源汽车成为国家战略。中国政府高度重视新能源汽车的发展，出台了一系列鼓励政策，包括购车补贴、税费减免和基础设施建设等。此外，《新能源汽车产业发展规划（2021—2035 年）》明确了 2021～2035 年中国新能源汽车发展的总体目标和重点任务。

（二）电动汽车技术发展

　　电动汽车（EV）是目前最受欢迎的新能源汽车类型，其核心技术包括电池技术、电驱动技术和电控系统等。新能源汽车组成如图 11-3 所示。

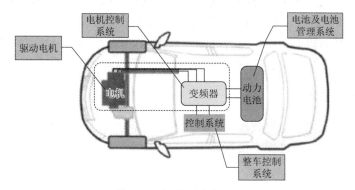

图 11-3　新能源汽车组成

　　电池是电动汽车的关键部件，影响车辆的续航里程和安全性。近年来，中国在锂离子电池技术方面取得了显著进步。比亚迪、宁德时代等企业在电池能量密度、安全性和成本控制方面居于世界前列。新型电池材料和固态电池技术的研究也在不断推进。

　　电驱动系统包括电机、电控和传动系统。中国在高效电机、智能电控和轻量化传动系统方面进行了大量研发投入。特斯拉在华工厂和本土企业如比亚迪、蔚来等在电驱动技术上均有显著成就。

　　新能源汽车电控系统由各个子系统构成，每一个子系统一般由传感器、信号处理电路、电控单元、控制策略、执行机构、自诊断电路和指示灯组成。

（三）氢燃料电池汽车技术发展

　　氢燃料电池汽车（FCEV）是以氢气为燃料，通过电化学反应产生电能驱动车辆。氢燃料电池技术被认为是未来新能源汽车的重要方向之一。

　　中国在氢燃料电池的研发方面取得了一定进展。包括上汽、长城等在内的多家车企积极布局氢燃料电池汽车。国内外合作也在加速技术转移和创新。

　　氢气的生产、储存和运输是氢燃料电池汽车发展的关键环节。中国在通过电解水制氢、煤制氢等多种方式生产氢气方面开展了大量研究，并积极建设氢气加注站网络[2]。

（四）未来发展趋势与挑战

　　新能源汽车技术的发展前景广阔，但也面临诸多挑战。

未来，电动汽车的技术创新将集中在电池能量密度提升、快速充电技术突破和智能化驾驶技术应用上。同时，氢燃料电池技术的性能提升和成本下降也是关键。

充电和加氢基础设施的完善是新能源汽车推广的基础。中国需要进一步加大基础设施建设力度，提升充电网络的覆盖率和服务能力。

政府政策支持在新能源汽车发展中起着重要作用。未来需要更加完善的政策体系，涵盖技术研发、市场推广、基础设施建设等多个方面。此外，市场机制的优化也有助于新能源汽车产业的健康发展。

尽管新能源汽车在使用过程中具有环保优势，但其生产和报废过程中的环境影响不容忽视。需要建立完善的资源回收和环保管理体系，以实现新能源汽车全生命周期的绿色发展。

中国新能源汽车技术在全球范围内取得了显著成就，成为推动全球新能源汽车发展的重要力量。电动汽车和氢燃料电池汽车的技术进步，为未来交通领域的绿色革命奠定了基础。[3]展望未来，通过持续的技术创新、完善的基础设施建设和合理的政策支持，中国新能源汽车产业将迎来更加广阔的发展前景，为全球环境保护和能源安全作出重要贡献。

三、无人驾驶技术

无人驾驶技术，又称自动驾驶技术，是指通过计算机系统实现车辆的自动控制，无须人类驾驶员参与。这一技术的进步不仅有望提升交通安全、缓解交通拥堵，还能极大地改变人类的出行方式。

（一）无人驾驶技术的发展历程

无人驾驶技术的发展可以追溯到 20 世纪中期，随着计算机科学和人工智能技术的发展，自动驾驶汽车逐渐从实验室走向实际应用。

无人驾驶技术的初期探索始于 20 世纪 60 年代，当时美国和欧洲的一些大学和研究机构开始进行自动驾驶的实验研究。例如，1969 年，美国斯坦福研究所的科学家开发了一种基于摄像头的自动驾驶系统，这被认为是无人驾驶技术的早期雏形。

2004 年，美国国防高级研究计划局举办了第一届无人驾驶汽车大挑战赛（Grand 自动驾驶国际挑战赛），推动了无人驾驶技术的发展。尽管首届比赛没有参赛车辆完成比赛，但随后几届比赛中，参赛车辆的表现逐渐提高，标志着无人驾驶技术的重大进步。

进入 21 世纪后，谷歌、特斯拉、百度等科技巨头开始大规模投入无人驾驶技术的研发，推动了无人驾驶汽车的商业化进程。谷歌的 Waymo 项目在 2015 年实现了全球首次全自动驾驶上路测试，标志着无人驾驶技术进入新阶段。

（二）无人驾驶技术的关键组成部分

无人驾驶技术的实现依赖多种关键技术的协同工作，包括传感器技术、人工智能算法、车辆控制系统等。

传感器是无人驾驶汽车感知外界环境的"眼睛"。主要传感器包括激光雷达、毫米波雷达、摄像头和超声波传感器等。激光雷达通过激光束测量物体的距离和形状，构建高精度的三维地图，具有高精度、高分辨率的特点，但成本较高。毫米波雷达通过毫米波信号探测物体距离和速度，适用于恶劣天气条件下的检测，其成本较低，但分辨率不如激光雷达。摄像头用于捕捉图像信息，识别交通标志、车道线和行人等，其成本低廉，但易受光照影响。超声波传感器用于近距离障碍物检测，成本低，但探测距离有限。

人工智能算法是无人驾驶汽车的大脑，负责对传感器数据进行处理和分析，做出驾驶决策。计算机视觉通过图像处理和深度学习技术，识别道路环境中的各种物体，如车辆、行人、交通标志等。路径规划根据实时环境信息，规划安全高效的行驶路径。常用的路径规划算法包括 A 算法、Dijkstra 算法和基于深度学习的路径规划算法。

决策与控制基于环境感知和路径规划结果，实时控制车辆的加速、制动和转向。比例积分微分控制、模糊控制和深度强化学习是常用的控制方法。

车辆控制系统负责将人工智能算法的决策转化为具体的驾驶操作，包括加速、刹车和转向。线控技术通过电信号控制车辆的加速、制动和转向，而不是传统的机械控制。线控技术包括线控转向、线控制动和线控油门。为了确保系统的可靠性和安全性，车辆控制系统通常采用多重冗余设计，包括硬件冗余和软件冗余。

（三）无人驾驶技术的应用现状

无人驾驶技术已经在多种场景下得到应用，包括自动驾驶出租车、无人驾驶货车、自动驾驶公交车等。

Waymo、百度 Apollo 等公司已经在美国、中国等地开展了自动驾驶出租车服务的试点运营，如武汉萝卜快跑，如图 11-4 所示。这些车辆可以在特定区域内实现完全无人驾驶，为乘客提供安全便捷的出行服务。

图 11-4　武汉萝卜快跑无人驾驶汽车

无人驾驶货车在长途运输领域具有广阔的应用前景。特斯拉、图森未来等公司正在积极研发和测试无人驾驶货车，提高运输效率、降低物流成本。

自动驾驶公交车可以在封闭或半封闭的公交线路上运营，提供安全高效的公共交通服务。许多城市已经开始试点运行自动驾驶公交车，并取得了良好的效果。

（四）未来发展趋势与挑战

尽管无人驾驶技术取得了显著进展，但其大规模商用化仍面临诸多挑战。

无人驾驶技术的核心算法和传感器技术仍需进一步提升。特别是在复杂城市环境中的感知和决策能力，仍有待突破。

无人驾驶技术的发展需要相应的法律法规支持。如何界定无人驾驶汽车的责任归属、数据隐私保护等问题，需要立法机构和社会共同探讨。此外，如何处理无人驾驶汽车在紧急情况下的决策伦理问题，也是一个重要挑战。

无人驾驶汽车的普及需要完善的基础设施支持，包括高精度地图、车联网技术和智能交通系统等。政府和企业需共同努力，推动相关基础设施的建设和升级。无人驾驶技术的推广还需考虑公众的接受度和信任度。

四、智能交通技术

随着城市化进程的加快和汽车保有量的增加，传统交通系统面临着日益严峻的拥堵和环境污染问题。智能交通技术作为解决这些问题的重要手段，近年来得到了广泛关注和快速发展。智能交通系统（ITS）通过现代通信技术、信息技术和控制技术的集成应用，提升交通系统的运行效率、安全性和环保水平。

（一）智能交通系统的发展背景

智能交通系统是通过现代电子信息技术、通信技术、计算机技术等高新技术，来对整个交通运输系统进行全面感知、控制和管理的综合系统。其目标是实现交通系统的智能化、高效化和安全化。

随着城市化进程的加快，城市交通问题日益突出。交通拥堵、交通事故和环境污染成为制约城市发展的主要问题。智能交通系统的应用能够有效缓解这些问题，提高交通管理水平。随着传感器技术、通信技术和人工智能技术的快速发展，智能交通系统的技术基础得到了极大提升。各国政府也纷纷出台政策，支持和推动智能交通技术的发展与应用。

（二）智能交通技术的关键组成部分

智能交通系统的实现依赖多种关键技术的协同工作，包括车联网（vehicle to everything，V2X）、大数据分析、人工智能（AI）等。

车联网技术是智能交通系统的重要组成部分，包括：车与车（vehicle to vehicle，V2V）实现车辆之间的信息交换，提升道路安全性，如通过 V2V 技术，车辆可以实时共享位置、速度和行驶方向等信息，预防碰撞事故；车与基础设施（vehicle to infrastructure，V2I）实现车辆与道路基础设施之间的信息交换，优化交通管理，如信号灯可以根据实时交通流量数据动态调整，减少交通拥堵；车与行人（vehicle to pedestrian，V2P）实现车辆与行人之间的信息交换（图 11-5），提升行人安全性，如车辆可以检测到附近的行人并发出警告，避免交通事故。

大数据技术在智能交通系统中具有重要作用，通过对海量交通数据的采集、存储、处理和分析，支持交通管理决策和服务优化，包括：交通流量预测，通过对历史交通数据的分析，预测未来交通流量，帮助交通管理部门制定合理的交通管控措施；拥堵管理，实时监测和分析交通流量数据，及时发现交通拥堵情况，采取疏导措施，提高道路通行效率；出行服务优化，基于大数据分析，提供个性化的出行建议和路径规划，提高出行效率和舒适度。

人工智能技术在智能交通系统中的应用越来越广泛，通过学习技术，实现交通系统的智能化管理，包括：智能信号控制，通过 AI 技术对交通信号灯进行智能化控制，根据实时交通状况动态调整信号灯配时，减少车辆等待时间；自动驾驶，AI 技术是自动驾驶系统的核心，

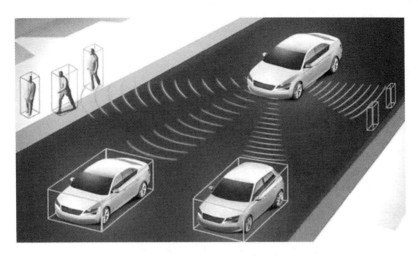

图 11-5　智能驾驶人车交互、车车交互金丝狐

通过计算机视觉、路径规划和决策控制等技术，实现车辆的自动驾驶，提升行车安全性和效率；交通事故预测与预防，通过 AI 技术分析交通事故数据，识别事故高发区域和原因，提出预防措施，减少交通事故的发生。

（三）智能交通技术的应用现状

智能交通技术已经在多种场景下得到应用，包括智能公交系统、智能停车系统、智慧高速公路等。

智能公交系统通过车联网、大数据和 AI 技术，实现公交车的智能调度、精准到站预测和实时乘客信息服务，提高公交系统的运营效率和服务水平。

智能停车系统利用传感器和通信技术，实时监测停车位的使用情况，提供停车导航和预约服务，缓解停车难问题，提高停车场的利用率。

智慧高速公路通过部署各种传感器和通信设备，实现对高速公路交通流量、气象条件和事故情况的实时监测和管理，提升高速公路的通行能力和安全水平。

（四）未来发展趋势与挑战

尽管智能交通技术取得了显著进展，但其大规模应用和推广仍面临诸多挑战。

智能交通系统的核心技术，如车联网、AI 和大数据分析等，仍需进一步提升。特别是在复杂城市环境中的感知和决策能力，仍有待突破。

智能交通技术的发展需要相应的法律法规和标准体系支持。如何规范数据共享、保护用户隐私、明确责任归属等问题，需要立法机构和行业组织共同探讨。

智能交通系统的推广需要完善的基础设施支持，包括道路传感器、通信网络和云计算平台等。政府和企业需共同努力，推动相关基础设施的建设和升级。智能交通技术的推广还需考虑公众的接受度和信任度。智能交通技术作为未来交通领域的重要创新，具有广阔的发展前景。尽管面临诸多技术、法规和社会挑战，但随着科技的不断进步和政策的支持，智能交通技术必将在未来几年内逐步走向成熟，改变人类的出行方式，提高交通系统的效率和安全性，为社会带来深远影响。

第二节　铁路交通技术

一、火车的诞生与发展

火车作为一种重要的交通工具，自 19 世纪初诞生以来，经历了长足的发展，对人类社会的交通运输方式产生了深远的影响。火车不仅提高了货物和人员的运输效率，还推动了工业革命和城市化进程。

（一）火车的起源

火车的概念可以追溯到古代，但真正意义上的火车是随着工业革命的到来而出现的。

最早的轨道运输工具可以追溯到 16 世纪的矿山轨道车，当时在矿山中使用木制轨道和马车进行矿石运输。这些轨道车虽然简单，但为后来的铁路运输奠定了基础。

18 世纪末，蒸汽机的发明为火车的诞生提供了技术基础。1781 年，詹姆斯·瓦特改进了蒸汽机，提高了其效率，为蒸汽机车的发明创造了条件。

（二）蒸汽机车的发明

1825 年，英国工程师斯蒂芬森制造了世界上第一台实用的蒸汽机车"机车一号"（Locomotion No.1），用于斯托克顿至达灵顿铁路。1830 年，斯蒂芬森又制造了著名的"火箭号"机车，这辆机车在利物浦至曼彻斯特铁路上投入使用，展示了蒸汽机车的巨大潜力。随着蒸汽机车技术的不断改进，铁路运输在 19 世纪中期迅速普及。英国、美国、法国、德国等国纷纷修建铁路，火车成为主要的长途运输工具，大大缩短了运输时间，提高了运输效率。

（三）电力机车和内燃机车的发展

进入 20 世纪后，电力机车和内燃机车逐渐取代了蒸汽机车，成为铁路运输的主力。

电力机车的优势在于效率高、污染少、维护成本低。1895 年，德国建成了世界上第一条电气化铁路。20 世纪初，随着电气化技术的进步，电力机车在欧洲和北美广泛应用。中国的电气化铁路建设始于 20 世纪 50 年代，经过几十年的发展，目前中国已拥有全球最大的电气化铁路网。

内燃机车采用柴油发动机作为动力源，具有动力强、适应性广的特点。1925 年，美国通用电气公司制造了世界上第一台柴油机车。内燃机车在 20 世纪中期迅速发展，成为非电气化铁路的重要运输工具。1946 年 10 月成功修复了一台报废机车。经中共中央东北局批准，这台机车被命名为"毛泽东号"（图 11-6）。

图 11-6　"毛泽东号"蒸汽机车

（四）现代高速铁路的发展

高速铁路是现代铁路技术的重要方向，其高速、安全、舒适的特点使其在全球范围内得到快速发展。

1964 年，日本开通了世界上第一条高速铁路——东海道新干线，时速可达 210 km。这标志着高速铁路时代的到来。新干线的成功运行，为其他国家提供了宝贵的经验。

1981 年，法国开通了巴黎至里昂的 TGV 高速铁路，时速达到 270 km。TGV 的成功使法国成为高速铁路技术的领先者之一，带动了欧洲高速铁路的发展。

21 世纪以来，中国在高速铁路建设方面取得了举世瞩目的成就。2008 年，中国开通了京津城际高速铁路，随后一系列高铁线路相继建成。目前，中国拥有世界上最庞大的高速铁路网，最高运营时速达到 350 km。中国高铁技术已处于世界领先水平，并在国际市场上逐渐占据一席之地。

（五）未来火车技术的发展方向

随着科技的不断进步，火车技术也在不断演进，未来的火车将更加智能、高效和环保。

磁悬浮列车利用电磁力实现悬浮和导向，具有速度快、噪声低、维护成本低等优点。日本和中国在磁悬浮技术方面取得了显著进展。上海磁悬浮列车已投入商业运营，时速达到 430 km；日本超导磁悬浮列车试验时速已超过 600 km。

自动驾驶技术在火车领域的应用将提高运输效率和安全性。智能列车控制系统、无人驾驶技术等正在逐步应用。未来，自动驾驶火车有望实现全自动化运营，进一步提升铁路运输的智能化水平。

随着环境保护意识的增强，未来火车将更加注重环保。氢燃料电池列车、太阳能列车等新型环保火车正在研发和试验中。这些新技术将减少铁路运输的碳排放，推动交通运输的绿色发展。

从蒸汽机车到现代高速铁路，火车的发展历程展示了人类科技进步和交通方式的变革。火车不仅改变了人们的出行方式，还推动了经济发展和社会进步。展望未来，随着磁悬浮、自动驾驶和环保技术的不断突破，火车将在更高效、更智能、更环保的方向上继续前行，为人类社会的发展作出更大贡献。

二、中国高铁的发展

高速铁路作为一种先进的交通运输方式，因其高速、安全、舒适和环保等特点，成为现代交通发展的重要方向。中国自 21 世纪初启动高铁建设以来，经过近二十年的发展，已建成世界上规模最大、技术最先进的高铁网络。

（一）中国高铁的发展历程

中国高铁的发展可以分为起步、快速发展和全面提升三个阶段。

起步阶段（1991~2008 年），中国高铁的起步阶段主要是技术引进和试验探索。在 1992 年 6 月，国家发布的《国家中长期科学技术发展纲领》首次提出了京沪高速铁路的建设构想。随后，到了 2004 年，中国正式踏上了大规模引进国外高铁技术的征程。在此过程中，中国与法国阿尔斯通、德国西门子、日本川崎重工等国际知名高铁企业展开了合作，成功引进了包括先进动车组设计制造技术、列车控制技术、牵引供电技术在内的多项核心技术。2008 年，京津城际高速铁路作为中国第一条真正意义上的高速铁路正式开通，标志着中国高铁进入快速发展阶段[4]。

　　快速发展阶段（2008~2015 年）。这一阶段，中国高铁建设进入高速发展期，京沪高铁、京广高铁、沪昆高铁等一大批高铁线路相继开通运营。中国通过自主研发和技术创新，逐步掌握了高铁核心技术，实现了高铁装备的国产化。

　　全面提升阶段（2016 年至今）。在这一阶段，中国高铁在规模、速度和服务质量上全面提升。"和谐号"（图 11-7）动车组的成功研制，标志着中国高铁技术已处于世界领先水平。中国高铁网络的覆盖范围不断扩大，形成了以"四纵四横"为骨架的高铁运营网络[5]。

图 11-7　"和谐号"动车组

（二）中国高铁的技术进步

　　中国高铁技术的发展主要体现在轨道技术、列车技术和运营管理技术等方面。

　　轨道技术是高铁运行的基础。中国在轨道铺设、无缝钢轨技术、轨道检测和维护等方面取得了显著进展。高铁轨道的平顺性和稳定性得到了大幅提升，确保了列车的高速安全运行。

　　列车技术包括动车组的设计、制造和检测等方面。中国自主研发的"复兴号"动车组采用了多项先进技术，如轻量化车体设计、高效节能的牵引系统和智能化控制系统。"复兴号"动车组的最高运营时速达到了 350 km，成为全球最快的高速列车之一[6]。

　　高铁的高效运营离不开先进的管理技术。中国高铁在调度指挥、智能运营和安全管理等方面实现了信息化和智能化。高铁调度系统能够实时监控和调度列车运行，确保高效有序运营。

（三）高铁对经济社会的影响

　　中国高铁的迅猛发展对经济社会产生了深远的影响，具体包括以下三个方面。

　　高铁的开通缩短了城市间的时空距离，促进了人员、物资和信息的流动。高铁沿线城市的经济得到快速发展，区域经济一体化进程加快。

　　高铁以其高速、舒适和准时的特点，大大改善出行体验。高铁的普及使中长途旅行变得更加便捷，提升了人们的生活质量。

　　高铁的开通为旅游业带来了新的发展机遇。高铁沿线的旅游资源得到有效开发和利用，推动了旅游业的蓬勃发展。

（四）中国高铁的未来发展方向

　　尽管中国高铁取得了巨大的成就，但未来的发展仍面临诸多挑战和机遇。未来，中国高铁将在智能化、自动化和环保方面进行更多探索。智能高铁、无人驾驶高铁和绿色高铁将成为技术创新的重点方向。中国将继续扩大高铁网络的覆盖范围，尤其是中西部和边远地区的高铁建设。通过完善高铁网络布局，进一步促进区域经济协调发展。中国高铁将积极参与国际市场竞争，推动高铁技术和装备的出口。通过与其他国家的合作，提升中国高铁的国际影响力和竞争力。未来的高铁发展将更加注重与其他交通方式的衔接，建设综合交通枢纽，实现高铁、地铁、航空和公路交通的一体化运营，提高整体交通效率。

中国高铁的发展历程展示了科技进步对交通方式的深刻影响。从起步阶段的技术引进到如今的世界领先水平，中国高铁实现了跨越式发展。未来，中国高铁将在智能化、环保和国际化方面继续努力，为全球交通运输的可持续发展作出更大贡献。

第三节　水路运输技术

一、船舶的发展

船舶作为最古老的交通工具之一，几千年来在人类文明的发展中扮演了重要角色。从早期的木制独木舟到现代的超级油轮和智能船舶，船舶技术不断演进，对全球贸易和交通运输产生了深远的影响。

（一）船舶的起源与早期发展

船舶的起源可以追溯到数千年前，早期的人类利用简单的工具制造了最早的船只。

早期的船只多为木制独木舟和木筏，主要用于近海捕鱼和短途运输。考古发现，古埃及人和美索不达米亚人早在公元前 3000 年左右就已经使用船只进行河流和近海航行。

随着航海技术的发展，古代文明逐渐掌握了制造和使用帆船的技术。埃及、腓尼基、希腊和罗马等文明都利用帆船进行海上贸易和军事活动。古代帆船通过风力驱动，能够进行较长距离的航行，极大地扩展了人类的活动范围。

（二）蒸汽船的发明与发展

工业革命带来了蒸汽机的发明，推动了船舶技术的重大变革。

18 世纪末，詹姆斯·瓦特改进了蒸汽机，为蒸汽船的发明提供了技术基础。1807 年，美国工程师罗伯特·富尔顿制造了世界上第一艘实用的蒸汽船"克莱蒙特"号（图 11-8）。蒸汽船依靠蒸汽机提供动力，不再受风力的限制，航行速度和稳定性大大提高。

随着蒸汽技术的不断改进，蒸汽船迅速普及。19 世纪中叶，蒸汽船成为主要的远洋运输工具，极大地推动了全球贸易的发展。蒸汽船的应用还促进了河流和内陆水运的发展，提高了交通运输效率。

（三）现代船舶的发展

进入 20 世纪后，船舶技术继续快速发展，出现了多种类型的现代船舶。20 世纪初，内燃

图 11-8　第一艘实用的蒸汽船"克莱蒙特"号

机技术逐渐成熟，柴油机和汽油机被应用于船舶，内燃机船逐步取代了蒸汽船。内燃机船具有效率高、操作方便和维护成本低等优点，成为主流的船舶动力形式。随着全球贸易量的不断增加，出现了超级油轮和集装箱船等大型船舶。超级油轮用于运输原油，吨位巨大，极大地提高了石油运输效率。集装箱船通过标准化的集装箱运输，简化了货物装卸流程，提高了运输效率和安全性。

核动力技术在军事领域和少数民用船舶中得到应用。核动力船利用核反应堆提供动力，具有续航能力强、速度快等优点。核动力航母和潜艇在全球范围内具有强大的作战能力。

（四）船舶对经济和社会的影响

船舶的发展对全球经济和社会产生了深远的影响。

船舶是国际贸易的主要运输工具，全球约 80%的贸易货物通过海运完成。大型船舶的应用极大地降低了运输成本，促进了国际贸易的发展和全球经济一体化进程。船舶运输的兴起推动了港口和沿海城市的发展。世界各地的主要港口，如上海港、新加坡港和鹿特丹港，成为全球物流和经济活动的重要枢纽，带动了区域经济的繁荣。船舶技术的发展推动了材料科学、工程技术和信息技术的进步。例如，高强度钢材和轻量化材料的应用提高了船舶的性能，导航和通信技术的进步提高了航行的安全性和效率[7]。

（五）未来船舶技术的发展方向

尽管船舶技术已经取得了巨大的成就，但未来的发展仍面临诸多挑战和机遇。

智能船舶是未来船舶技术的重要方向。通过应用物联网、大数据和人工智能技术，智能船舶能够实现自动航行、智能调度和远程监控，提高航行的安全性和效率。

环境保护日益受到重视，绿色船舶成为未来发展的重要趋势。液化天然气（LNG）动力船、电动船和氢燃料电池船等新型环保船舶正在研发和应用中，旨在减少船舶的碳排放和环境污染。

随着深海资源开发的需求增加，深海探测和开发船舶成为重要的研发方向。深海探测船、深海钻探船和深海采矿船等专用船舶将为深海资源的探索和利用提供技术支持。

未来的船舶将更多地采用新材料和新技术，如复合材料、纳米材料和智能材料，以提高船舶的性能和可靠性。同时，3D 打印技术和模块化建造技术的应用，将简化船舶制造流程，降低生产成本。

船舶的发展历程展示了人类科技进步和交通运输方式的变革。从早期的独木舟到现代的智能船舶，船舶不仅改变了人类的出行方式，还推动了全球贸易和经济发展。未来，随着智能化、绿色化和深海探测技术的不断突破，船舶将在更高效、更环保的方向上继续前行，为人类社会的发展作出更大贡献[8]。

二、船舶的种类

船舶作为一种重要的交通工具，种类繁多，功能各异。根据不同的分类标准，船舶可以被划分为多种类型。

（一）按用途分类

按用途分类是最常见的船舶分类方法，根据船舶的主要用途，可以将船舶划分为以下几类。

1. 货船

货船是用于运输各种货物的船舶，根据货物种类和运输方式的不同，货船可以进一步细分为：散货船，用于运输煤炭、矿石、粮食等散装货物；集装箱船，专门运输标准集装箱，适合远洋运输；油轮，用于运输原油和成品油，分为超级油轮、成品油轮等；液化气船，用于运输液化天然气（LNG）和液化石油气（LPG）；冷藏船，用于运输易腐货物，如水果、肉类、海鲜等。

2. 客船

客船是用于载运乘客的船舶，主要包括：渡轮，在固定航线上往返，通常用于短途运输；邮轮，提供旅游和娱乐服务，通常用于长途航行；高速客船，用于快速运输乘客，通常采用气垫船、双体船等设计。

3. 工程船

工程船用于各类海洋工程施工和作业，主要包括：挖泥船，用于疏浚航道、港口和水库；起重船，用于海上重物的吊装作业；铺管船，用于海底管道的铺设；海洋工程船，用于海上石油钻探、采矿等工程作业。

4. 渔船

渔船用于捕捞和加工水产品，主要包括：拖网渔船，使用拖网捕捞鱼类；围网渔船，使用围网捕捞鱼群；延绳钓渔船，使用延绳钓捕捞大型鱼类；加工船，在海上加工和冷冻渔获物。

5. 军舰

军舰是用于军事用途的船舶，主要包括：航空母舰，搭载和指挥作战飞机的军舰；驱逐舰，用于防空、反潜和对海作战；潜艇，用于水下作战，分为攻击型潜艇和战略核潜艇；护卫舰，用于护航和巡逻任务。

（二）按推进方式分类

根据推进方式的不同，船舶可以划分为以下几类。

蒸汽船利用蒸汽机作为动力源，曾在19世纪广泛使用，但现已基本被淘汰。

内燃机船利用柴油机或汽油机作为动力源，广泛用于现代船舶。

电动船利用电动机作为动力源，电能可来自电池、燃料电池或岸电系统。电动船环保性能好，适合短途航行和内河运输。

核动力船利用核反应堆产生的能量作为动力源，主要用于军事用途和少数破冰船。

风帆船利用风力推动帆产生动力，是古代和现代某些特殊用途船舶的选择，如休闲帆船和竞赛帆船。

（三）按船体材料分类

根据船体材料的不同，船舶可以划分为以下几类。

木质船是最古老的船舶类型，主要用于小型渔船、游艇和传统船舶的建造。

钢质船具有强度高、耐久性好等特点，广泛用于现代大中型船舶。

铝合金船重量轻、耐腐蚀，广泛用于高速船、游艇和小型工作船。

玻璃钢船具有重量轻、耐腐蚀、易成型等优点，主要用于游艇、小型渔船和快艇。

复合材料船结合了多种材料的优点，具有高强度、轻重量和良好的耐久性，逐渐应用于各种类型的船舶建造。

（四）按航行区域分类

根据航行区域的不同，船舶可以划分为以下几类。

远洋船适用于跨洋航行，具有较强的抗风浪能力和长航程，主要用于国际贸易和远洋捕捞。

近海船主要在沿海区域航行，适用于区域性贸易、近海捕捞和工程作业。

内河船专用于江河、湖泊等内陆水域，适合内河运输和近距离航行，通常设计较浅的吃水深度。

沿海船主要在近海和沿海水域航行，介于远洋船和内河船之间，适合沿海贸易和区域运输。

船舶根据不同的分类标准，可以划分为多种类型，每种类型的船舶具有特定的功能和应用场景。随着科技的不断进步，船舶技术将继续发展，各类船舶将在未来的交通运输、经济发展和社会进步中发挥更大的作用。

第四节　航空运输技术

一、航空运输的发展

航空运输作为现代交通运输的重要组成部分，极大地改变了人类的出行方式和全球经济的运作方式。自 20 世纪初人类实现首次飞行以来，航空运输技术经历了巨大的变革和进步。

（一）航空运输的起源与早期发展

人类对飞行的梦想可以追溯到古代。早在 15 世纪，意大利画家和科学家达·芬奇就设计了多种飞行器。然而，真正意义上的飞行尝试始于 18 世纪的热气球。1783 年，法国的蒙哥尔费兄弟成功制造并飞行了世界上第一只载人热气球，标志着人类首次实现了离开地面的飞行。

1903 年，美国的莱特兄弟成功试飞了世界上第一架动力飞机"飞行者 1 号"（图 11-9），这架飞机使用了自制的内燃发动机，能够在空中持续飞行。这一成就被视为现代航空的开端，开启了航空运输的新时代。

图 11-9　"飞行者 1 号"

（二）活塞发动机时代

在莱特兄弟成功试飞之后，活塞发动机飞机迅速发展。第一次世界大战期间，飞机开始被广泛用于军事侦察和战斗，推动了航空技术的快速进步。战后，商用航空开始兴起，航空运输逐渐走向商业化。

1919 年，世界上第一条定期国际航线在英国和法国之间开通，标志着商用航空运输的开始。随后，航空公司相继成立，航线网络逐步扩大。20 世纪 20 年代和 30 年代，飞机设计和发动机技术不断改进，飞行速度和航程大幅提升。

（三）喷气发动机时代

第二次世界大战期间，德国和英国分别成功研制了喷气发动机，标志着航空运输进入喷气时代。喷气发动机相比活塞发动机具有更高的效率和更大的推力，使飞机能够飞得更高、更快、更远。

1952 年，英国的德哈维兰公司推出了世界上第一架喷气客机"彗星"号，尽管早期的技术问题导致了一些事故，但喷气客机的优越性能很快得到广泛认可。1958 年，美国波音公司推出了 707 型喷气客机，开启了喷气客机的商业化时代。

随着喷气客机技术的成熟，飞机的规模和性能不断提升。1970 年，波音公司推出了 747 型客机，被称为"空中巨无霸"，能够搭载 400 多名乘客，大大降低了航空旅行的成本，提高了航空运输的效率。

（四）现代航空运输的发展

进入 21 世纪，航空运输技术进一步发展。新材料、新结构和新技术的应用使飞机更加高效、安全和环保。复合材料的应用使飞机更轻、更强，先进的航空电子设备提高了飞行的安全性和舒适性。

低成本航空公司通过优化运营模式和降低运营成本，提供低价机票，吸引了大量旅客。低成本航空的兴起极大地推动了航空市场的扩大，使航空旅行变得更加普及。

现代航空运输网络覆盖全球，主要枢纽机场和航线网络连接世界各地。国际航空运输协会（IATA）和各国政府的协调，使得国际航空运输更加规范和高效。

（五）航空运输对经济和社会的影响

航空运输大大缩短了全球各地的时空距离，促进了人员、货物和信息的快速流动。国际贸易、旅游和文化交流的快速发展都得益于航空运输的便利。

航空运输的发展带动了航空制造业、旅游业、酒店业和金融服务业等相关产业的发展。大型机场成为城市发展的重要引擎，创造了大量就业机会。

航空运输提供了便捷的出行方式，使人们能够更轻松地旅行、探亲和商务活动。快速便捷的航空服务提高了人们的生活质量和幸福感。

（六）未来航空运输的发展方向

未来的航空运输将向更高的速度发展。超音速和高超音速飞行器将大幅缩短远距离航程的飞行时间，实现全球快速连接。目前，多个公司和研究机构正在研发新一代超音速客机。

环保问题日益受到关注，绿色航空成为未来发展的重要方向。新型环保材料、节能减排技术和可持续燃料的应用将大幅减少航空运输的碳排放和环境影响。

航空运输将更加智能化和自动化。人工智能、大数据和物联网技术的应用将提升航空运营效率和安全性。未来的自动驾驶飞机和智能机场将彻底改变航空运输的运行模式。

利用无人机进行货物配送的新兴技术，具有速度快、成本低、灵活性高等优点，广泛应用于电商物流、医疗配送、紧急救援等领域。

航空运输的发展历程展示了科技进步对人类交通方式的深远影响。从早期的飞行尝试到现代的喷气客机，航空运输不断突破技术限制，实现了飞速发展。未来，随着超音速飞行、绿色航空和智能化技术的应用，航空运输将继续迎来新的变革，为全球经济和社会发展作出更大贡献。

二、中国大飞机 C919

C919（图 11-10）是中国商用飞机有限责任公司（简称中国商飞，COMAC）自主研发的大型双发窄体客机，旨在打破欧美飞机制造商在这一领域的垄断地位。自项目启动以来，C919的研制工作备受瞩目。

图 11-10　C919 飞机

（一）C919 项目背景与研制过程

随着中国航空市场的快速增长，对大型客机的需求不断增加。长期以来，全球商用飞机市场被波音和空客两大巨头所垄断。为了提升自主创新能力和航空工业水平，中国于 2008 年正式启动 C919 项目，旨在研发具有自主知识产权的大型客机，满足国内市场需求并逐步走向国际市场。

C919 项目由中国商飞负责，汇集了国内外航空工业的优秀资源和技术。项目启动后，经过多年的研发和测试，2017 年 5 月 5 日，C919 在上海浦东机场成功首飞，标志着中国在大型客机研发领域取得了重大突破。此后，C919 进入一系列严格的飞行测试和适航认证阶段。2023 年 5 月 28 日，C919 完成首次商业飞行，首发用户为中国东方航空集团有限公司（以下简称东航）。2024 年 2 月 17 日，全球首架 C919 大型客机从上海起飞参加第九届新加坡国际航空航天与防务展。2024 年 12 月 4 日，东航 C919 正式执飞"上海—武汉"航线，武汉成为继上海、成都、北京等地后，东航 C919 商业通航的第 8 座城市。此次执飞的是编号为 b-657 t 的东航第九架 C919，该飞机是全球首架具备全国产客舱局域网服务功能的 C919 客机，旅客可在飞机上连接 Wi-Fi 打游戏、看电影等。自 2023 年 5 月 28 日商业首航以来，到 2024 年 11 月 21 日，东航 C919 机队已累计执行商业航班超 5500 班、承运旅客超过 75 万人次。

（二）C919 的技术特点

C919 采用双发窄体设计，标准布局下可搭载 158～168 名乘客，最大航程为 5555 km。该机型设计遵循国际民航标准，注重安全性、舒适性和经济性。

C919 大量采用了先进的复合材料和铝锂合金，减轻了机身重量，提高了燃油效率。机翼、机身和尾翼等关键部件均采用现代化的制造工艺和材料，提升了飞机的整体性能和耐久性。

C919 搭载了国际先进的 LEAP1C 涡扇发动机，由 CFM 国际公司提供。这款发动机具有高效、节能和环保的特点，能够显著降低油耗和排放，符合最新的环保标准。

C919 配备了先进的航电系统和飞行控制系统，采用了全数字化电传操纵技术（fly by wire），提高了飞行的安全性和稳定性。驾驶舱设计现代化，集成了大量智能化设备，提升了飞行员的操作便捷性和效率。

（三）C919 在全球航空市场中的定位

C919 作为一款新型大型客机，在设计、性能和成本上具备一定的竞争优势。凭借较低的运营成本和较高的燃油效率，C919 有望在中短途航线市场中获得竞争力。

中国是全球增长最快的航空市场，对新型客机的需求量巨大。C919 不仅瞄准国内市场，还积极开拓国际市场，尤其是新兴经济体和发展中国家市场。这些市场对性价比高的客机需求旺盛，C919 具备较大的市场潜力。

（四）C919 对中国航空工业和经济的影响

C919 的成功研发和试飞，标志着中国在大型客机领域取得了重大突破，极大地提升了自主创新能力和技术水平。通过 C919 项目，中国积累了大量宝贵的经验和技术储备，为未来更多自主研制的大型客机打下坚实基础。

C919 项目带动了航空产业链上下游的发展，包括材料、制造、配套设备等各个环节。通过参与 C919 项目，众多中国企业提升了技术水平和生产能力，推动了整个航空产业链的升级和发展。

C919 作为中国自主研发的大型客机，提升了中国航空工业在国际市场中的竞争力。随着 C919 逐步进入国际市场，中国有望在全球航空市场中占据一席之地，打破欧美垄断格局。

（五）C919 的未来发展方向及面临的挑战

虽然 C919 已经取得了显著成就，但在适航认证和商业运营过程中，仍需不断优化和改进技术，提升飞机的可靠性和性能，以确保安全和经济性。

未来，C919 需要积极拓展国际市场，提高品牌影响力和市场份额。通过加强与国外航空公司的合作，推动 C919 进入更多国家的航空市场，实现全球化发展。

尽管 C919 具备一定的竞争优势，但在全球市场中仍面临波音和空客的强大竞争。C919 需要不断提升自身竞争力，通过技术创新、成本控制和服务提升，赢得更多客户的认可。

航空工业是技术密集型产业，C919 的持续发展需要大量高素质的专业人才。中国需要加强航空人才的培养，提升科研能力和工程水平，为 C919 的长期发展提供人才保障。

C919 的成功研发和即将投入商业运营，标志着中国在大型客机领域取得了重要突破。作为中国航空工业的重要里程碑，C919 不仅提升了中国自主创新能力，还增强了中国在全球航空市场中的竞争力。未来，C919 将通过不断优化技术、拓展市场和提升服务，继续推动中国航空工业的发展，为全球航空运输的进步作出更大贡献。

思 考 题

1. 现代交通技术都有哪些？怎样才能实现快捷交通？
2. 现代交通技术对 AI 技术有哪些要求？
3. 汽车未来会向哪些方向发展？
4. 高铁技术发展为中国发展提供哪些助力？
5. 未来船舶技术和汽车技术结合，会有哪些技术要求？
6. 未来飞行器会向哪些方向发展？

参 考 文 献

[1] 中国汽车技术研究中心, 日产(中国)投资有限公司, 东风汽车有限公司. 中国新能源汽车产业发展报告(2023)[M]. 北京: 社会科学文献出版社, 2023.

[2] 陈清泉, 孙逢春, 祝嘉光. 中国新能源汽车发展现状与趋势[J]. 能源与动力工程, 2017, 5(3): 161-167.

[3] 中国汽车工程学会. 节能与新能源汽车技术路线图 2.0[M]. 北京: 机械工业出版社, 2021.

[4] 张文新, 杨春志, 朱青. 高铁时代的城市发展与规划[M]. 北京: 中国建筑工业出版社, 2018.

[5] 高铁见闻. 大国速度: 中国高铁崛起之路[M]. 长沙: 湖南科学技术出版社, 2017.

[6] 钱立新. 世界高速铁路技术[M]. 北京: 中国铁道出版社, 2003.

[7] 盛振邦, 刘应中. 船舶原理(上册)[M]. 上海: 上海交通大学出版社, 2003.

[8] 王常涛, 党杰. 船舶概论与识图[M]. 北京: 国防工业出版社, 2015.

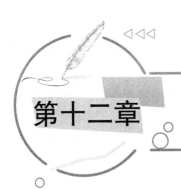

第十二章　未来科学与技术

第一节　未来科学

一、量子科学

在探索未来科学的浩瀚领域中，量子科学无疑是最令人着迷的篇章之一。它的奇特现象和颠覆性原理，不仅挑战着我们对物理世界的传统认识，还为科技的未来开启了新的可能。

量子科学的故事始于20世纪初，当时物理学家在探索物质的微观世界时遇到了一系列的谜团，这些疑问挑战了经典物理学的根基。量子科学的开创者们，如普朗克、爱因斯坦、海森伯、薛定谔等，提出了一套全新的理论框架来解释这一切[1]。其中"量子"一词来源于拉丁语，意为"有多少"，在量子科学中，它指的是物理量只能取固定大小的值。

量子科学的核心原理之一是量子叠加，即一个量子系统可以同时处于多个状态。想象一个场景，我们生活中的电子设备，如电脑和手机，能同时处理成千上万条指令，而不是一次完成一个任务。这正是量子叠加的力量，一个量子位可以同时处于多个状态。现实中，这意味着量子计算机可以在极短的时间内，解决传统计算机需要数百年才能解决的问题。

另一个引人入胜的概念是量子纠缠。设想你有一对超级神奇的手套，无论它们相隔多远，改变一只手套的状态，另一只也会瞬间发生改变。这就是量子世界的纠缠现象，它为未来的量子通信技术奠定了基础，可能使信息安全和传输速度达到前所未有的水平。爱因斯坦曾将其形容为"幽灵般的超距作用"，它向我们揭示了物质和空间超乎想象的互联。

量子科学不仅停留在理论层面，它正引领着一场技术革命。量子计算机是其中最引人瞩目的应用之一。它们利用量子位，或称为"qubit"，可以同时代表"0"和"1"，这种能力让它们在处理特定类型的计算任务时极具优势，如在药物发现、材料科学和加密技术中，都展示了巨大潜力[2]。接下来，量子通信也许会彻底改变我们的信息安全观念。利用量子纠缠的特性，量子通信能够实现无法被窃听的通信，因为任何对量子信号的测量都会破坏其状态，使窃听立即可被侦知。此外，量子传感器正在将我们对世界的感知推向新的边界。它们的超高灵敏度有望在医学诊断、地质勘探甚至暗物质研究中找到应用。

但量子世界不仅仅是关于科技进步。它挑战我们对存在的基本理解，让我们不得不重新思考时间、空间乃至事物本质的概念。比如，量子力学的一个基本特性——不确定性原理，告诉我们无法同时精确知道一个粒子的位置和速度。这暗示着微观世界里一切都是概率而非确定性的。

除了在理论层面挑战我们的认知，量子科学的进步也伴随着新的挑战，其中之一是将理论转化为实际应用。量子系统非常脆弱，极易受到环境干扰，因此维持其量子态需要极低的温度和高度控制的环境。这些技术难题正是科学家们急于解决的。

量子科学不仅仅是科学领域的一次巨大飞跃，它也是对我们认知世界方式的一种革命。通过理解量子世界，我们不仅能够开发出前所未有的技术，还能进一步拓展对宇宙如何运作的理解。当我们继续探索量子科学的深奥之处，将会揭示出更多令人兴奋的可能性。这是一个既令人敬畏又充满希望的时代，让我们一起期待量子科学将如何继续塑造世界。

二、生命科学

走进生命科学的世界，就像是进入了一个生机勃勃、葳蕤发展的热带雨林。这里，我们不断发现新的物种，揭示生命的奥秘，从最微小的细菌到最复杂的人类大脑，生命科学尝试解答生命诞生与发展的每一个谜题。

在生命科学的众多分支中，遗传学是其核心领域，它揭示了遗传信息是如何在生物体中传递和变化的。DNA，即脱氧核糖核酸，是遗传的基本物质，包含着构成生命的所有指令，它就像是宇宙中的信息存储器，详细记录了创造出每一个生物的完整"指导手册"。突破性的发现，如 DNA 双螺旋结构的解析，不仅加深了我们对生命基本组成的理解，也为遗传疾病的诊断和治疗开辟了新道路。

近年来，CRISPR-Cas9 基因编辑技术的出现，更是让生命科学领域的研究进入了一个新的纪元[3]。这项技术允许科学家们以前所未有的精确度进行 DNA 的修改，这意味着我们可以更有效地治疗遗传疾病，提高作物产量，恢复濒危物种的数量，甚至可能从根源上治疗遗传性疾病。然而，基因编辑技术的应用也引发了伦理和安全的热烈讨论，确保科技的进步不会损害自然界和社会的平衡非常重要。

生命科学的另一个重要分支是细胞生物学，它研究生物体的基本单位——细胞。细胞不仅是生命活动的场所，也是遗传信息的载体。对细胞结构和功能的深入理解，有助于我们揭示生命活动的机制，为治疗各种疾病提供理论基础。例如，干细胞研究展示了干细胞如何转化为不同类型来修复受损组织，为再生医学和组织工程的发展提供了可能。

另一令人兴奋的前沿是合成生物学。这个领域的科学家们就像是生命的"建筑师"，设计和构造全新的生物系统，从突破能源问题的微小生物到可以清洁环境的智能材料。合成生物学不仅仅是一门科学，更是艺术和工程的交会点，它要求我们既要有创意、也要对生命的复杂性有深入的了解。

在生物的演化过程中，自然选择的笔触绘制出多彩多样的物种。在宏观层面，生态学研究生物与其生存环境之间的关系，它对理解生物多样性、生态系统服务和全球环境变化至关重要。生态学的研究能帮助我们制定有效的自然保护策略，确保地球生态系统的健康和可持续性。通过研究不同物种的生存策略，科学家也在努力采取措施来保护自然环境。此外，生命科学也在不断进步。人工智能和大数据正在向生命科学引入新的视角和工具，使我们可以处理以前难以想象的大量复杂数据，从而为我们对生命的理解带来革命性的变化。

生命科学正处于一个激动人心的时代，其研究成果不仅不断增进我们对生命奥秘的理解，更为人类社会的发展开辟了新的道路。从基因到细胞，从生物体到生态系统，生命科学的探索旨在解密生命的书写代码，促进健康、可持续的未来。对科普读者而言，理解生命科学的前沿进展及其潜在影响，将是一次充满启发的知识之旅。

三、神经科学与脑机接口

在神经科学与脑机接口（brain-computer interface，BCI）的世界中，我们站在了探索人类大脑这一人类认识"最后边疆"的起点。神经科学挑战着我们对思想、记忆、情感及意识本身的理解，而脑机接口则为我们打开了与机器沟通的全新方式。

大脑是人体中最复杂的器官，拥有约 860 亿个神经元，它们通过无数的连接创建了一个错综复杂的网络，这个网络就是大脑的神经网络，而神经元是构成神经网络的基本单位。每个神经元都可以与成千上万个其他神经元建立连接，形成复杂的网络，这就是我们之所以能思考、感受和行动的根本。每当我们学会新知识、体验到感情波动，甚至做梦，都是这个微妙网络在起作用。神经科学家通过研究这些网络，逐渐理解了记忆、情感、感知甚至意识如何在大脑中生成。

现在让我们想象一下，如果我们能读懂大脑的语言，会发生什么呢？这不再只是空想。科学家们已经开发出脑机接口技术，通过解码大脑的电信号，使人类能够直接与计算机或其他电子设备进行交流。设想一位因事故失去行动能力的人，通过思考运动的意念，可以控制电脑光标或轮椅移动，这一切都得益于脑机接口。脑机接口技术的这种应用，不仅彻底改变了特定人群与世界互动的方式，也为人类与机器交互的未来展现了无限可能。

现代脑机接口技术的突破，在于无须开刀即可监测大脑活动的发展。非侵入式脑机接口利用头戴式电极帽或其他传感设备来检测大脑表面的电活动。尽管这些系统的控制精确度不及植入式设备，但它们极大降低了使用者的风险和不适感，因此更易于普及，而这还只是开始。随着技术的进步，脑机接口也开始向日常生活渗透。例如，通过脑波来进行游戏控制或设备操控等，慢慢地，我们开始想象在不远的将来，或许仅通过思维就能完成文本输入、与智能家居设备沟通乃至驾驶汽车。神经科学与脑机接口的进展也为心理健康、神经康复和认知增强领域带来了新的突破口。通过刺激或调节特定的大脑区域，我们有朝一日能够帮助抑郁症患者恢复正常生活，帮助中风患者找回语言能力，甚至提高记忆力和学习效率。

然而，在脑机接口技术中，最令人担忧的问题之一便是个人隐私的保护。如果我们能够读取和解释大脑活动，那么个人最深处的思想和感受也有可能被捕捉和分析。这不仅关乎个人隐私的泄露，更触及思想自由的核心。如何在推进技术发展的同时保护个人不受未授权访问的侵犯，成为亟待解决的问题。脑机接口技术的发展还引发了关于伦理道德的深层次讨论。当人类能够通过技术手段干预甚至控制大脑活动时，我们又该如何划定科技应用的界限？如何确保这项技术不会被滥用，避免侵犯人类的基本权利和尊严？脑机接口技术的未来充满了无限可能，但与此同时，我们也必须勇于面对随之而来的伦理和隐私挑战。只有通过不断地探索、讨论和完善，我们才能确保这项前沿技术在尊重人类尊严和自由的前提下，为社会带来更大的利益。

神经科学和脑机接口的结合，不仅为我们展现了大脑的奥秘，也向我们展示了人类探索这一未知领域的勇气和智慧。它揭示了一个全新的领域，在这里，科学与想象的边界模糊，未来充满了无限的可能性。

第二节　未 来 技 术

一、人工智能与机器学习

走进人工智能（artificial intelligence，AI）与机器学习（machine learning，ML）的世界，就好像是进入了一个充满未知可能的迷宫。在这里，我们不仅遇见会下棋、会聊天甚至能驾驶汽车的机器，还看到了学习成长、能从错误中吸取教训的计算系统。这些听起来似乎是未来科幻小说的情节，但实际上，它们已经在我们的现实世界中悄然萌芽。

从 20 世纪 50 年代的概念提出，到现在的技术爆发，人工智能与机器学习一直是推动科技进步的重要力量。它们的应用范围从简单的语言识别和图像处理，发展到自动驾驶、自然语言处理、预测分析等高级功能。人工智能，就是让机器拥有类似人类的思考和解决问题的能力。而机器学习，则是人工智能的一把金钥匙，让机器通过海量的数据学习，不断自我提高。你可以把它想象成一个快速学习者，在无数次尝试和失败中找到解决问题的方法。

想象一下，你正教一个孩子认识各种水果。一开始，他可能分不清楚苹果和西红柿，但通过不断地指正，他逐渐学会了区分。机器学习也是类似的过程，计算机系统通过分析大量的数据样本，学会了从中找出规律，提高自己的识别能力和决策能力。

在健康医疗领域，人工智能与机器学习正在革新疾病的诊断和治疗[4]。例如，AI 算法能够快速准确地识别医学影像中的癌细胞，有时甚至超过人类医生的诊断准确率。在个性化医疗上，机器学习的算法能够根据患者的基因组成和健康数据，推荐最合适的治疗方案。在商业领域，人工智能与机器学习已经成为不可或缺的工具[5]。它们帮助企业预测市场趋势，优化供应链，提升客户服务体验。以推荐系统为例，通过分析用户的行为和偏好，机器学习模型可以推荐个性化的产品或服务，极大地提升消费者的满意度和忠诚度。在智能家居和自动化领域，人工智能正将科幻变为现实[6]。语音助手和家居自动化系统可以学习用户的习惯，提供更加智能和个性化的服务。而在自动驾驶车辆中，人工智能的应用则使车辆能够理解复杂的交通环境，做出安全、准确的驾驶决策。

但人工智能的魅力不止于此。它还能创造艺术品、编写代码，甚至在科研领域提出新的研究方向。机器学习的发展使人工智能的应用前景近乎无限，但它们也带来了新的挑战，包括数据隐私、算法偏见和职业置换等问题。同时，随着 AI 技术的快速发展，人类如何与越来越智能的机器共存，如何利用这些技术促进社会公正和可持续发展，都是我们必须认真思考的问题。

尽管还有许多未知和挑战，但通过不断的研究和创新，以及对伦理和社会责任的深入思考，人类和人工智能可以共同迈向一个更加智能、高效和互联的世界。在未来的某一天，人工智能可能会成为人类生活中不可或缺的伙伴，我们正站在这个激动人心的科技革命的门槛上。

二、虚拟现实与增强现实

迈入虚拟现实（VR）和增强现实（AR）的世界，我们正见证着现实与数字世界边界的模糊化，这不仅令人惊叹，更预示着一场颠覆性的变革。这场变革跨越了多个领域，包括但不限于娱乐、医疗、教育、工业，甚至是我们日常生活的方方面面。

虚拟现实技术以其独特的沉浸感，为用户提供了一种全新的体验方式。通过戴上 VR 头盔，用户仿佛被传送到了一个完全不同的世界，这个世界可以是由计算机生成的虚拟环境，也可以是 360 度全景视频捕捉的现实场景。在这里，你可以体验站立在火星表面的低重力环境，或是回到历史的某个瞬间，甚至在游戏世界中与虚拟角色并肩作战。虚拟现实技术通过模拟人类的多个感官，包括视觉、听觉、触觉，甚至是嗅觉，让用户产生身临其境的感受。随着技术的进步，VR 在沉浸式教育、远程工作及虚拟社交方面的应用也日益增多，为人们提供了全新的交流和体验方式。

增强现实技术则在现实世界中融入虚拟元素，为用户的日常生活增添了一份奇妙和便利。通过手机屏幕或 AR 眼镜，现实世界中的物体旁可能会出现虚拟的信息，如商品的价格、描述，或是互动的数字生物。这种技术让现实世界与数字信息的结合变得前所未有的紧密和自然。在教育领域，增强现实技术能够将抽象的知识点通过三维可视化的方式展现给学生，极大地提升了学习的趣味性和效果。在导航、商品展示甚至是历史文化遗产的复原等多个领域，AR 技术都展现出了巨大的潜力。

随着虚拟现实与增强现实技术的不断进步和普及，其在各个领域的应用也越来越广泛[7]。在医疗领域，虚拟现实技术已经被用于治疗恐惧症、创伤后应激障碍等心理问题，通过模拟恐惧源，帮助患者在安全的环境下进行治疗。而增强现实技术则在手术中发挥了重要作用，通过叠加数字图像的方式，帮助医生更精确地定位和执行手术过程。

展望未来，虚拟现实与增强现实技术有望在更多的领域带来革命性的变化。未来的虚拟现实体验将更加真实、沉浸，可能会涵盖更多感官体验，让用户真正感受到与虚拟世界的无缝连接。而增强现实技术则将进一步弥合数字信息与现实世界的界限，从而在日常生活中发挥更大的作用，无论是在教育、工作还是娱乐中，都将为人们带来更加丰富且高效的体验。

虚拟现实与增强现实技术的发展，不仅仅是技术进步的象征，它们正在改变我们的生活方式、学习方式及人类与世界互动的方式。随着这些技术的不断成熟和应用，我们期待在不久的将来，能够步入一个更加智能、更加紧密互联的新时代。

三、区块链技术与数字货币

区块链技术与数字货币是改变当今世界经济面貌的两个创新概念。区块链，这一令人着迷的技术，通常被描述为一种分布式数据库或账本，它可以安全、透明地记录交易信息。这就像是一个全球性的记账系统，每个参与的人都有一份完整的副本，而且一旦信息被记录，就几乎无法更改或删除。

想象一下，有一本巨大的账本，记录了世界上所有的交易，每当有新的交易发生，这本账本就会在多个地点同时更新。这样一来，任何试图篡改或欺诈的行为都会被立即发现，因为你需要在全球范围内的所有副本上同时"作弊"，这是极其困难的事情。

而在这本全球性账本的基础上，诞生了我们所熟知的数字货币——比特币。比特币作为第一个广泛使用的加密货币，利用了区块链技术的去中心化特性来保证交易的安全和隐私性。与传统货币依靠政府和银行等中央机构发行不同，比特币的生成完全是根据算法控制的，这就意味着没有任何单一实体可以控制或操纵这个货币系统。

那么，比特币是如何工作的呢？从本质上说，比特币是一种数字代币，由一串复杂的代码组成，通过解决复杂的数学问题，也就是"挖矿"，产生新的比特币。任何拥有足够计算能力的人都可以参与到挖矿过程中，一旦他们成功找到解决方案，就会被奖励以新生成的比特币。这个过程既保证了比特币的稀有性，也保证了交易网络的安全。

除了比特币，还有许多其他基于区块链技术的数字货币，例如以太坊、莱特币等，每种货币都有其特性和独特的用途。有些加密货币专注于提高交易速度和降低费用，有些则提供智能合约功能，可以在不需要中介机构的情况下执行合同条款。

区块链技术的应用远不止于数字货币。从提高供应链的透明度，到确保食品安全；从简化房地产交易到保护版权和知识产权；甚至到为投票系统提供更为安全、透明的机制，区块链技术都展现出了巨大的潜力。

随着技术的不断成熟和应用领域的拓展，区块链和数字货币将会在未来的经济和社会结构中扮演更加重要的角色。但这一革命性技术的发展之路也充满挑战，包括如何处理大规模交易、如何确保系统的安全性，以及如何与现有的法律法规相适应等[8]。在区块链技术的背后，是一个关于信任、透明度和去中心化的更广泛的讨论。正如互联网改变了信息的传播，区块链和数字货币也有潜力改变金融的未来。我们有理由相信，科技的力量会继续引领我们走向一个更加公平、透明和有效的经济世界。

第三节　未来科学与技术的影响

一、对社会与经济的影响

未来科学与技术的发展，如同万千泉流汇聚成河，正携带着无尽的潜能，涌向社会和经济的每一个角落。思考它们的影响，如同站在激流之畔，既能感受到水流的勇猛劲进，也能捕捉到潺潺细流带来的涟漪和变迁。在未来社会，科技将成为推动经济发展和塑造社会结构的关键力量。我们早已进入了一个由不断进步的科技主导的新纪元，未来科学和技术的每一次演进，不仅影响我们日常生活中的方方面面，也重新定义着工作、教育甚至休闲的含义。

从5G网络的快速部署到人工智能在行业中的应用，我们看到了数据与信息流动的加速、工作效率的飞跃，以及个性化服务的提升。社会连接方式的革新，例如社交媒体的新浪潮，也是科技进步的产物。然而，这些变革也带来了挑战，比如个人隐私的保护、信息安全的堡垒搭建，以及人与人之间实际接触的减少。

在经济领域，科技成了推动力。金融科技（如区块链与数字货币）不仅改写了支付和投资的传统方式，也促进了全球贸易与货币流通的效率。智能工厂与工业自动化的引入，无疑使生产更加智能，但同时也导致了就业结构的重新配置，挑战是如何平衡机械化与人力的关系、确保劳动力市场的适应性和灵活性。

科技的这股动力，像是埋藏的种子，在社会和经济的土壤中悄悄生长，未来将开出怎样的花朵，我们尚不可知。一些人担忧，科技发展的疾速可能超出我们的掌控，造成社会分化，甚至文化的割裂。但不可否认的是，科技也呈现出解决社会问题的巨大潜力，无论是在疾病防治、环境保护，还是在教育普及上。

在前进的道路上，我们面对一个充满变数的未来。我们既感到兴奋又感觉到未知的压力，但有一点是肯定的：未来科学与技术已经并将继续塑造我们的社会经济结构，我们的责任是引导它们朝向一个可持续、平等和美好的方向发展。通过全社会的智慧和努力，我们有望打造一个更加科技先进而人文友好的未来。

二、对教育的影响

在我们探索星辰大海的同时，未来科学与技术也正在重新定义教育的含义和方法，将学习变成一场无界限的冒险旅程。未来科学与技术的快速发展不只是改变了我们周边世界的面貌，也正在重塑教育体系的结构和本质。这种变革深刻地影响着教育理念、教学方法、学习工具，以及教育的普及和平等性。

科技进步促进了个性化学习的实现。利用大数据分析和人工智能，教育软件能够定制学生的学习路径和难度，配合每个学生的学习速度和兴趣。例如，借助机器学习算法，教育软件能够根据学生的学习习惯和理解能力，提供量身定制的学习材料和练习题。正如一个细心的导师，可以指导每一位学生在他们最感兴趣的领域中自由探索，同时在学生遇到困难时提供适时的帮助，这样的个性化教育可以极大地提高学生的学习效率和参与感。

其次，虚拟现实和增强现实技术为学习环境和经验提供了前所未有的可能性。学生可以身临其境地体验历史事件，或者在虚拟实验室中进行科学实验。想象一下，在了解火山爆发的原理时，你可以通过虚拟现实设备"站"在火山口边缘观察；或者在学习古埃及文明时，通过增强现实技术，让法老的金字塔在课堂中"复现"。虚拟现实和增强现实技术让学生可以身临其境地体验复杂的科学现象和丰富的历史文化，这些经验不仅提高了学习的趣味性，也增强了教学内容的理解和记忆。

未来的教育强调合作和共享。通过网络平台，学生可以与世界各地的同伴一起解决问题，进行学术讨论，共同完成项目。这种跨文化、跨地域的协作不仅锻炼学生的沟通和团队合作能力，也为解决全球性问题培养具有全球视野的年轻人。

三、对伦理与道德的影响

在未来科学与技术的迅猛发展中，我们不仅见证了人类能力的极大拓展，也面临前所未有的伦理道德挑战。这些挑战触及我们对自身、对他人及对整个世界的基本认知和责任。

随着人工智能技术的进步，AI 开始在医疗、交通甚至军事等领域扮演关键角色。这引发了一个根本的问题：如果人工智能做出的决定导致了伤害或损失，责任应当由谁来承担？此外，AI 的发展也让我们不得不重新思考什么是工作、什么是创造，以及人类在 AI 时代的价值与地位。基因编辑技术，如 CRISPR，为治疗遗传病提供了前所未有的可能性。然而，这样的技术也引发了广泛的伦理争议。如果我们能够编辑未出生婴儿的基因，那么我们应该允许为了"优化"下一代而进行基因编辑吗？这是否会导致社会不平等的进一步加剧，甚至人类自身的本质被改变？在数字化时代，个人数据的收集和使用变得比以往任何时候都更加普遍。我们享受由此带来的便利的同时，也暴露在被监视的风险之中。如何在技术便利与个人隐私权之间寻找合适的平衡点，保护个体免受数字技术潜在的侵犯，是一个迫在眉睫的伦理问题。

随着科技的发展，人类拥有了前所未有的能力来改造自然世界。然而，技术进步带来的环境破坏使我们不得不思考：我们对未来世代，乃至地球本身，负有怎样的责任？在探索和使用新技术的同时，如何确保我们的行为不会对地球的生态系统造成不可逆的伤害，是每一个科技工作者和决策者都应考虑的问题。

面对一系列伦理道德挑战，有必要建立一个全球性的伦理框架，以指导未来科技的发展方向。这要求来自不同文化、信仰和价值观的人们进行广泛的对话和合作，共同探讨并确定人类共享的伦理原则和价值。在未来科学技术的潮流中，我们拥有改变世界的力量，但这种力量的使用必须建立在深思熟虑的伦理和道德基础之上。未来科技带来的伦理道德议题，迫使我们重新审视人类的本质，以及我们作为个体和集体在这个日益复杂的世界中应承担的责任。通过积极面对这些议题，我们有望引领科技的力量，为全人类创造一个更加和谐、公正的未来。

第四节　应对未来科学与技术的挑战

一、培养科学思维与创新能力

随着我们迈入一个由未来科学与技术定义的时代，培养创新能力与科学思维成为我们面对挑战、把握机遇的关键。科学思维不仅仅是解决问题的一套方法论，更是一种探索世界、认识自我的视角。而创新能力则是推动社会进步、引领科技发展的原动力。

科学思维是认识世界、解决问题的一套方法论，它要求我们用理性的态度观察事物，基于证据进行思考和判断，通过实验和验证来探求知识和解决方案。这种思维方式在科学研究领域至关重要，但其价值远不止于此。在日常生活中，科学思维也能帮助我们更好地理解世界、处理问题。它教会我们怀疑、质问和验证，而不是盲目接受和追随。在培养科学思维的过程中，我们学会了批判性思维，学会了如何从不同角度和层面去审视问题，这对培育创新精神和能力极为重要。

科学思维提供了一种全新的探索世界和解决问题的视角。它强调基于证据的理性思考，鼓励质疑与实验，是推动个人和社会向前发展的强大动力。在实践科学思维的过程中，我们被教导如何客观分析数据，如何从逻辑上推理，以及如何设计和进行实验以验证假设。这种方法论不仅适用于自然科学的研究，同样适用于社会科学乃至日常生活中遇到的各种问题。培养科学思维，使我们能够以更加开放和创新的态度面对生活和工作中的挑战，以科学的方法审视世界，用创新的视角解决问题。

在科技快速发展的今天，创新能力已经成为衡量一个国家竞争力的关键指标之一。它不仅仅是发明新产品的能力，更包括在思考问题和解决问题的过程中，能够不断尝试、适应变化并寻找最佳方案的能力。创新能力的培养离不开好奇心的驱动，需要我们培育对未知领域的探索欲，鼓励大胆尝试、敢于失败，并从失败中学习和成长。这种能力的培养不仅需要个人的努力，同样需要教育体系和社会环境的支持。在教育层面，应注重培养学生的批判性思维、问题解决能力和创造力；在社会层面，应建立一个鼓励创新、容错并支持创业的生态系统。

要想真正实现创新能力与科学思维的培养，就必须创造一个有利于它们成长的环境。这要求从教育制度、企业文化到社会政策等各个方面进行全面考虑。教育制度应该提供更多基于项目的学习机会，让学生能够在实践中学习和应用科学原理，同时激发他们的创新潜能。企业和组织应该鼓励员工进行创新实践，为他们提供必要的资源和支持。此外，政府及相关机构应该出台相关政策，为创新项目提供资金支持，同时建立一个健全的知识产权保护体系，保护创新成果，激励更多人投身于科技创新之中。

随着未来科学技术的快速发展，面对新的挑战和机遇，培养创新能力和科学思维变得尤为关键。它们是理解和改造世界的重要工具，是推动社会进步和科技发展的核心动力。通过在个人、教育、企业和社会四个层面共同努力，我们可以为创新和科学思维的培养创造更加有利的条件。在这个过程中，每个人都有机会成为创新的先锋，共同探索科学的奥秘，推动人类社会向着更加美好的未来进发。在这个既充满挑战也充满希望的新时代，让我们以创新的精神和科学的态度，迎接每一个未知，共同创造一个更加辉煌的明天。

二、持续学习与终身学习的重要性

在这个快速发展的时代，未来科学不断向我们显现其无限的潜力与挑战。面对这一挑战，持续学习与终身学习成为我们不仅走在时代前列，更重要的是，能够理解和参与未来世界的关键。终身学习已不仅仅是个人发展的需求，也成为了社会进步的驱动力。

未来科学涵盖了广泛的领域，从生物技术到人工智能，从可持续能源到深空探索，每一天都有新的发现和创新。这些进步不仅需要研发者的辛勤劳动，更需要公众理解、接受乃至参与，而这一切的基础，便是持续学习与终身学习。

科技进步的速度意味着我们所学到的知识可能很快就会过时。在此背景下，持续学习成为保持知识和技能与时俱进的必由之路。终身学习的理念鼓励我们不断更新自我，保持好奇心，探索未知。它使我们有能力适应不断变化的工作环境和生活条件，更好地理解和使用新科技。

终身学习不仅对个人职业生涯至关重要，对社会整体的创新和可持续发展同样有着深远影响。社会由个体组成，当每个人都致力于学习新知识、掌握新技术时，整个社会能够更快地适应科技变革，促进科技成果的民主化和普及。这样的社会能够更加包容和进步，为每个人提供发挥潜力的平台。

在未来科技的浪潮中，教育资源的不平等可能会加剧社会分层。终身学习的理念与实践，是缩小这种差距的有效途径之一。通过提供在线课程、开放性教材和灵活的学习方式，可以让更多人有机会接触和学习最新的科学技术。这样不仅有助于个人的成长和发展，也是构建公平社会的基石。

面对未来科学带来的复杂问题，单靠传统的知识结构已无法满足解决问题的需要。终身学习鼓励跨学科知识的融合，培养创新思维和解决问题的能力。在学习的过程中，我们不仅吸收新知识，更重要的是学会如何学习、如何思考、如何将知识应用到实际问题中。在未来科学的浪潮中，终身学习是我们的航标，引领我们不断前行。它教会我们面对未知不畏惧，面对挑战勇往直前。持续学习让我们在这个日益复杂的世界中找到自己的位置，以知识的力量，塑造更好的未来。

三、科技伦理与社会参与意识

当探索前沿科学和尖端技术成为我们日常生活的常态时，科技伦理与社会参与的意识变得尤为重要。未来的科技不仅仅展现了人类智慧的结晶，更是我们集体价值观和道德立场的体现。从家用电器到国家安全，从个人隐私到全球环保，每一项科技进步背后都蕴藏着深刻的伦理考量和社会责任。

在未来科技的发展过程中，如何确保科技为人类的福祉服务，不被滥用于损人利己的目的，是我们不能回避的问题。科技伦理提倡在发展和应用科技时考虑其对个体、社会和环境的长远影响。而社会参与意识则强调每个人都应在科技发展的过程中发声，参与决策，共同构建科技进步的方向。

现代科技带给我们方便和效率，但也伴随着诸多挑战。例如，某款流行 App 以提供便捷服务为理由，要求用户授权广泛访问其个人数据。虽然这款 App 可以通过收集用户数据来优化体验，提供更加个性化的服务，但这个过程涉及一个重要的科技伦理问题：隐私权。此外，基因编辑技术可以治疗遗传疾病，却也可能引发基因歧视或婴儿定制等道德争议。

科技发展不应该只由科学家和技术专家主导。普通公民也要对科技变革拥有话语权，确保科技创新不仅仅体现少数人的利益，而是回应全体社会成员的需求与期待。通过参与讨论、表达担忧和提出建议，公众的意见可以帮助形成更加全面、平衡的科技发展策略。要保证科技伦理和社会参与意识的延续，我们需要从教育做起。学校应当教育学生理解科技的力量，认识到科技进步背后的伦理问题，并鼓励他们据此行动，积极参与公共讨论。这不仅包括科技领域的伦理讨论，还包括环境保护、数据安全和社会公正等与科技紧密相关的议题。

随着科技的快速进步，新的伦理挑战将不断出现。我们如何对待拥有类人智能的机器人？我们如何管理和保护数字身份和个人数据？我们如何确保数字时代的平等和包容？这些都需要我们现在开始思考和筹备，以便在未来做出明智和道德的决策。

未来的科技不可避免地会触及伦理和道德的边界。正是在这些挑战中，科技伦理与社会参与意识的重要性更为凸显。我们在享受科技带来便利和进步的同时，不忘反思和审视，确保科技的力量能被正确引导，造福人类，这样的科技发展才是真正意义上的进步。

思 考 题

1. 在教育行业中，个性化学习和机器学习的应用正在成为一种趋势。作为未来的教师，你认为机器学习在提高教学效率和质量方面的可能性是什么？你会如何应用这一技术优化你的教学方法？

2. 如果技术让我们有可能编辑未出生婴儿的基因，"优化"下一代是否应该被允许？这会不会导致社会不平等的进一步加剧？未来的教师应该怎样引导学生理解这些伦理问题？

3. 科技是推动社会发展的重要力量，它该如何塑造教育政策和实践？请结合具体的科技例子，如 VR、AR、AI 等，探讨其对未来教育模式的可能影响。

4. 考虑到科技的积极和消极影响，作为一名未来的教师，如何教育学生科学和道德地使用科技？请提供具体的教学方法。

5. 当人工智能在医疗、交通甚至军事领域中做出关键决策时，我们如何界定和分配由人工智能引发的伤害或损失的责任？未来应如何教育学生面对这一伦理挑战？

6. 考虑现代社会对终身学习的需求，教育系统应如何调整策略，以鼓励学生和公众培养终身学习的理念和习惯？

参 考 文 献

[1] 《学术前沿》编者. 量子科技的发展前瞻[J]. 人民论坛·学术前沿, 2021(7): 12-13.

[2] 彭承志, 潘建伟. 量子科学实验卫星："墨子号"[J]. 中国科学院院刊, 2016, 31(9): 1096-1104.

[3] 方锐, 畅飞, 孙照霖, 等. CRISPR/Cas9 介导的基因组定点编辑技术[J]. 生物化学与生物物理进展, 2013, 40(8): 691-702.

[4] 孔鸣, 何前锋, 李兰娟. 人工智能辅助诊疗发展现状与战略研究[J]. 中国工程科学, 2018, 20(2): 86-91.

[5] 王先庆, 雷韶辉. 新零售环境下人工智能对消费及购物体验的影响研究：基于商业零售变革和人货场体系重构视角[J]. 商业经济研究, 2018(17): 5-8.

[6] 梁志宇, 王宏志. 智能物联网时序数据分析关键技术研究综述[J]. 智能计算机与应用, 2023, 13(12): 1-8.

[7] 程凯, 陈敏. 虚拟现实技术在健康医疗领域的应用[J]. 中国医院管理, 2017, 37(8): 45-47.

[8] 李文红, 蒋则沈. 分布式账户、区块链和数字货币的发展与监管研究[J]. 金融监管研究, 2018(6): 1-12.